U0800412

铁路建设项目档案工作指南

罗广香　主编

中　国　铁　道　出　版　社
2008年·北　京

内 容 简 介

本书内容涉及档案管理中的一级类目，包括：文书类、基建类、设备类、科研类、标准类、会计类、声像类、实物类。从项目档案的来源到项目竣工验收整个过程项目档案的收集、鉴定、整理、编目、保管和利用工作的描述。书中内容分九个章节，包括：项目档案的概述、项目档案的管理、施工内业资料管理、项目档案的验收、合同档案管理、电子文件的管理、档案工作标准化管理、档案组卷示例与表格和法规依据等方面的内容。其中，项目档案验收又分三个部分，如：铁路建设项目竣工验收办法，铁路客运专线竣工验收暂行办法、铁路客运专线工程施工质量验收标准和铁路客运专线交工验收内容，以及建设项目档案验收考核评分标准的应用。

本书具有较强的指导性，适应范围较广，是广大专（兼）职档案工作者、施工技术人员学习、工作的必备手册，又可作为科技档案电子信息专业人员开发档案电子软件采集数据资源信息的参考资料。

图书在版编目（CIP）数据

铁路建设项目档案工作指南/罗广香主编. —北京：中国铁道出版社，2008.9

ISBN 978-7-113-09142-2

Ⅰ.铁… Ⅱ.罗… Ⅲ.铁路工程-基本建设项目-技术档案-档案管理-指南 Ⅳ.G275.3-62

中国版本图书馆 CIP 数据核字（2008）第 139386 号

书　　名：铁路建设项目档案工作指南
作　　者：罗广香　主编

策划编辑：赵春虎、许士杰
责任编辑：许士杰　　**电话**：(010)51873065　　**电子信箱**：syxu99@163.com
封面设计：冯龙彬
责任校对：张玉华
责任印制：李　佳

出版发行：中国铁道出版社（100054，北京市宣武区右安门西街 8 号）
网　　址：www.tdpress.com
印　　刷：北京市兴顺印刷厂印刷
版　　次：2008 年 11 月第 1 版　2008 年 11 月第 1 次印刷
开　　本：787 mm×1 092 mm　1/16　印张：17.5　字数：435 千
书　　号：ISBN 978-7-113-09142-2/U · 2315
定　　价：35.00 元

序　　言

现代项目管理是近年来发展起来的一门新兴的管理学科，它按项目周期的不同发展阶段，对项目实行有效的管理控制，并与项目执行组织的持续运作建立内在联系。当代铁路建设项目正在运用现代项目管理理论和管理模式实施项目管理，以期提高项目管理水平和管理效益。铁路建设项目档案是企业档案工作的基础，其主体是记载和反映项目建设历程及其真实面貌的各种载体的文字材料和图纸，它凝聚着工程技术人员和建设者的智慧、心血和汗水，不仅是施工单位技术储备、业绩积累、工作查考的重要载体，也是运营单位从事铁路运输、技术改造、设备维护等必不可少的依据。铁路建设项目档案工作的核心是把各种档案收集齐全，整理规范，移交及时。而要做到这些，不仅需要项目领导、管理人员、技术人员及专兼职档案人员各负其责、共同努力，还需要一定的专业技术知识。《铁路建设项目档案工作指南》一书，作者通过潜心研究国家、铁道部及中国铁道建筑总公司铁路建设项目档案管理有关规定、办法，结合铁路施工企业档案管理实际，不断探索项目档案形成规律，将现代项目管理与铁路建设项目档案管理、项目档案管理与施工生产相关环节、传统档案管理与现代信息技术、项目档案编制移交与工程竣工验收、国家及铁道部档案工作标准制度与企业档案管理实际等有机结合起来，并以示例的形式给从事铁路项目档案管理的相关人员提供了直观、易懂、可操作的项目档案管理知识。铁路建设项目管理正在逐步深化，项目档案管理工作也在不断探索完善，尽管该书仍有不尽完善的地方，但仍不失为铁路施工企业项目档案管理相关人员有益的培训教材和有用的业务工作指引。愿从事铁路建设项目档案管理工作的各级领导、管理人员、技术人员和档案同行们通过不断学习实践，进一步做好项目档案管理工作，为传承铁路建设历史文化作出积极贡献。

中国档案学会企业档案学术委员会副主任　刘贤福
中国铁建股份有限公司档案馆馆长、研究馆员

二〇〇八年九月

前　言

铁路施工技术资料是铁路工程中的重要组成部分，是铁路工程进行竣工验收和竣工核定的必要条件，也是对工程进行检查、维护、管理、使用、改建和扩建的原始依据。

近几年，铁路工程施工技术对工程质量验收部分资料要求越来越高，而项目施工现场的内业资料管理又是重要内容之一。因此，经专家和专业人员提出的要求，根据国家规范、铁路规程、铁道部和铁路标准所编制的文件，以建设项目总体档案的管理为主线，针对施工单位而言进行编写。因铁路建设工程点多线长，参建单位较多，内业资料和竣工资料的数量庞大，以及内容复杂，因此，我们将项目档案的形成过程、影响项目质量的因素和参建单位在项目文件形成过程中的质量监控，以及铁路建设项目工程中所形成的各类项目竣工文件、资料和建筑工程内业资料的形成、收集、整理、编目、保管、利用管理，以及纸质文件、电子文件的管理进行了详细描述。同时，配合铁道部颁发的《铁路建设项目竣工验收交接办法》（铁建设〔2008〕23号）、《铁路客运专线竣工验收暂行办法》（铁建设〔2007〕183号）和《铁路建设项目竣工文件编制移交办法》，对竣工文件和资料的编制规定作了阐述，有较强的实际操作示范作用，适合铁路建设施工中各单位从事相关工作的人员参考。因为每一项工程从立项决策、设计、工程实施、竣工验收直至日后的运营管理等，涉及很多方面的环节。因此，为了使广大施工技术人员、档案工作人员、信息技术人员做好铁路建设项目文件、资料的收集和管理工作，充分发挥铁路建设项目档案的作用，确保铁路建设项目竣工文件、资料的完整、准确和系统。希望本书的出版对规范铁路建设项目档案和施工技术内业资料的管理都有所帮助，同时愿参建项目工程的每一位员工做到“对历史负责，为现实服务，替未来着想”做出应有的贡献！

编　者

二〇〇八年九月

目　　录

第一章　项目档案的概述

第一节　铁路建设项目档案的概念和定义

项目档案积累的时间上跨度较大，从项目的立项到工程的竣工验收，短则几个月，长则几年甚至上十年，形成的档案数量不仅庞大，而且来源广。主要有：新建、改建国家铁路、国家合资铁路建设项目竣工文件由综合、线路、路基、桥梁、涵洞、隧道、站场、机务、车辆、给水、排水、通信、信号、电力、电气化、房建、环境保护水土保持、铁路用地、铁路专用线（客运、货运）等专业组成。为了让大家了解建设项目档案，现将项目档案的相关概念阐述如下：

一、铁路建设项目档案的概念

铁路建设项目档案是指在铁路建设项目过程中形成的，是如实反映施工过程和建设项目实体状况，具有保存利用价值的各种文件材料、图纸、照片、录音、录像、光盘、软盘等。铁路建设项目档案的真实记录。是对建设项目进行稽察、审计、监督、管理、验收以及铁路设备养护、维修及破损后修复的依据，是改建、扩建和实施质量保修的重要凭证。

二、建设项目档案的定义

指铁路建设项目的设计、施工、监理单位在项目完成时向建设单位或受委托的承包单位移交经整理的全部相应文件（必须是经过鉴定、整理好的）；项目建设单位各机构将项目各阶段形成并经过整理的文件定期报送档案管理机构。

三、建设项目档案的构成和特点

1. 建设项目档案的构成

建设项目档案主要包括：立项审批文件、设计基础材料、工程管理文件、施工文件、监理文件、合同文件、生产技术准备、工艺设备文件、涉外文件、财务文件、科研课题文件材料、竣工文件。其中，监理档案又可分为综合管理类、组织协调类、质量控制类、进度控制类、造价控制类、综合记录报告类和验收总结类。

2. 建设项目档案的特点：

（1）成套性。铁路建设项目档案反映了建设项目活动的全过程，它们之间既以不同的工作阶段相区别，又以总体的程序和专业技术内容相衔接，构成了一个建设项目完整的成套性整体。

（2）专业性。铁路建设项目档案是其专业技术活动的真实记录，包括了铁路工程专业、工程地质、水文地质、勘察设计、化验、试验、地质、设备安装、电气仪表、气象、测绘、科研等专业，是专业技术人员智慧和劳动成果的结晶。

（3）动态性。从项目的提出、论证到开工、建设、试运行、验收，一直处于动态，体现在反复修改、反复利用，只有到了验收，才能相对稳定，而这时作为基本建设项目档案工作也就基本完成了。

四、铁路建设项目档案的程序

项目档案是根据项目文件经过整理归档转化成为项目档案的，项目文件的来源又是按照项目建设程序先后次序形成的。项目建设程序主要是：工程立项决策、设计、工程实施、竣工验收四大环节。

在项目建设过程中，上一阶段的工作是下一阶段工作开展的基础，下一阶段的实践又验证了上一阶段设想的正确程度；各阶段之间有着不可分割的联系，同时又不能相互代替，更不允许颠倒或跳越。《建设工程质量管理条例》第五条规定："从事建设工程活动，必须严格执行基本建设程序，坚持先勘测、后设计、再施工的原则。县以上人民政府及其有关部门不得超越权限审批建设项目或者擅自简化基本建设程序。"实践证明，只有坚持项目建设程序，才能保证项目建设的顺利进行，才能确保工程质量。反之，则会给工程的建设带来巨大的损失。因此，项目档案的收集必须遵循项目建议书、可行性研究、设计、建设准备、建设实施和竣工验收六个阶段来收集整理。

1. 项目建议书阶段

项目建议书是项目立项的依据，初步提出建设方案、规模和主要技术标准，对主要工程、外部环境、土地利用、协作条件、项目投资、资金筹措、经济效益等初步研究后编制，论证项目建设的必要性和可行性。

2. 可行性研究阶段

可行性研究文件是项目决策的依据，对建设方案、建设规模、主要技术标准等进行比较分析后，提出推荐意见，提出主要工程数量、主要设备和材料概数、拆迁概数、用地概数和补偿方案、施工组织方案、建设工期和投资估算，进行经济评估后编制，论证建设项目的可行性。工程简易的建设项目，可直接进行可性性研究，编制可行性研究报告。

3. 设计阶段

根据批准后的可行性研究报告，开展初步设计。初步设计经审查批准后，开展施工图设计。工程简易的建设项目，可根据批准的可行性研究报告，直接进行施工图设计。

初步设计文件是确定建设规模和投资的主要依据，根据批准后的可行性研究报告，对局部方案进行比选和比较详细的设计，提出工程数量、主要设备和材料数量、拆迁数量、用地数量与分类的补偿费用，施工组织设计等工程总投资后编制；应满足主要设备等问题、征地拆迁和施工图设计的需要。

施工图文件是工程实施和验收的依据，根据审批的初步设计文件进行编制，为工程建设提供施工图、表、设计说明和工程投资提案。

4. 建设准备阶段

(1)建设准备阶段分两个层次补充材料：

① 项目开工应具备的条件(国家建设委规定的条件及铁道部的有关规定)；

② 施工企业进场后开工应具备的条件(铁道部的有关规定)。

(2)本阶段既有内容全部做好准备，符合上述内容。

5. 建设实施阶段

初步设计文件审查批准后，按规定程序组织工程招投标，编制开工报告，开工报告批准后，根据批准的建设规模、技术标准、建设工期和投资，按照施工图和施工组织设计文件组织施工。

6. 竣工验收阶段

竣工验收是工程建设过程的最后一环，是全面考核基本建设成果、检验设计和工程质量的重要步骤，也是基本建设转入生产或使用的标志。

五、影响项目质量的因素

1. 立项决策对项目质量的影响。项目立项决策主要是制定项目的质量目标及水平。同时应该指出，任何建设项目，其质量目标的确定都是有条件的，脱离约束条件制定的质量目标是没有实际意义的。对于建设项目，一般来讲质量目标和水平定得越高，其投资就越大；在施工队伍不变时，进度也就越慢。所以，应对投资目标、质量目标和进度目标三者进行综合平衡、优化，制定出既合理又使建设单位满意的质量目标和水平。

2. 设计对项目质量的影响。设计是使项目质量目标具体化，指出达到规定的项目质量目标的途径和具体方法。设计阶段是影响项目质量的决定性环节，没有高质量的设计，就没有高质量的项目实体。

3. 施工对项目质量的影响

项目施工是将质量目标和质量计划付诸实施的过程。通过施工及相应的质量控制将设计图纸变成项目实体。这一阶段是质量控制的关键时期。且由于项目施工阶段工期长、受自然条件影响大，影响质量的因素众多，因此，这一阶段应引起施工参与各方的高度重视。

4. 竣工验收对项目质量的影响

竣工验收即是对项目质量目标的完成程度进行检验、评定考核的过程。不经过竣工验收，就无法保证整个项目的配套投产和项目质量。

5. 运行保修对项目质量的影响

建设项目还有运行保修阶段，即对使用过程中存在的施工遗留问题及发现的新的质量问题，通过收集质量信息及时整理、反馈，从而采取措施，进一步巩固和改进，以最终保证施工项目质量。

建设项目质量形成过程见表1—1。

表　1—1

	阶　段	目　标
建设项目质量	可行性研究阶段	确定质量目标与水平的依据
	立项决策阶段	制定质量目标
	设计阶段	明确达到质量目标的途径
	施工阶段	实施质量目标的途径
	竣工验收阶段	检查达到质量目标的程度
	运行保修阶段	质量信息收集、整理和反馈

六、建设项目质量的评定

建设项目的质量标准和评定标准,是检验评定建设项目质量和等级的标准尺度。它是建设项目质量监督部门对项目质量的检查鉴定、监理工程师对项目质量的抽查认定、施工单位自检和分项工程的交接验收,是建设项目交工验收和竣工验收的质量评定依据。

1. 单位工程、分部工程与分项工程的划分

根据建设任务、施工管理和质量检验评定的需要,应在施工准备阶段将建设项目按下列原则及《单位、分部、分项工程划分》来划定该建设项目的单位工程、分部工程和分项工程。

单位工程:在建设项目中,根据签订的合同,具有独立施工条件,可以单独作为成本计算对象的工程。

分部工程:在单位工程中,应按结构部位、路段长度及施工特点或施工任务划分为若干个分部工程。

分项工程:在分部工程中,应按不同的施工方法、材料、工序及路段长度等划分为若干个分项工程。

施工单位、监理工程师和质量监督部门应按工程划分逐级进行工程质量的监控和管理。

2. 工程质量评分方法

施工单位应对各分项工程所列基本要求、实测项目和外观鉴定进行自查,按"分项工程质量检验评定表"提交真实、完整的自查文件,对工程质量进行自我评分。监理工程师应按规定要求对工程质量进行检查,对施工自查文件进行签认和评分。质量监督部门根据抽查文件和确认的施工自查文件以及监理工程师的质量管理文件,对工程质量逐级进行评定,作为交工、竣工验收评定质量等级的依据。

工程质量检验评分一般以分项工程为评定单元,采用100分制评分方法进行评分。在分项工程评分的基础上,逐级计算各相应分部工程、单位工程评分值、建设项目的单位工程优良率和评分值。

第二节　铁路建设项目档案工作的性质和内容

一、建设项目档案工作的性质

1. 是整个项目建设工作的重要组成部分和不可缺少的环节。建设项目档案反映了项目在立项、审批、招投标、勘察、设计、施工、监理及竣工验收全过程的真实情况,一方面,在整个项目建设过程中,会不断形成和产生属于归档内容的文件材料,需要及时对这些文件材料进行收集、整理;另一方面,在建设过程中,为了工程管理和技术的需要,这些已经形成的文件材料又要被反复利用。可以说,没有一个建设项目不形成档案,也没有一个建设项目不要利用档案。因此,建设项目档案工作就成为了项目建设工作的重要组成部分和不可缺少的环节。

2. 是一项以项目管理为中心内容的专业性和服务性工作。建设项目档案工作首先是一项专业性工作,它以项目档案为工作对象,有特定的工作内容和专门的工作方法;同时,建设项目档案工作又是一项服务性工作,它既负责工程档案的收集、保管和提供利用,直接为工程建设的各项工作提供档案服务,又要对整个工程项目的档案业务进行指导,为项目参建单位档案管理提供技术服务。

3. 是实现建设项目科学管理的基础性和技术保障性工作。建设项目档案真实记录了项目建设的全过程，既是全面鉴定工程质量的重要依据，也是对建设项目进行管理、维护和改扩建的主要依据，因此，建设项目档案工作是对建设项目进行科学管理的基础性和技术保障性工作。

二、建设项目档案工作的内容

建设项目档案工作主要包括以下内容和环节：

1. 建设项目档案工作的组织。建设项目档案工作的组织应由建设单位（业主、项目法人）牵头。只有建设单位做好各参建单位的组织、协调和管理工作，明确他们各自在项目档案工作中的责任，相互积极配合，才能保证整个项目档案工作的顺利进行。

2. 建设项目档案管理制度的制定和实施。同建设项目档案工作的组织一样，建设项目档案管理制度也应该由建设单位负责制定，由所有参建单位共同实施。

3. 建设项目文件的归档与整理。包括项目文件归档范围的确定，建设项目竣工文件的编制要求，项目文件的整理与归档等内容。

4. 建设项目档案的移交。包括各参建单位向建设单位移交项目档案，建设单位向生产使用单位移交项目档案，建设单位向当地城建档案馆和有关主管部门移交项目档案。

5. 建设项目档案登记。建设项目档案登记工作包括：第一，项目主管部门档案机构应与部级档案行政管理部门互通情况互相合作；第二，项目主管部门档案机构和部级档案行政管理部门对于新建项目，应及时组织和监督建设单位做好项目档案的登记；第二，要认真做好项目档案的预验收工作。

6. 建设项目档案验收工作。包括项目档案验收的申请，项目档案验收的组织，对项目档案完整性、准确性、系统性的评价等。

第三节　铁路建设项目档案工作的意义和基本要求

一、建设项目档案工作的意义

建设项目档案是项目建设活动的真实记录，做好建设项目档案工作，具有十分重要现实和历史意义。

1. 做好建设项目档案工作，是适应项目建设工作需要的内在要求。作为项目建设过程的真实记录，项目档案不仅是全面鉴定工程质量、总结工程建设工作经验和教训的重要依据，也是进行工程管理、维修的主要依据。

2. 做好建设项目档案工作，是贯彻国家有关法律法规的外在要求。《档案法》、《建筑法》、《建设工程质量管理条例》等法律法规，都对项目档案工作提出了具体要求，不管建设单位及各参建单位愿不愿意，都必须按照国家有关法律、法规的规定，做好项目档案工作。

3. 建设项目档案工作的性质决定必须做好建设项目档案工作。首先，建设项目档案工作是整个工程建设工作的重要组成部分；其次，建设项目档案工作是一项以项目管理为中心内容的项目档案工作，是实现工程建设科学管理的技术基础工作；第三，建设项目档案工作是实现工程建设科学组织和管理不可缺少的技术保障性工作，很难想象，一个没有档案资料作技术保障的工程会是一个什么样的工程。

二、铁路建设项目档案工作的基本要求

1. 要熟知国家有关建设项目档案工作的法律、法规、文件和标准。有关的法律、法规、业务文件以及标准,是开展项目档案工作所必须遵循的依据。项目档案工作人员必须熟悉和了解有关的法律、法规、文件和标准,才能在工作中很好地贯彻落实。

2. 要建立健全建设项目档案工作的规章制度。由于一个建设项目往往有诸多行业和系统的队伍参加建设,各自都习惯按本行业、本系统、本地区的规定和标准管理档案,编制竣工图。工程完工后,各方移交来的档案就会标准不一,分类不清,排列混乱。只有通过建立统一的制度,才能克服这些问题,实现项目档案管理规范化、标准化。

3. 要采取有效措施确保项目档案完整、准确、系统。维护档案的完整、准确、系统,是对建设项目档案工作最基本的、也是最重要的要求。为了达到这一要求,必须采取以下相对应措施:一是坚持积累、收集档案,从头做起,档案工作与工程建设同步进行;二是建立纵向到底、横向到边的项目档案管理网络,落实档案人员岗位责任制;三是参建各方密切配合,档案人员与工程技术人员通力合作,相互支持。

4. 要及时介入做好建设项目档案工作的业务指导。很多建设项目在工程建设初期,由于工作千头万绪,对档案工作一时顾及不到或不知如何开展,致使一些非常重要和珍贵的档案不能得到妥善保管,甚至遭到损坏或丢失,造成无法挽回的损失。所以,项目主管部门应主动与项目所在地档案行政管理部门加强联系,及时做好项目档案工作的监督指导,既要在工程验收时对档案工作把好关,更应注意做好平时的指导与监督。

5. 认真做好项目档案的专项验收(预验收)工作。为了保证项目档案的质量,防止在建设项目正式验收时项目档案达不到验收标准,在项目正式验收前,要对项目档案进行专项验收(预验收)。档案专项验收包括三方面内容:

(1)项目档案的"组织管理"。主要检查:①分管领导、人员配备、网络建立情况,以文件为依据;②档案库房、设备,以现场查看为准;③建设单位对各参与单位文件材料积累的监督、检查和指导,一看文字依据,二看实际效果;④档案管理软件应有国家档案局或部级档案馆推荐文件;⑤文件材料审核应有施工和监理两个单位的审核记录。

(2)项目档案的"案卷内在质量"。主要检查项目档案的完整、准确、系统情况。具体要求是: a. 完整。将项目建设全过程中应归档的文件、资料全部归档,各种文件原件齐全;b. 准确。档案的内容能真实反映项目竣工时的实际情况和建设过程,图物相符,技术数据可靠,签字手续完备,尤其是重要的前期文件、工程的重要结构部分和隐蔽工程,重要的材料、设备档案、竣工图,确保准确;c. 系统。按照文件材料形成的规律,保持各部分的有机联系,分类科学,组卷合理,卷内文件排列有序。

(3)项目档案的"案卷外观质量"。包括:①案卷内书写质量:书写材料耐久,案卷标题拟定准确、规范,目录打印正确、清晰;②封面:字迹清晰、美观、规格统一、规范;③纸张:纸张质量符合耐久要求,规格统一;⑷折叠:图纸、文字材料折叠整齐、规范;⑤装订:案卷装订整齐、牢固。

6. 建设项目电子文件管理和项目档案信息化工作。

随着计算机的普及和 CAD 技术的推广应用,许多项目的文件和图纸往来都是在网络上实现的,电子文件的归档及管理已成为建设项目档案工作中日益迫切的需要。当前在项目档案工作中,要认真贯彻国家标准《CAD 电子文件光盘存储、归档与档案管理要求》

（GB/T 17678.1—1999）和《电子文件归档与管理规范》（GB/T 18894—2002），选择较先进的适用软件，保证光盘存档信息的真实准确；凡具有重要保存价值的电子文件，必须要有相应的纸质文件一并归档。

随着信息化进程的加快，项目建设全过程信息化也已经在一些建设项目出现。为此，已实现信息化和有条件的项目，应紧跟项目建设信息化步伐，努力实现项目档案管理信息化。

第二章　项目档案的管理

什么是项目档案管理？项目档案管理就是依靠机制管理工程建设。建立完善的机制，就是将工程合同中的各项档案要求得到落实，确保项目档案的完整准确。因此，项目档案管理中要有正确的原则、完善的制度和有效的组织，是各项工作有序开展的重要保证。在铁路项目建设中，建设单位及各参建单位应确立正确的档案管理原则、建立完善的档案管理制度，并通过有效的组织，把原则和制度落到实处。

第一节　档案管理原则

原则是处理各种事情所依据的法则或标准。不同的档案管理原则会形成不同的档案管理机制。因此，确定用什么原则来开展档案工作是项目建设中必须充分考虑的一个重要问题。从大的方面说，建设项目档案工作必须坚持两条原则：一是要按照《档案法》的规定，坚持建设项目档案工作统一领导、分级管理的原则。二是要保证铁路建设项目档案的完整、准确、系统以及安全保管和有效利用，保证满足工程竣工后的生产、运行、维修、改扩建需要。各指挥（项目）部在贯彻以上两条的基础上，应结合本单位实际情况，制定科技档案管理实施细则，要求项目工程档案管理必须坚持领导责任原则、同步开展原则、档案统一管理原则。

一、领导责任原则

一个单位的档案事业成败，与组织、与人员有关，关键在于领导对档案工作的重视程度和档案工作领导的落实责任制，进而为在建设项目中贯彻“统一领导、分级管理”的原则是项目管理中领导责任制的保证。

实践证明，这一原则在中铁二十五局项目工程中起到了重要作用。工程一开始，指挥部就指定一位副总指挥长主管项目档案工作，使整个项目的档案工作有序地顺利开展。

二、同步开展原则

“三同步开展原则”是科技档案工作中的一项重要原则。其基本要求是：项目文件的收集、整理、归档和项目档案的移交应与项目的立项准备、建设和竣工验收同步进行。也就是说工程项目在布置施工任务的同时，就要布置好竣工文件的编制工作，在竣工文件的形成积累过程中应与工程进度同步进行；工程竣工验收交接要与竣工文件交接同步进行。

三、统一管理原则

“统一管理原则”是指挥（项目）部根据我国档案“统一领导、分级管理”基本原则，结合本指挥（项目）部的全部档案，包括文书档案、基建档案、科研档案、设备档案、会计档案、声像档案、实物档案等各类档案实行统一的、综合的管理。

第二节　档案管理制度

管理制度是要求大家共同遵守的办事规程或行动准则。建立健全铁路项目档案工作的规章制度，加强对建设项目档案工作的依法管理，既是建设项目管理工作的重要内容，也是协调档案工作与较完善的管理制度，项目档案工作就能够更好摆脱被动局面，真正做到有法可依，有章可循。如：项目文件形成的质量监控、项目档案管理办法、竣工文件编制规定、项目档案分类方案、项目档案归档范围及保管期限表、项目档案整理操作规程等都是管好项目档案的有效制度。如何制定这些制度，首先要依据国家行业标准，以及根据本单位的实际情况来制定。

一、项目文件形成的质量监控

建设项目档案是项目建设活动形成的文件中具有保存价值的部分。它是由项目参建各方共同形成的，是项目建设的真实记录。是对建设项目进行稽查、审计、监督、管理、验收以及维护、改扩建的重要依据。项目文件的形成与管理是项目科学管理的主要形式，项目建设单位、筹建部门、勘察设计单位、监理单位、施工单位等均应按照国家对项目档案工作的有关要求，把项目建档工作作为项目建设的重要组成部分，列人建设计划，明确各自的职责，使之与项目建设同步进行。为此，参与项目建设的主要单位应在项目建设过程中对项目文件形成与积累的质量进行监控。

1. 建设单位文件的质量监控

(1)统筹规划，组织协调

项目建设质量体系中档案工作是一个重要组成部分。建设单位是建设项目的最终使用者和管理者，也是建设项目档案最主要的利用者，项目档案的完整、准确、系统与否，对建设单位至关重要。因此，建设单位应对整个项目的建设进行统筹规划、组织协调一样，担负起对建设项目档案工作进行统筹规划、组织协调、监督指导的职责。其统筹规划，应该从建设单位立项开始，应在项目工作计划中明确项目档案工作，把它纳入合同，体现在各阶段的检查、验收工作中。为了做好项目档案的统筹规划工作，建设单位应先制定相应的项目档案工作计划，作为项目档案工作参考发往有关部门和人员。项目档案工作计划内容一般包括：①成立项目档案领导小组，负责按阶段检查项目档案工作；②制定项目档案归档范围；③预留部分工程款，保证项目档案的完整、准确、系统归档后结算。

(2)明确职责，建立档案工作网络

建设项目的建设周期长，程序复杂，参与单位多，形成文件不仅数量大，而且来源广，因此，建设单位在项目建设进入施工阶段时，必须做好项目各阶段文件的统筹规划、协调管理包括指定一位负责人分管这项工作，确定专门的档案工作机构和人员(专职或专人负责，并应视项目建设规模而定)负责项目档案材料的积累和监督指导工作。随着项目建设的展开而开展档案工作。同时把档案工作网络扩展到项目参建的每一个单位，建立网络联系人。请参见附录二图表。

档案管理机构的职责：① 执行本项目的归档制度；② 收、发放、保管有关项目的文件；

③ 收集、整理建设单位内部的项目文件和参建单位文件的积累、整理、移交的监督指导工作；④ 检查审查后的施工图有关责任人的签署是否完备，并妥善保管。以备竣工验收时提供依据。

(3)规范做法，打好基础

建设单位应从规范文件形成做起，规范文件格式和题名；对不同文种的文件应分别积累，积累时注意对来文、复文、打印稿和审批稿要集中在一起。采取打印稿在前，审批稿在后，同一种文件按文号的先后排列积累。档案管理机构根据制定的归档范围向有关职能部门发放文件积累盒(袋)，相关职能部门收到有关项目文件时应分类积累。建设单位在建立网络，明确归档责任人时，应特别注意收集项目施工前的文件。如：项目立项的请示与批复、征地拆迁批准文件与合同、招标投标文件及各类合同书等。

(4)申报登记，接受监督

按照建设项目档案管理登记办法，做好申报登记。自觉接受档案行政管理部门的监督是做好项目档案的一项工作。建设单位在项目开工后，根据有关规定进行项目档案的登记工作，通过登记工作，让主管领导和档案行政管理部门了解该项目档案工作。重点建设项目参照国家重点建设项目档案管理登记的格式进行填报。填报工作由项目建设单位填写后报项目主管部门和当地档案行政管理；铁道部重点建设项目应同时报铁道部档案部门备案；属国家重点的建设项目应向铁道部档案部门多制备一套，每年底统一汇总向国家档案局备案。

2. 设计单位文件的质量监控

设计文件材料的规范，对竣工档案的内在质量有着密切联系。如果设计单位提供的施工图线条、字迹不清晰，就很难保证竣工图的字迹线条清晰；如果设计修改通知单没有统一的编号或者不体现修改的图号和修改内容(题名)，将对日后文件的整理和提供利用带来不便。因此，设计单位应在明确设计任务或者在各专业分工时，应明确形成文件的内在质量和外在质量要求，把不合格的产品控制在文件发出之前。保证设计文件的质量，尤其要注意每张施工图应有图号、图名、设计人、校对人、审核人签名；规范设计变更文件的编制和传送。设计修改通知单不能一文修改多专业，同时要在有关栏目揭示修改内容、被修改图号。设计修改通知单要按专业统一编号，变更人、审核人签名要完备对急于施工先发传真的，事后要补发原件；口头变更的要及时形成文件发往有关单位，必须明确行之有效的特别办法。

设计文件要按专业、文号顺序进行积累。在项目的设计(含变更设计)全部完成后，设计单位需向建设单位移交经规范整理的全套档案(纸质、电子)，并移交一份由项目设计技术负责人签署的设计及修改变更文件材料目录，详列该项目全部的技术文件、设计变更文件、图纸勘误表目录。

3. 监理单位文件的质量监控

(1)明确职责

① 国家推行建设监理制度是我国工程建设发展的重要里程碑，《中华人民共和国建筑法》(以下简称《建筑法》)规定监理工作的主要内容是“三控制、两管理、一协调”。即对工程质量工期和投资实施“三控制”，进行合同管理和信息管理；并协调各方关系。《建筑法》就赋予了建设监理督促检查项目参建各方做好项目文件的归档工作，检查、审核项目档案的完整、准确、系统的责任。监理应注意把好文件形成的质量关，在对施工记录进行确认时，要检查所填各项是否符合要求，对试验单位、设计单位移交的档案也应把好质量关。

② 1995 年 12 月 15 日，建设部、国家计委以建监〔1995〕737 号文颁发的《工程建设监理规定》，在第四章：工程建设合同与监理程序中第十四条第五款规定："建设监理业务完成后，向项目法人提交工程建设监理档案材料"。这就意味着建设监理在审核参建各方档案的基础上，也要整理好监理过程中的文件移交项目法人。

（2）做好建档工作

① 参与招标工作时，在协助项目法人做好项目招标文件的有关款项中，应明确文件的归档条款，如：竣工档案的数量、案卷的内在质量和外在质量、电子文件的归档等。

② 从事设计阶段监理时，在协助项目法人单位选择设计单位后，除对设计方案的评选、审查和施工图绘制过程中的监控外，还要指定文件积累、归档工作的责任人。并对设计文件、图纸进行检查、归档和验收。由于设计中出现的质量问题对工程影响极大，有关资料已表明，工程出现的质量问题 40% 在于设计原因，投资问题则 80% 决定于设计。所以，提高设计质量、增加投资效益一定要把好设计质量关。同时要做好设计监理过程中自身项目文件的形成积累。

③ 从事施工阶段监理时，一是在监理机构内部要指定项目文件的积累、归档工作的责任人；二是对各施工单位项目文件的形成、积累、进行内在质量监控；三是各级监理人员要对所监理项目的档案完整、准确、系统进行审核。建设监理工作中形成的内部文件进行监控的主要内容有：a. 来自项目法人的文件。监理工程师受聘于项目法人，按照签定的合同条款对项目进行监理。合同条款是监理工程师进行监理的依据，签定合同后项目法人还会就工程建设的投资、进度、质量等方面，提出要求或提供有关动态管理的文件。如：在材料供应、设备采购、项目部分功能的修改、工期的调整、施工期的水文地质、水文气象等，对这些文件，信息管理监理工程师应妥善保管；b. 来自设计单位的文件。这类文件对监理工程师正确理解设计意图，保证施工质量至关重要，除了设计单位正式颁发的设计图纸、设计修改通知单以及设计变更等材料外，其设计参数及计算方法也是收集范围；c. 来自施工单位的文件。施工进度计划、施工方法说明、施工作业报表、施工质量检验报告、月支付申请以及向监理工程师递交的各种有关进度、质量、费用、材料、设备、劳务、关税、索赔等方面的文件。这部分文件是监理工程师进行进度、投资、质量控制的重要依据。如果施工单位提出索赔的话，还要建立索赔档案；④来自项目建设的主管部门、质量监督站、项目所在地政府的环保、公安、交通、税务、保险等方面的文件。这些文件也是监理工程师需要知晓、处理的工作范畴。

监理工作是一项高效率的工作，对于来自上述各方面的文件，档案信息管理人员在做好登录的同时，应以最快的速度将文件提交给有关部门，处理完毕的文件应及时清退。知会、抄送文件按来文单位单独积累，组卷可作为一般资料暂存。需要答复的文件应与发文底稿、正文一同归档。

监理工程师受项目法人的委托对建设项目进行科学、公正、合理的监理，其扮演着"法官"的角色。一方面要对上述各单位的来文，监理工程师应根据国家有关政策及技术规范，依据合同管理权限进行处理，其形成的文件都是有效文件，应妥善保管。另一方面要对施工过程形成的文件进行质量监控。如：各类文件在签证确认时审核相关数据是否准确；对归档文件材料是否手续完善进行检查；对项目档案的系统性进行检查，并在项目档案专项验收前，提出所监理项目档案质量的结论意见。

4. 施工单位文件的质量监控

施工单位形成的施工文件和负责编制的竣工图是反映项目真实面貌和质量的主要依据，

其数量在整个项目档案中占了最大的比重，是项目档案的主要组成部分。这一阶段也是项目文件积累的关键，其质量控制可从以下几个方面进行：一是以公文形式的文件，要注意统一文号。施工单位围绕项目建设，将形成公文形式的文件，如请示监理及项目法人等的文件要规范，如有统一的格式、统一的文号，同时，每一份文件要有准确的题名；二是施工记录，必须真实、准确、耐久、有序、规范和完备的签署手续；三是竣工图必须字迹、线条清晰，图面整洁，修改到位。

施工单位在签订承、发包合同后，应建立与工程承、发包方式相适应的项目档案工作网络，按照国家规定对需向建设单位移交的施工文件做好积累、整理工作。建设项目除了土建部分外，大多数的建设项目也都会有设备。在大型的生产设施方面，施工是由两个不同类型的施工单位进行的，所以做法上有相通之处，但也有其各自的特点。

(1)土建施工积累的方法应符合施工文件形成的规律和质量监督部门检查的要求，施工管理性文件可按问题积累。施工记录一般从部分到整体的，按分项、分部、单位工程积累。如果施工对象是一座桥，可以若干墩的施工文件集中在一起，存放在一个盒里；如果是一座特大桥，也可以一个墩一盒积累，集中在一起的文件按施工工序进行排列。排列到一定厚度，一般2～3 cm左右即可装订为一卷。

(2)设备文件主要有三个方面。一是设备报价、询价等来往文件(这一部分文件一般由建设单位监控)；二是设备随机文件；三是安装、调试文件。设备部分的文件质量监控，主要从设备的开箱起把好关。设备随机文件的监控是从设备开箱时进行，是根据设计文件、装箱清单等进行。主要核查以下内容：①包装箱号、箱数以及包装箱完整情况；②设备的型号、规格、数量是否与设计、合同文件相符；③设备的零部件、专用工具是否齐全；④随机文件(产品说明书、合格证、进口产品的商检证等)是否齐全；⑤设备有无损件，表面有无损坏和锈蚀等情况。在设备、安装调试过程中应注意设备档案管理的成套性进行积累、监控。

5. 项目质量监督部门的监控

项目监督部门对项目的监控依据是项目建设的文件，主要对项目建设的实体质量监督。当项目完工后依据项目档案和项目实体进行项目的质量等级进行评定。因而，项目监督人员也应重视施工过程文件的质量控制，在进行质量检验时，应对所检内容的准确性把好项目文件的内在质量关，在对项目实体进行检查的同时，检查施工记录、试验材料的真实性。项目评定后，质量监督部门应同时对项目档案的准确性形成书面意见。

6. 档案行政管理部门的监控

档案行政管理部门对建设项目档案工作进行监督，是依《中华人民共和国档案法》第六条规定：“县级以上人民政府的档案行政管理部门主管本行政区域内的档案事业，并对本行政区域内机关、团体、企事业单位和其他组织的档案工作实行监督和指导。对本地区的档案事业依法实行统筹规划，组织协调，统一制度，监督和指导”。第六条规定：“省、市、县在鉴定重大科学技术研究成果、验收重点建设工程时，必须由项目的主管部门会同同级档案行政管理部门对项目档案进行鉴定、验收”。为此，各级档案行政管理部门应认真执行国家档案工作法律、法规和业务规范，对辖区内的项目档案实行统一管理，建立健全项目档案工作各项规章制度，明确建设项目文件材料的归档工作。主要可从以下几个方面进行：

(1)主动与当地的发展与改革委员会取得联系，掌握当年的建设项目立项情况。与当地建设主管部门联系，了解项目建设进度：

(2)做好重点建设项目档案的登记管理,建立重点建设项目档案的业务工作联系;

(3)认真履行项目档案工作的业务咨询和跟踪服务工作,使项目档案工作与工程进度同步。

(4)发挥主管、建设单位和质量监督、建设监理的积极性。确保项目档案的完整、准确、系统。鉴于重点建设项目建设周期长,各级档案行政管理部门应在项目开工时介入指导,项目建设过程中进行检查,项目完工进行验收。

二、项目档案管理办法

"项目档案管理办法"是各建设项目根据国家有关法律、法规和规定,结合本工程项目实际制定的,有关项目档案管理的制度,是对整个建设项目档案管理的综合性、原则性规定。项目档案管理办法内容一般包括:《办法》制定的目的和依据、项目档案的对象范围、项目档案管理原则、项目档案管理网络、职责和制度,项目文件材料的收集与整理、档案的归档时间、移交手续、项目档案的保证措施和项目档案的保管、利用与档案库房、档案借阅和保密工作等。

示例:中铁二十五局项目档案管理暂行办法

1　总　　则

1.1　为切实抓好项目工程档案资料的管理工作,确保项目工程档案资料的完整、准确、系统和有效利用,根据国家档案局、国务院国有资产监督管理委员会印发的《国有企业文件材料归档办法》(档发〔2004〕4号)和《铁路建设项目竣工文件编制移交办法》(办档〔2002〕8号),结合直属项目(指挥)部档案工作实际,特制定本办法。

1.2　在立项、审批、招投标、勘察、设计、施工、监理及竣工验收全过程形成的应当归档保存的文字、图表、声像等不同形式与载体的全部文件。包括项目前期文件、项目竣工文件和项目竣工验收文件等。

1.3　工程档案工作是工程建设工作的重要组成部分,是一项重要信息资源,对促进技术和管理运用都有着重要意义。因此,搞好档案工作不仅是档案部门的任务,也是各有关单位和部门义不容辞的责任。

1.4　工程档案工作要与工程项目建设同步。工程项目申请立项时,即应建立项目档案工作,开始进行文件材料的积累、整理、审查工作;项目竣工验收,同步完成文件材料的归档验收工作。

2　项目档案网络管理和职责

2.1　工程是企业管理基础工作的重要组成部分,是维护企业经济利益、合法权益和历史真实面貌的一项重要工作。

2.2　工程中形成的档案资料有查考利用价值的各种形式、各种载体的档案,主要包括科技档案、文书档案、会计档案、声像档案和实物档案。

2.3　工程档案管理必须要坚持"统一领导、分级管理"的原则,在指挥部档案应实行综合管理。在项目建设过程中,对各参建单位的项目档案工作进行监督、指导和检查,维护项目档案的完整与安全。工程结束后,必须将档案收集齐全,整理规范,向档案室移交归档。

2.4　项目指挥部档案工作在分管档案工作的副总指挥长的统一领导下,由项目总工程师或技术部门负责人具体负责科技档案工作;由总会计师或财务部门负责人负责会计档案工作;由综合部门的主任负责文书、声像档案和实物档案工作。同时项目部综合部门统一全面负责档案的综合管理工作。如为档案管理解决人员、经费、档案设备等必要条件。工程指挥部下设的综合部门应设立档案室,并配备1~2名专(兼)职档案人员,直接负责档案工作,统一制定工程档案工作各项管理规定及技术指标,同时监督、指导及协调勘测设计、监理及施工单位(部门)做好工程文件材料的编制及归档工作。综合部门负责档案工作应列入项目领导议事日程,在工程竣工验收时,负责竣工档案验收及竣工档案的移交工作。

指挥(项目)部内各专业部门(室)应明确一名专(兼)职档案或资料员,负责有关工程档案、资料方面的工作,具体负责工程文件资料的收集、整理及归档工作,并建立与工程档案、资料工作相适应的管理机构。自建项目工程档案,包括工程勘测、监理及施工的单位,必须有1人分管档案工作,并应按下述方法归档:

勘测设计单位资料人员,应按照勘测设计合同要求,将已完成的勘测报告、设计文件(图纸)经整理、立卷后移交到建设方的工程项目总(指挥)部,由项目总(指挥)部统一汇总竣工文件资料向建设单位和本地区的市城建档案馆移交。

监理单位(含征地监理、设计监理)的资料员,按照与建设方签订的监理合同要求,负责监督施工单位竣工文件材料的积累、整理、立卷及验收工作,并向工程建设方的项目总(指挥)部移交其监理业务范围内专项报告、工作总结等材料,由项目总(指挥)部统一汇总向建设单位和本地区的市城建档案馆移交。

施工单位(含机电设备安装单位)的资料员,按照施工合同要求,做好施工技术文件及竣工图的收集、整理、立卷向项目总(指挥)部移交,由项目总(指挥)部统一汇总向建设单位档案室移交;同时向本单位档案室移交一套竣工文件。

2.5　根据项目档案管理需要,建立档案管理网络体系,分别负责科技、文书、会计、声像档案的收集、整理、归档。明确档案资料专(兼)职人员岗位责任制,定期检查项目档案工作的落实情况,并作为其政绩考核的内容之一。

2.6　指挥部必须按照本《办法》,认真做好档案的积累和收集,要及时整理、立卷、归档。各有关部门的兼职档案人员应纳入工作职责范围、工作程序和岗位责任制中去,没有完整、准确的档案归档,不能算完成工作任务。

3　档案管理工作制度

3.1　项目科技档案人员要实行"三纳入(纳入领导议事日程、有关工作程序、有关部门和人员的职责范围)"、"四参加(工程竣工验收、科研成果鉴定、设备开箱验收、产品定型)"制度,对应归档的科技文件材料应及时进行检查、指导和验收。

3.2　铁路建设工程项目竣工文件的收集、整理、归档及移交应做到竣工文件管理的"三同步"即:布置施工任务的同时,布置竣工文件编制工作。竣工文件的形成积累应与工程进度同步进行。工程验收交接与竣工文件交接同步进行。施工单位的各级技术管理部门都应有专人负责竣工文件编制的组织、检查、指导及移交工作,同级档案部门应协助做好竣工文件的编制指导工作。

3.3　底图保管复制制度

一是底图归档必须整洁,线条、字迹清晰,手续完备,底图周边整齐、避免折叠。二是底图入库前必须分类、编号、填写目录。三是底图必须放入底图柜内,存放形式为平放或卷放。四是底图应放入保持恒温(温度为14~24℃,相对湿度45%~60%)的库房,并做好"八防"(防火、防盗、防光、防有害气体、防潮、防高温、防虫、防尘)保护工作,同时要定期检查,发现问题及时处理。

3.4　底图更改制度

一是归档的更改底图必须用墨汁、碳素笔和绘图仪器绘制图形线条，不得用红色笔或圆珠笔修改，字迹必须清晰，更改底图要加以说明，并有签名和更改日期，原有底图更改后或新绘制的底图随同通知单一并登记和归档。二是作废底图和目录都需注明"作废"字样，原来用此图晒制的蓝图也一并注明"作废"并换进新绘制的底图和蓝图，然后注明更换通知单登记号和新图登记号。三是归档的竣工图要绘制正规的竣工底图。施工设计图作为竣工图移交时，其图幅中变更部位一般超过35%以上，重要部位超过10%以上，也应重新绘制。

3.5　档案库房(专室)制度

3.5.1　档案库房指定专人负责管理，档案人员应维护档案的完整与安全。

3.5.2　档案入库前，应及时编号，填写卡片、目录排列入柜，如有不符合要求的应及时整理才能入库。

3.5.3　档案入库(柜)要排列整齐，借出时要有标记，归还时应及时放回原处。

3.5.4　非本室人员未经档案人员许可不得进入档案库房，并不得随意打开档案室资料柜。

3.5.5　档案库房或档案专室严禁明火，不得存放易燃物品，并备有灭火器。

3.5.6　库房要保持清洁，注意温湿度适宜，通风良好，每天上班前要记录一次温湿度的变化情况，如果有周记自动化的温湿度仪器记录的，也可以每周查看一次。

3.5.7　每月进行一次库房检查，发现问题及时记录并向领导汇报。

3.6　档案保密制度

3.6.1　保持高度警惕，经常检查不安全因素，发现漏洞，及时采取措施。

3.6.2　不论遇到任何情况，都要保证档案与资料的绝对安全。

3.6.3　严格执行保密制度纪律，做到不该说不说，不将档案借给无关人员，不领无关人员入档案库房。

3.6.4　上班检查库房门(窗)是否被人打开，下班检查库房的电灯、空调是否关好。

3.6.5　严格把握档案借阅制度，凡查阅档案时，必须履行登记、签收、注销手续、防止丢失。

3.6.6　节、假日加强保卫值班，做好五防工作。

4　项目文件材料的收集与整理

4.1　工程建设过程中，各参建单位应在各自职责范围内做好工程文件资料的形成、积累、整理、归档工作。

4.1.1　工程前期管理性文件资料及日常的文件资料，由指挥(项目)部各有关部(室)专人统一负责收集、整理、立卷和归档。最后由指挥(项目)部综合办公部门集中整理归档，统一管理。

4.1.2　招投标文件，包括招标文件、招标答疑纪要、评标资料及中标通知书、工程合同或协议书等，由指挥(项目)部负责招标工作和工程技术管理部门按照工程项目、工作程序组卷归档。

4.1.3　工程技术文件资料、施工技术图纸由工程技术管理部门按照工程项目、工作程序组卷归档。

4.1.4　工程概预算和决算文件，在建设期间由指挥(项目)部财务部暂时管理，待全部工程竣工验收后一次向本单位档案室移交归档。

4.1.5　工程期间形成的全部会计档案，如会计报表、会计账本、会计凭证和会计档案清册等由指挥部（项目）财务部暂时管理，待全部工程竣工验收后一次向本单位档案室移交归档。

4.1.6　引进技术设备图纸、文件由工程技术管理部负责收集、立卷并暂时管理，待全部工程竣工后一次性向指挥（项目）部档案室归档。

4.1.7　科研项目文件，如科研开发与成果应用、工法开发、科技论文与技术教材、技术革新、合理化建议、产品试制等文件材料。由指挥（项目）部总工程师负责组织，将整理、立卷后的竣工资料向指挥部档案室移交归档。

4.1.8　项目文书档案包括：工程管理、技术管理、经营管理、设备管理、物资管理、财务管理、党群管理、计划统计、劳动工资、教育培训等行政事务中形成的文件。有本级产生的、上级针对本工程业务制发的、下级项目部上报相关业务，以及地方政府、建设单位、设计单位、监理单位和上级主管单位、兄弟施工单位之间的来往文电，可由综合办公部门或项目各部门按业务范围分别负责形成、积累。

4.1.9　工程中形成的施工、勘测、监理文件统一向工程总指挥部归档。如：施工技术文件及竣工图由施工单位按照施工合同要求，在工程交工运行后，两个半月内向总部档案资料室提交完整、准确的竣工档案。

勘测设计文件资料由勘测设计单位按照勘测设计合同要求，以及完成的勘测报告、设计文件（图纸）经整理、立卷后逐步向总指挥部档案资料室归档移交。

监理文件由监理单位按照监理合同要求，并在其监理任务完成后两个半月内向总指挥部档案资料室提交其监理业务范围内档案。

4.1.10　工程项目的声像档案包括：项目生产经营中形成的照片、录像带、录音带、光盘、计算机软件等。由项目部指定专人负责形成、积累、整理、归档。

5　档案归档时间

5.1　文书档案：每年四月底前，各部门将上年度有查考利用价值的文件材料，按照要求整理后，连同移交目录向总（指挥）部档案室移交。

5.2　基建档案：(1)工程项目形成的文件材料，根据文件的性质分别按工程的单项或单位工程整理，分阶段或者年度移交归档；(2)整个项目档案在项目竣工验收后三个月内归档，每个单位工程或单位工程的完工和竣工验收应有档案人员参加。

5.3　设备档案：在开箱时应会同科技档案管理部门（或者兼职科技档案管理人员）进行技术资料的登记，于一个月内整理归档。

5.4　会计档案：项目财务的决算比照铁道部会计档案管理办法进行整理，向本单位档案部门移交。

5.5　科研档案：待科技成果鉴定后，综合整理归档。合作项目由主持单位负责整理，主持与协作单位都应保存一套完整的资料归档。

5.6　声像档案在项目生产经营中形成，有照片、录像带、录音带、计算机软件等，由项目部指定的兼职档案人员负责归档。具体归档方法按照铁道部《声像档案管理办法》进行整理。照片（含底片）要有文字说明，具体时间、地点、内容、人物（含职务）和拍摄者。录像带、光碟要有解说词以及摄制时间、摄制者、播放所需的时间等。工程声像档案应随竣工文件一起整理归档。各项活动的声像档案在结束后一个月内整理归档。

5.7　实物档案：实物档案指在创优质工程中获得的荣誉证明，如证书、奖状、奖牌、奖杯、奖章，以及领导题词、名人字画等实物档案。实物档案必须在获得三个月内向本单位档案部门或向施工合同签署的单位档案部门办理移交。本局获得项目工程发包给隶属单位，隶属单位在获奖的情况下，凡是获得部级以上的工程优质荣誉证明的实物档案，应向上一级单位档案室办理移交。隶属施工单位需要借用时，可以随时办理借用手续。

6　移交手续

6.1　项目（指挥）部在规定的时间内，将整理好的各种档案和案卷目录、卷内目录、移交目录等，向有关单位办理移交，移交双方对移交的档案应认真清点确认无误后，在移交目录或移交清册上，签字、盖章。案卷移交目录一式二份，交接双方各存一份备查。

6.2　项目部档案人员在接收档案、资料时，必须验收检查，发现未达到要求的，要求对方整改后再办理交接手续。

7　项目档案的质量与保证措施

7.1　管理人员职责

项目档案的质量，是衡量工程建设项目各参建单位等工作质量的重要内容，因此，各有关单位在未完成归档工作（办理档案移交手续）前，总指挥部将暂不返还其扣留的工程质量保证金，对于归档质量优良的有关单位或责任人，总指挥部给予适当奖励。如工程档案质量达不到规定要求的，不得进行鉴定验收；在规定期限内未完成归档任务的，不能评为优质工程或先进单位。

7.1.1　项目经理职责

7.1.1.1　督促工程施工的原始资料收集、整理、汇总和交工及其竣工资料的编制出版。

7.1.1.2　督促工程安质部、试验室及资料室相关工作。

7.1.1.3　解决原始资料中存在的疑难问题。

7.1.1.4　为资料管理工作提供资源保障。

7.1.2　项目安质部长职责

7.1.2.1　督促现场及时产生符合要求的原始资料。

7.1.2.2　支持专职资料员在现场开展征集资料相关活动。

7.1.2.3　监督内业资料的整理及存档工作。

7.1.2.4　确保工程施工中各级对内业、外业检查失误的分数降到最小。

7.1.3　项目技术试验负责人职责

7.1.3.1　确保各类试验资料及相关台账符合真实、及时、准确、规范、完整、合法（合理）的要求。

7.1.3.2　管理好试验室内部资料的存档和整理工作。

7.1.3.3　配合好资料室对现场资料的管理和督促工作。

7.1.3.4　确保做到试验资料不影响工程计量。

7.1.3.5　确保在今后的各级施工检查中将失分的情况降到最低。

7.1.4　单位资料管理员职责

7.1.4.1　应严格遵守保密制度，不得随意复制、散发资料，不得泄露。

7.1.4.2　对各类资料的分类应科学管理，便于查找，以方便竣工验收工作资料的随时调阅。

7.1.4.3　注意国内外有关资料工作的发展，随时收集最新的产品标准、检验标准、规范、细则、方法。

7.1.4.4　过期资料的销毁应严格履行报批手续，并造册登记。

7.1.4.5　丢失内业资料应视质量事故处理，填写事故报告，并视情节轻重给予必要的处分。

7.1.4.6　定期到现场培训、考核施工现场资料员。

7.1.4.7　监督、检查、指导施工现场内业资料的存档和整理工作。

7.1.5　施工现场资料员(技术员)职责

7.1.5.1　严格执行招标技术文件、业主相关要求以及以质量管理体系，对项目资料进行收集和归档。

7.1.5.2　检查督促施工现场做好各工序相关资料，做到资料真实、准确、及时、规范、完整。

7.1.5.3　负责图纸收集与管理，协助竣工文件的编制。

7.1.5.4　负责归档资料的管理(按贯标要求)，归档资料均应办理登记，手续齐全，送交人、整理人、接受人均应签名。对各类资料的分类应按规定划分管理，便于查找。

7.1.5.5　作好防火、防盗、防蛀工作，以防资料的损坏，防止资料的丢失。

7.1.5.6　完成领导交办的其他各项工作。

7.2　资料室的运转及保证措施

为了创建省级、铁道部级以上精品工程，应树立优质施工的品牌创新理念。把资料作为工程质量的基本出发点，因为，资料管理是工程质量控制的重要环节。而项目内业资料管理在施工过程中尤为重要，资料室的正常运转就是内业资料的关键所在。为此，我们特制定运转及保证措施如下：

7.2.1　成立了指挥部内业资料专室、专人、专柜程序化的内业资料管理体系。

7.2.2　由项目部经理组成的内业领导小组去工区督促和检查资料。

7.2.3　资料管理员随着工程所需，下发各种工程图表格，定期培训、汇总、考核、检查工区资料员。

7.2.4　各级资料员要熟悉掌握国家标准《科学技术档案案卷构成的一般要求》和《铁路建设项目竣工验收交接办法》、《铁路建设项目竣工文件编制移交办法》，以及铁路施工质量检验评定标准等规范。

7.2.5　定期督促和检查工程日志。(包括项目经理、总工)

7.2.6　对下发的各级文件进行学习、讨论，积累经验。

7.2.7　为了资料的及时、准确性，应制定《内业资料奖罚措施》。

7.2.8　为了督促和检查内业资料管理中出现的问题，严格按照有关规定执行。

7.3　奖罚办法

为了保证内业资料的及时性、准确性、真实性、规范性、合法性和可追塑性，调动项目资料员的积极性、责任心，特制定内业管理奖罚措施，如：

7.3.1　由项目部经理组成的内业领导小组检查和考核资料。

7.3.2　资料管理员按工程用表的填写规范，进行符合要求的资料考核。

7.3.3　资料管理员在考核过程中一定要有“宁当恶人，不当罪人”的奉献精神。

7.3.4　小组针对每次考核资料的结果(分数的积累)进行月底的奖罚评比。

7.4　项目档案的保管与利用

7.4.1　项目档案材料应根据其形成规律和便于保管、便于利用的原则,进行分类、编目、专柜保存。

7.4.2　做好档案库房管理工作,要有"八防"保护设施,并定期检查。"八防"即:防火、防盗、防尘、防虫、防有害气体、防光、防潮、防高温。

8　附　则

8.1　本暂行《办法》参考国家、铁道部档案法规制定,未尽事宜一律按照有关档案法规的具体规定执行。

8.2　本暂行《办法》自公布之日起实行,本办法公布之日前形成的档案资料,按本办法整理、补充、完善。

8.3　本《办法》适用于本单位各项目部。

三、竣工文件的编制规定

1. 竣工文件的编制工作由建设单位负责组织,施工单位负责编制,接管单位档案部门协作指导。建设单位要督促各参建单位按档案部门要求做好文件材料的形成和积累工作,竣工验收前将文件图纸按专业和单位工程进行,汇总整理。由建设单位组织各有关参建单位编制竣工文件并向有关单位移交。

2. 竣工文件要如实反映铁路建设项目施工技术状况和工程竣工的现状。如发现竣工文件与实际不符,应追究原施工、监理单位及人员的责任。

竣工文件内容及提交份数执行铁道部相关规定和当地政府的规定。

竣工文件编制是建设项目档案工作不同于其他档案工作的一个特别内容。竣工图是否完整、准确、系统,是衡量建设项目工程质量优劣的重要指标之一。竣工图不完整、不准确,其后果是不堪设想的。项目竣工文件的编制要如实反映建设项目施工的技术状况和工程竣工的现状。如发现竣工文件与实际不符,应追究原施工单位和监理人员责任。其内容包括竣工文件编制依据、竣工文件的基本构成、竣工文件编制的一般原则、竣工图的编制责任、竣工图的编制要求、竣工图的更改、竣工图的审核、竣工图的份数等。在编制过程中可参照如下示例进行编制。

示例:深圳铁路项目工程竣工文件编制办法

1　根据国家科委、国家档案局、铁道部有关文件编制,制定本办法。

2　竣工文件主要包括:

2.1　全部施工设计文件一套(由建设单位送接管单位)。

2.2　全部竣工文件的图表和清册(编制应按接管单位的行政区划分,便于接管单位存档和使用)。

2.3　开工、竣工报告及批复文件。

2.4　各项施工原始记录(一份),包括:施工日志、工程质量保证有关资料表格(含各种试验报告、测试记录等),经监理单位签认的工程质量验评表、隐蔽工程检查证、变更设计单位、质量事故处理文件等。

2.5　主要机械设备技术证书、使用说明书。

2.6 工程技术总结。

2.7 工程质量等级核验意见或结论。

2.8 竣工决算资料。

2.9 验收证书或竣工验收交接记录表（验收委员会成员签字的证书各成员单位一份，交接单位及作为竣工文件者可用复印件）。

2.10 与建设项目有关的协议、纪要及公文。

2.11 竣工文件移交清册（具体内容详见《铁路建设项目竣工文件编制移交办法》）。

3 竣工文件需进行系统编制，最主要编制是竣工图，要将施工中发生变更的情况如实反映到施工图上。同时对有些文件也需进行整理、补齐，使归档的竣工文件图面清晰，准确系统，份数不少，张数不缺，手续齐全。

4 竣工文件由施工单位负责编制，监理单位负责审核。项目施工及调试完成后，施工单位、监理单位应根据工程实际情况和行业规定、标准以及合同规定的要求编制项目竣工文件。基本要求是：

4.1 根据项目实际情况，收齐所有应归档的文件；文件份数未满足合同或协议规定的，应按要求复制补齐。

4.2 对施工文件、施工图及设备技术文件的准确性和更改情况进行核实，并按要求修改或补充标注到相应的文件上。

4.3 与施工图有关的设计变更、现场洽商和材料变更文件单独组卷。

4.4 容易褪色的材料形成的文件，需要保存的，应复印一份同时归档。

5 竣工图的编制要求

5.1 时间要求：为确保竣工图编制的质量和验收时间的要求，竣工图编制的时间要求要做到竣工图的编制与工程进度同步，以保证竣工图的准确性。一般来说，竣工图绘制与工程交工的时间差，应不大于一个单位工程的施工。

5.2 内在质量的要求：竣工图必须符合实际，反映工程竣工的最终状况。包括：① 新增加的施工应适当补充新的施工图；② 没有施工图，但实际进行施工且已竣工的工程，必须编制竣工图；③ 对施工质量事故处理及设计文件的更改。包括文字、数字、图形的改变，必须在竣工图上有所反映。④ 被取消的施工图，不应编制竣工图，但必须将取消的依据纳入竣工说明中。

5.3 竣工图的签字手续要完备，各有关责任人（编制人、审核人、承担施工的技术负责人、驻地监理）要在竣工图上签字，以示对竣工图的质量负责，如有关责任人以盖章代替手签，应附有关责任的书面声明。

5.4 外观质量要求：竣工图必须是新图，图纸质量要规格统一，图面整洁，字迹线条清晰、耐久、标注位置合理。

5.5 竣工图文件主要的编制形式：

建设项目竣工图与施工图有密切的联系，从施工图演变到反映实际施工最终状况的竣工图，分为几种不同的情况：① 施工图没有变更；② 施工图只有一般局部变更；③ 施工图发生重大的变更；④ 施工图被取消；⑤ 原设计没有，施工中新增加的内容等。因此，对竣工图的编制形式有几种不同的要求：

施工图被取消，包括设计变更取消或现场未施工的，不需要编制竣工图。但应在原图中注明“取消”,并将原图作废。

由于某种原因,新的施工内容在没有正式施工图的情况下进行施工的(一般情况下是不允许的),应按实际施工最终状况,由施工单位绘制竣工图,经设计单位签署意见并补充修改依据后方可作为竣工图。

重复的标准图、通用图可不编入竣工图中,但必须在目录中列出图号,指明该图所在位置,并在编制说明中注明。

重新出图时,将“设计说明”改做“竣工说明”,叙述施工变更情况,按最终的情况绘制竣工图。

5.6　修改的技术要求

5.6.1　利用施工图修改的竣工图,凡修改处都要标注修改依据,标注修改依据应按设计变更、洽商记录等文件名称、编号、条文号、产生日期、其所在案卷号和页号的先后顺序填写。

5.6.2　所有设计变更文件中的变更内容,必须不遗漏地在施工图中全面反映,即每项变更内容,不但要在文件所指的竣工图上反映,而且要在所有涉及到的每张竣工图上反映。

5.6.3　修改后的文字和数字位置要与被修改部分的位置大致相对应。凡有关施工技术要求或材料明细表等文字有更改的,应在修改变更处进行更改,当内容较多时,可采用注记说明的方法。

5.6.4　文字说明,变更后图样上各种引出说明应与标题栏平行,引出线不交叉。作为竣工图的蓝图必须是图面清晰的新图纸。

5.6.5　更改应用黑色墨水或碳素墨水。

5.7　竣工图的更改方法

5.7.1　对少量文字和数字的修改,可用扛改法,即用一条实线将被修改的部分划去,在其附近的适当位置,填写变更后的内容,并注明修改依据。

5.7.2　对于少量图形的修改,可采用叉改法,即用“×”将被修改部分图形圈出,在其附近的适当位置,画出修改后的图形,注明修改内容及依据。

5.7.3　对较多图形修改,可采用圈改法,即将被修改的部分图形圈出,按制图规范在其附近的适当位置,画出修改后的图形,注明修改依据。

5.7.4　凡图形、标高等没有变化,但工程数量与原设计工程数量不同的,可在原设计图上列出竣工工程数量,原设计工程数量表仍应保留。

5.8　竣工图反映综合施工图和设计变更文件的内容

5.8.1　施工图是编制竣工图的基础,每一张施工图就应编制一张相应的竣工图(施工图取消的除外)。

5.8.2　设计变更文件是编制竣工图的依据,它是所有引起原设计施工图变更的图纸、文件、有关资料总称。

5.8.3　其中,设计单位提供的设计变更文件有:设计变更单、补充设计图、修改设计图、技术交底图纸会审会议纪要,各种技术会议记录,其他涉及设计变更的文件等;

5.8.4　施工单位提供的设计变更文件有:隐蔽工程验收单、技术核定单、材料代用单、工作联系单、其他涉及设计变更文件等。

5.8.5　更改应符合各专业的要求。

5.8.6　更改应用黑色墨水或碳素墨水。

5.9 竣工图章的使用

5.9.1 竣工图章的内容有:施工单位、技术负责人、监理单位、编制人、审核人、编制日期、总监、现场监理。

5.9.2 所有竣工图应加盖竣工图章,凡有改动的图纸,必须有签字(手写)。

5.9.3 竣工图章的位置盖到标题栏上方,若图面没有盖章位置,可盖在反面。

5.9.4 竣工图章应使用不褪色红印泥。

5.10 竣工图的审核

5.10.1 竣工图编制完后,监理单位应督促和协助竣工图编制单位检查其竣工图编制情况,发现不准确或短缺时要及时修改和补齐。

5.10.2 竣工图内容应与施工图设计、设计变更、洽商、材料变更、施工及质检记录相符合。

5.10.3 竣工图按单位工程、装置或专业编制,并配有详细编制说明和目录。监理单位应协调各施工单位交叉工程竣工图纸的编制分工。

5.10.4 竣工图应使用新的或干净的施工图,按要求加盖并签署竣工图章。

5.10.5 一张更改通知单涉及多图的,如图纸不在同一卷册的,应将复印件附后在有关卷册中,或在备考表中说明。

5.10.6 国外引进项目、引进技术或由外方承包的建设项目,外方提供的竣工图应由外方签字确认。

5.11 竣工图套数

按照工程合同,本工程移交时各施工单位在竣工档案移交时,应移交一式五份竣工图。

四、项目档案分类方案

分类是档案整理的重要步骤,是做好档案分类的基础工作。项目档案的分类方案,应在项目过程中形成的全部档案作为分类对象,根据档案内容、类型及载体形态等特点,并结合工程建设阶段和工程性质,设置合理的类别,并给每一个类别一个准确的名称。

1. 分类原则:档案分类原则是以整个工程建设过程中形成的全部档案为对象,依据档案的类型、内容及载体形态的特点,结合工程建设阶段和工程性质,对项目工程全部档案进行统一分类,以便于系统整理及综合管理。

2. 类别设置:

(1)一级类目。根据档案的类型、内容和载体形态的实际情况,将全部档案分为八个一级类目,如:文书类、基建类、设备类、科研类、标准类、会计类、声像类、实物类。

(2)二级类目。在八个一级类目之下,根据每一类内容、性质及特点,设置若干个二级类目,如:

① 文书类:按照依据性、基础性、竣工验收文件进行分类;

② 基建类:根据工程建设阶段和工程性质,下设基础类、设计基础类、设计类、工程管理类、施工类、监理类、试运行类、财务类、器材管理类、竣工验收类等二级类目。

③ 科研类:按课题分二级类目,一个课题为一个二级类目。

④ 设备类:根据设备的性质——型号进行分类,具体类目略。

⑤ 标准类:按国家、行业、企业标准下设技术标准、管理标准等项目内容。

⑥ 会计类：根据会计档案的形式，下设会计报表、账本、凭证、其他等二级类目。

⑦ 声像类：根据载体形式的不同，下设照片、录像带、录音带、光盘、磁盘等二级类目。

⑧ 实物类：根据载体形式的不同，下设奖（锦）旗、奖状、奖牌（牌匾）、奖章、证书、奖杯、礼品、字画（含题词、题名）、签名册、模型、印章等二级类目。

五、项目文件归档范围及保管期限表

制定科学合理的项目文件归档范围和保管期限表，是保证项目档案完整、准确、系统的重要前提。为便于建设项目各参建单位科学、合理地确定项目文件材料的归档范围和保管期限，根据国家档案局、国务院国有资产监督管理委员会颁发的《国有企业文件材料归档办法》（档发〔2004〕4 号文件）和 1997 年颁发的《国家重点建设项目档案管理登记办法》中，提出了建设项目文件材料归档的参考范围，在 2002 年国家档案局批准发布的《国家重大建设项目文件归档要求与档案整理规范》中，也附有《国家重大建设项目文件归档范围和保管期限表》，各有关单位应以该表为主要依据，同时结合《铁路建设项目竣工文件编制移交办法》、《铁路客运专线竣工验收办法》和《铁路建设项目竣工文件编制移交办法》编制相适应的项目档案收集范围和保管期限表，并根据实际情况制定竣工文件分送单位和数量表的要求，确定具体的归档内容、单位和移交套数。在实际工作中，为便于分类收集，各项目参建单位可参照以下“项目档案分类方案”，编制各类项目文件材料的归档范围及保管期限表。见表 2—1 ~ 表 2—8。

表 2—1　文书档案收集范围和保管期限表

序号	归档文件内容	保管期限	备注
1	有关指挥（项目）部及其内部机构设置、人事任免、印信启用等文件	永久	
2	指挥（项目）部党、政会议和各种专题会议形成的记录、纪要、决议、决定，工作计划、总结、专题报告	永久	
3	党代会、职代会、团代会通知、名单、议程、报告、领导人讲话、大会发言、决议、纪要、选举结果、讨论通过的文件等	永久	
4	指挥（项目）部内设的工作计划、总结、职工名册、党员名册、团员名册，各种统计报表及统计分析资料	永久	
5	纪检、监察形成的文件、请示、案件处理结论、通报	永久	
6	指挥（项目）部各项管理制度、办法、规定	永久	
7	指挥（项目）部职工录用、调资、技术资格评聘、奖罚等文件	永久	
8	指挥（项目）部出版的内部和外部出版物定稿及样本	永久	
9	指挥（项目）部组织沿革、大事记、年鉴、反映本项目重要活动事件的简报	永久	
10	指挥（项目）部对外交流活动形成的文件材料	永久	
11	指挥（项目）部与有关单位签订的合同、协定、协议等	永久	
12	上级针对本指挥（项目）部的各种批示、指示、批复文件	永久	
13	内容重要的人民来信、来访材料，领导的指示和指挥部处理的人民来信、来访形成的记录、摘要单位、调查处理报告、统计分析材料等	永久	
14	有关本项目工程财产、物资、档案等的交接凭证、清册	永久	
15	上级机关视察、检查本项目时的讲话、题词	永久	
16	上级机关印发的与本项目有直接关系的，并且要贯彻执行的各种文件	永久或 30 年	

续上表

序号	归档文件内容	保管期限	备注
17	指挥(项目)部代上级机关草拟的并被采用的文件的最后定稿和印本	永久或30年	
18	参加外单位召开的与项目建设有关的各种会议材料	15年	
19	其他应归档备查文件	永久、30、15年	

表2—2 基本建设档案收集范围和保管期限表

序号	归档文件材料名称	保存单位和保管期限				
		上级单位	建设单位	施工单位	监理单位	设计单位
一	建设依据性文件					
(一)	可行(预可行)性研究、任务书					
1	项目建议书及其报批文件		永久			长期
2	项目设计意见书及其报批文件		永久			长期
3	可行性研究报告及其评估、报批文件		永久			长期
4	项目评估(包括借贷承诺评估)、论证文件		永久			长期
5	环境预测、调查报告、环境影响报告书和批复		永久			长期
6	设计任务书、计划任务书及其报批文件	永久	永久			永久
(二)	设计基础文件					
1	工程地质、水文地质、勘察设计、勘察报告、地质图、勘察记录、化验、试验报告和重要土、岩样及说明		永久			永久
2	地形、地貌、控制点、建筑物、构筑物及重要设备安装测量定位、观测记录		永久			长期
3	水文、气象、地震等其他设计基础资料		永久			长期
(三)	设计文件					
1	总体规划设计		永久			永久
2	方案设计		永久			永久
3	初步设计及其报批文件		永久			永久
4	技术设计		永久			永久
5	施工图设计		长期			永久
6	技术秘密材料、专利文件	永久		永久		永久
7	工程设计计算书		长期			永久
8	关键技术试验		永久		永久	永久
9	设计评价、鉴定及审批		永久			
(四)	承担施工的大型工程项目					
1	施工设计总说明书	※长期			长期	
2	施工组织设计及修正总概算				长期	
3	综合性的施工设计图				短期	
二	工程综合管理文件					
(一)	征地、移民文件					

续上表

序号	归档文件材料名称	保存单位和保管期限				
		上级单位	建设单位	施工单位	监理单位	设计单位
1	征用土地申请、批准文件、红线图(包括土地使用证)		永久			
2	征地移交拆迁、安置、补偿批准文件、协议书		永久			长期
3	建设前原始地形、地貌、状况图照片		永久	短期		
4	施工执照		永久			
(二)	计划、投资、统计、管理文件					
1	有关投资、进度、物资、工程量的建议计划、实施计划和调整计划		长期			
2	概预算管理、差价管理文件		长期			
3	合同变更、索赔等涉及法律事务的文件	※长期	长期			
4	规程、规范、标准、规划、方案、规定		长期			
5	招标文件审查、技术设计审查、技术协议		长期			
6	投资、进度、质量、安全、合同、控制文件		长期		长期	
(三)	招标投标、承发包合同协议书					
1	招标、投标修改文件、招标补遗及答疑文件	长期	长期	长期	长期	长期
2	招、投标书,资质材料、履约类保函、委托授权书和投标澄清文件、修正文件	永久	永久			长期
3	开标议程、开标大会签字表、报价表、评标纪律、评标人员签字表、评标记录、报告		长期			
4	中标通知书	长期	长期	长期	长期	长期
5.	承包价分割、承包价调整材料	※长期				
6	合同谈判纪要、合同审查文件、合同书、合同变更文件、承发包合同协议书(或合同补充文件)	长期	永久	长期	永久	长期
(四)	专项申请、批复文件					
1	环境保护、劳动安全、卫生、消防、人防、规划等文件		永久			
2	水、暖、电、煤气、通信、排水等配套协议文件		长期			
3	原料、材料、燃料供应等来源协议文件		长期			
4	国家、铁道部、地方政府、建设单位、设计单位关于工程建设的重要来往文件	长期	长期	长期	长期	长期
(五)	工程施工竣工文件					
1	开工报告或开工令	长期	长期	长期	长期	长期
2	工程技术要求、技术交底资料、图纸会审纪要			长期	长期	长期
3	施工技术总结和专题总结	永久	永久	永久		
4	整个工程的竣工验收证书	永久	永久	永久	永久	永久
5	施工管区(段)竣工验收报告(或工程质量核定证书、工程质量鉴定书、工程质量证明书等)	永久	永久	永久		
6	综合性的实施性施工组织设计、质量计划、施工方案、施工计划、施工技术措施、安全措施、施工工艺	长期	长期	长期		
7	作业指导书			长期		
8	施工概预算及审批文件	长期	长期	长期		

续上表

序号	归档文件材料名称	保存单位和保管期限				
		上级单位	建设单位	施工单位	监理单位	设计单位
9	决算文件	长期	永久	长期		
10	末次验工计价汇总表	长期	永久	长期		
11	交付使用财产总表和财产明细表	长期	永久	长期		
12	工程竣工数量汇总表	长期	长期	长期		
13	铁路工程专业项目验收申请表格	长期	长期	长期		
14	铁路工程专业项目验收报告	长期	长期	长期		
15	铁路工程专业项目验收证书	长期	长期	长期		
16	施工现场质量管理检查记录表	长期	长期	长期		
17	检验批质量验收记录表	长期	长期	长期		
18	分项工程质量验收记录表	长期	长期	长期		
19	分部工程质量验收记录表	长期	长期	长期		
20	单位工程质量控制资料核查表	长期	长期	长期		
21	单位工程实体质量和主要功能核查表	长期	长期	长期		
22	单位工程观感质量检查记录表	长期	长期	长期		
23	单位工程质量验收记录表	长期	长期	长期		
24	施工大事记	长期	长期	长期		
25	决定重要问题的会议记录、纪要与各方的来往文件	长期	长期	长期	长期	长期
26	施工中形成的有关文件、电报、协议、合同、会议记录以及照片（底片）、录音带、录像带、光盘、软盘等	长期	长期	长期		
三	工程施工文件					
（一）	土建施工文件					
1	单项、单位等工程开工报告	长期	长期	长期		
2	工程技术要求、技术交底、图纸会审纪要	长期	长期	长期		
3	施工组织设计、方案及报批文件、施工计划、施工技术及安全措施、施工工艺文件	长期	长期	长期		
4	原材料及构件出厂证明、质量鉴定、复验单		长期	长期		
5	重大变更设计通知单及洽商记录、变更设计文件及批准文件		长期	长期		
6	设计变更通知、工程更改洽商单、材料代用核定审批手续、技术核定单、业务联系单、备忘录等		长期	长期		
7	施工定位（水准点、导线点、基准线、控制点等）测量、复核记录、地质勘探		长期	长期		
8	土、岩试验报告、基础处理、基础工程施工图、桩基工程记录、地基验槽记录		长期	长期		
9	施工日记、大事记	长期	长期	长期		
10	建筑材料试验报告		长期	长期		
11	隐蔽工程检查（验收）记录		永久	长期		

续上表

序号	归档文件材料名称	保存单位和保管期限				
		上级单位	建设单位	施工单位	监理单位	设计单位
12	各类工程施工记录和测试、沉降、位移、变形监测记录、工程检查证及图表		永久	长期		
13	工序工程质量检验评定记录	长期	永久	长期		
14	分部、分项工程质量检查评定记录	长期	永久	长期		
15	单位工程质量评定表及报验单	长期	永久	长期		
16	施工定位测量、复查记录	长期	永久	长期		
17	复杂工程的精密测量资料	长期	永久	长期		
18	重大工程技术、质量、安全事故报告		长期		长期	
19	重大工程技术、质量、安全事故处理记录		长期		长期	
20	施工现场质量管理检查记录表	长期	永久	长期		
21	单位工程质量控制资料核查表	长期	永久	长期		
22	单位工程实体质量和主要功能核查表	长期	永久	长期		
23	单位工程观感质量检查记录表	长期	永久	长期		
24	采用“四新”施工工程的施工方法总结、鉴定记录和证明文件等	长期	永久	长期		
25	重点难点科技攻关项目的技术资料及图表	长期	永久	长期		
26	工程使用(运营或投产)后的工程质量保修书和回访资料		永久	长期		
27	获省、部级以上优质工程上报、审批材料及证书	长期		长期		
28	单项、专业、阶段工程竣工验收报告、竣工报告、竣工验收证明书、竣工验收记录表	永久	永久	永久		
29	检验批质量验收记录表	长期	永久	长期		
30	分项工程质量验收记录表	长期	永久	长期		
31	分部工程质量验收记录表	长期	永久	长期		
32	单位工程质量验收记录表	长期	永久	长期		
33	竣工验收备案表(包括各专项验收认可文件)		永久	永久		
34	工程施工小结			长期		
(二)	安装工程施工文件					
1	工程开工报告	长期	永久	长期		
2	工程技术要求		永久	长期		
3	技术交底资料		永久	长期		
4	图纸会审记录、纪要		永久	长期		
5	施工组织设计、方案及其报批文件、施工计划、技术措施文件	长期	永久	长期		
6	原材料及构件出厂证明、质量鉴定、复验单		永久	长期		
7	建筑材料试验报告		永久	长期		
8	设计变更通知、工程更改洽商单、材料、零部件、设备代用审批手续，技术核定单、业务联系单、备忘录等	长期	永久	长期		
9	焊接试验记录、报告、施工检验、探伤记录		长期	长期		
10	隐蔽工程检查(验收)记录		永久	长期		

续上表

序号	归档文件材料名称	保存单位和保管期限				
		上级单位	建设单位	施工单位	监理单位	设计单位
11	系统调试、整定、试验记录		长期	长期		
12	强度、密闭性试验报告		长期	长期		
13	设备、网络调试记录		长期	长期		
14	施工安装记录、安装质量检查、评定、事故处理报告		长期	长期		
15	操作联动试验、系统调试、试验记录、电气装置交接记录		长期	长期		
16	管线清洗、试压、通水、通气、消毒处理报告		短期	长期		
17	管线标高、位置、坡度测量记录		长期	长期		
18	电气装置交接记录证明、工程质量评定		长期	长期		
19	绝缘、接地电阻等性能测试、校核		长期	长期		
20	材料、设备明细表及检验记录		长期	长期		
21	电气装置交接记录					
22	中间交工验收记录、工程质量评定		永久	长期		
23	竣工报告、竣工验收报告、竣工验收证明书	长期	永久	长期		
24	竣工验收备案表(包括各专项验收认可文件)	长期	永久	长期		
25	工程施工小结		永久	长期		
26	声像材料		永久	长期		
四	竣工图		永久	长期		
(一)	综合竣工图					
1	铁路、公路线路平面图、纵断面图	※长期	长期	长期		
2	铁路平纵断面缩图	※长期	长期	长期		
3	工程总平面布置图	※长期	长期	长期		
4	竖向布置图	※长期	长期	长期		
5	平面定位竣工图	※长期	长期	长期		
6	工程地理位置图	※长期	长期	长期		
7	科技攻关工程项目综合竣工图	※长期	长期	长期		
8	采用“四新”施工工程项目综合竣工图	※长期	长期	长期		
(二)	专业竣工图					
1	大桥、特大桥工程(铁路、公路及市政工程等)		长期	长期		
(1)	全桥总布置图	※长期	长期	长期		
(2)	桥址平面图	※长期	长期	长期		
(3)	大桥立面图	※长期	长期	长期		
(4)	纵剖面图(含地址图)	※长期	长期	长期		
(5)	梁部、墩台与基础结构图	※长期	长期	长期		
(6)	特殊设计、特殊结构竣工图	※长期	长期	长期		
2	3公里以上长大隧道工程(含铁路、公路及其他工程)					

续上表

序号	归档文件材料名称	保存单位和保管期限				
		上级单位	建设单位	施工单位	监理单位	设计单位
(1)	横断面图	※长期	长期	长期		
(2)	纵断面图	※长期	长期	长期		
(3)	主要结构图	※长期	长期	长期		
(4)	特殊设计、特殊结构竣工图	※长期	长期	长期		
3	铁路车站工程					
(1)	站场平面布置图	※长期	长期	长期		
(2)	车站股道竣工图	※长期	长期	长期		
4	机场工程					
(1)	候机楼座落平面图	※长期	长期	长期		
(2)	候机楼立面图	※长期	长期	长期		
(3)	候机楼平、立、剖面图	※长期	长期	长期		
(4)	停机坪平面定位图	※长期	长期	长期		
(5)	场道道面结构位置图	※长期	长期	长期		
(6)	场道道面结构竣工图	※长期	长期	长期		
(7)	道面接缝竣工图	※长期	长期	长期		
(8)	道面排水工程竣工图	※长期	长期	长期		
(9)	机场围界竣工图	长期	长期	长期		
5	水利水电工程					
(1)	枢纽总体平面布置图	※长期	长期	长期		
(2)	电(站)厂区枢纽平面布置图	※长期	长期	长期		
(3)	电(站)厂区枢纽纵剖面图		短期	短期		
(4)	主厂(站)房发电机层平面图	※长期	长期	长期		
(5)	引水洞(管、槽)工程竣工图	※长期	长期	长期		
(6)	污水处理、水质净化工程竣工图	※长期	长期	长期		
6	大型房屋工程					
(1)	平面布置图	※长期	长期	长期		
(2)	平、立、剖面图	※长期	长期	长期		
(3)	管、网系统图		长期	长期		
(4)	给排水(含消防工程)竣工图		长期	长期		
7	地铁工程					
(1)	围护桩施工布置图		长期	长期		
(2)	出入口结构图		长期	长期		
(3)	风道风井结构图		长期	长期		
(4)	侧墙、底板沉降缝细部构造图		短期	短期		
(5)	顶板沉降缝细部构造图		短期	短期		

续上表

序号	归档文件材料名称	保存单位和保管期限				
		上级单位	建设单位	施工单位	监理单位	设计单位
(6)	端井连续墙竣工图		短期	短期		
(7)	站台板结构竣工图		长期	长期		
(8)	顶板防水竣工图		长期	长期		
8	“四电”工程					
(1)	通信工程、通信网图、数据通信网图、电话交换网图		长期	长期		
(2)	信号工程、电锁器联锁和电气集中联锁信号设备平面布置图、信号室内设备布置图、区间信号平面布置图		长期	长期		长期
(3)	电力工程：发、起、变电所总平面布置图、电气主接线图、站内电力线路平面图、电力贯通线路图		长期	长期		长期
(4)	电气化工程：牵引变电所、开闭所、分区亭电力调度所主接线图、总平面布置图、战场及区间接触网平面布置图	※长期	长期	长期		长期
9	其他工程					
10	港口、码头、人防等工程主要竣工图	※长期	长期	长期		
五	工程监理文件					
(一)	工程监理综合文件					
1	监理委托合同、协议、监理大纲、监理规则、细则及批复、投招标文件、中标通知		长期		长期	
2	合同争议、违约报告及处理结果		长期		长期	
3	合同变更文件		长期		长期	
4	监理机构及负责人、监理人员变更情况		长期		长期	
5	监理规划、监理实施细则		短期		短期	
6	施工及设备器材供应单位资质审核、设备、材料报审		短期		短期	
7	施工组织设计、施工方案、施工计划、技术措施审核、施工进度、延长工期索赔及材料报审、分包工程审批表	※长期	长期		长期	
8	工程开工、复工、暂停、返工令，许可证、中间验收证明书	※长期	长期		长期	
9	设计变更、材料、零部件、设备代用审批		长期		长期	
10	监理通知、监理会议纪要、协调周(月、季、年)报、备忘录		长期		长期	
11	各项测控量成果及复核文件、外观、质量、文件等检查、抽查记录		长期		长期	
12	施工质量检查分析评估、工程质量事故、施工安全事故报告		长期		长期	
13	工程进度计划、实施、分析统计文件		长期		长期	
14	变更价格审查、支付审批		长期		长期	
15	单元工程检查及开工签证、工程分部、分项质量认证、评估		长期		长期	
16	主要工程及投资计划、完成报表		长期		长期	
(二)	设备采购、监理工作监理资料					
1	设备采购委托监理合同、采购方案、监造计划		长期		长期	
2	市场调查、考察报告		长期		长期	
3	设备制造的检验计划和检验要求、检验记录及试验报告、分包单位资格报审表		长期		长期	

续上表

序号	归档文件材料名称	保存单位和保管期限				
		上级单位	建设单位	施工单位	监理单位	设计单位
4	原材料、零配件等的质量证明文件和检验报告		长期		长期	
5	开动、复工报审表、暂停令		长期		长期	
6	会议纪要、来往文件		长期		长期	
7	监理工程师通知单、监理工作联系单		长期		长期	
8	监理日志、监理月报		长期		长期	
9	质量事故处理文件、设备制造索赔文件		长期		长期	
10	设备验收、交接文件、支付证书和设备制造结算审核文件		长期			长期
11	设备采购、监造工作总结		长期			长期
(三)	监理工作声像材料		长期			长期
(四)	运行技术准备、试运行文件					
1	技术准备计划		短期			
2	试运行管理、技术责任制		短期			
3	开停车方案		短期			
4	设备试车、验收、运转、维护记录		长期			
5	试运行质量鉴定报告		短期			
6	安全操作规程、事故分析报告		长期			
7	运行记录		短期			
8	技术培训材料		短期			
(五)	财务、器材管理文件					
1	财务计划及执行、年度计划及执行、年度投资统计		短期			
2	工程概算、预算、标底、合同价、决算、审计及说明		永久			
3	主要材料消耗、器材管理		短期			
4	交付使用的固定资产、流动资产无形资产、递延资产清册		永久			
(六)	竣工验收文件					
1	项目竣工验收报告	长期	永久	长期		
2	工程设计、施工、监理总结	长期	永久	长期		
3	项目质量评审文件或评价意见	长期	永久	长期		
4	工程现场声像文件	长期	永久	长期		
5	工程审计文件、材料、决算报告	长期	永久	长期		
6	环境保护、劳动安全卫生、消防、人防、规划、档案等验收审批文件	※长期	永久	长期		
7	竣工验收会议文件、验收证书及验收委员会名册、签字、验收备案文件	长期	永久	长期		
8	项目评优报奖申报材料、批准文件及证书	※长期	永久	长期		

注：以上归档范围及保管期限表中的上级单位是指施工单位的直属领导单位的档案管理部门，带“※”号的文件及图纸视具体情况，确定是否向上级单位档案馆（室）归档

表 2—3　科学研究档案归档范围和保管期限表

序号	归档文件材料名称	保存单位和保管期限	
		上级单位	科研单位
一	研究准备阶段		
1	科研项目计划任务书、委托书	※永久	永久
2	开题报告、专题研究报告	※永久	永久
3	审批文件	※永久	永久
4	协议书、技术合作合同	※永久	永久
二	观察试验阶段		
1	试验、分析、测试的原始记录、图表及分析、计算数据、图片、照片	※永久	永久
2	有关会议纪要、记录、关键工艺文件及重要来往技术文件、国家批准的发明创造、专利和技术革新项目的科技文件材料	※永久	永久
3	设计、工艺、技术规范等	※永久	永久
4	研制报告(研制过程、技术说明)	※永久	永久
5	阶段小结、总结报告	※永久	永久
三	总结鉴定阶段		
1	专题研究报告,课题设计,自编技术教材	※永久	永久
2	专题学术报告,技术论文、著作	※永久	永久
3	技术鉴定材料,科研成果鉴定证书,会议鉴定文件	※永久	永久
4	科研项目投资决算材料	※永久	永久
5	科研技术影片、录音、录像、照片	※永久	永久
四	成果申报阶段	※永久	永久
1	获奖批准文件(国家、部、省、市、总公司、集团科研奖励项目)	永久	永久
2	获奖材料(证书、奖杯、奖章、牌匾、文件)		永久
3	专题学术报告、技术论文、著作材料		永久
五	推广应用阶段		
1	重大合理化建议、技术革新考察材料、采纳意见、总结报告、技术交底、推广回访报告	※永久	永久
2	工法材料(Ⅰ、Ⅱ、Ⅲ级)	※长期	长期
3	引进技术、国内外技术考察报告、技术转让、技术服务合同、协议	※永久	永久
4	上级通知批复及有关单位的来往文件	※永久	永久
5	QC 成果材料	※长期	长期
备注:	有※号的可根据情况交一套给上级单位		

表 2—4 设备仪器档案归档范围和保管期限表

序号	归档文件材料名称	保存单位和保管期限			
		建设单位	施工单位	监理单位	设计单位
一	依据性文件				
1	新购置国内外机械设备、仪器仪表过程中形成的购置报告和审批件、订货合同、发票(复印件)	长期	长期		
2	购置(进口)设备仪器的开箱验收记录单、图纸、说明书、合格证、规范、操作规程等文件	长期	长期		
二	设备开箱及随机文件				
1	设备、材料装箱单、开箱记录、工具单、备品备件单	长期	长期		
2	设备、材料出厂质量合格证明	长期	长期		短期
3	产品检验、包装、工装图、检测记录	长期			
4	设备图纸、使用说明书、零配件目录	长期			
三	设备安装、调试、验收文件				
1	工艺说明、规程、路线、试验、技术总结	长期			
2	设备安装调试测定数据、性能鉴定	长期			
3	精度检查记录	长期			
4	安装验收单	长期			
5	机械设备、仪器仪表调拨转让通知、技术经济指标统计等	长期	短期		
6	由于技术原因发生的机械设备事故调查分析、设备仪器报废审批材料	长期	长期		

表 2—5 标准档案归档范围和保管期限表

序号	归档文件材料名称	保管期限	序号	归档文件材料名称	保管期限
一	技术标准		10	教育	长期
1	安全生产技术	长期	11	档案	长期
2	基建工程技术	长期	二	管理标准	
3	物资技术	长期	1	企业基础管理标准	长期
4	能源技术	长期	2	安全生产管理标准	长期
5	检验、测量和试验设备	长期	3	基本建设管理标准	长期
6	环境保护	长期	4	科学技术管理标准	长期
7	医疗卫生标准	长期	5	劳动工资人事管理标准	长期
8	检验和试验方法	长期	6	物质管理标准	长期
9	定额	长期	7	能源管理标准	长期

续上表

序号	归档文件材料名称	保管期限	序号	归档文件材料名称	保管期限
8	全面质量管理标准	长期	13	设备管理标准	长期
9	计划统计管理标准	长期	14	医疗卫生管理标准	长期
10	财务管理标准	长期	15	环境保护管理标准	长期
11	教育管理标准	长期	16	行政办公、档案管理标准	长期
12	标准计量管理标准	长期			

表 2—6　会计档案收集范围和保管期限表

序号	归档内容	保管期限	序号	归档内容	保管期限
1	保管清册	永久	9	原始凭证	15 年
2	销毁清册	永久	10	记账凭证	15 年
3	年度财务报告(决算)	永久	11	汇总凭证	15 年
4	年度财务报告的审计报告	永久	12	银行余额调节表	15 年
5	银行日记账	25 年	13	银行对账单	15 年
6	现金日记账	25 年	14	工资支付单	15 年
7	总账	15 年	15	所属单位的报告(决算)	15 年
8	明细账	15 年			

表 2—7　声像档案收集范围和保管期限表

序号	归档内容	保管期限	备注
1	上级领导视察项目工程的照片、录像、录音、光盘	永久	
2	反映项目工程建设重大活动和建设成果的照片、录像、录音、光盘、磁盘	永久	
3	工程建设项目对外交流活动中形成的照片、录像、录音、光盘	永久	
4	记录项目工程建设中重大事件、重大事故的照片、录像、录音、光盘	永久	
5	反映项目工程建设前后地形、地貌及环境变化情况的照片、录像、录音	永久	
6	反映项目工程建设重要部位、隐蔽工程施工质量的照片、录像	永久	
7	与纸质档案内容密切相关的照片、录像、录音、光盘、磁盘	永久	

表 2—8　实物档案收集范围和保管期限表

序号	归档内容	保管期限	备注
1	工程项目获得各种荣誉称号的奖(锦)旗、奖状、奖牌、奖章、证书、奖杯等	永久	
2	工程项目对外交往活动中获赠的礼品、牌匾、字画、模型	永久	
3	上级领导和知名人士视察工程项目的签名(册)、字画(含题词、题名)	永久	
4	项目参建单位制作的有关项目模型	永久	

六、项目档案管理操作规程

项目工程档案管理是档案工作中的重点和难点之一。为了统一做法,提高项目档案标准化、规范化、各参建项目部应制定统一的项目档案操作规范。其内容主要有:规程的依据和规程的适用范围、档案整理的基本方法和步骤、档案的收集、鉴定、整理、编目、保管、利用整个过程的规范操作、卷内文件的排列和案卷质量要求、以及各专业竣工文件组成保管单位(卷)的方法、案卷的汇总移交和案卷的移交工作等。

(一)操作规程

为统一项目档案的整理方法,确保项目档案的质量,各参建单位应根据《铁路建设项目竣工文件编制移交办法》,结合本单位项目的具体情况和特点制定操作规程。

1. 档案基本管理步骤

见图 2—1。

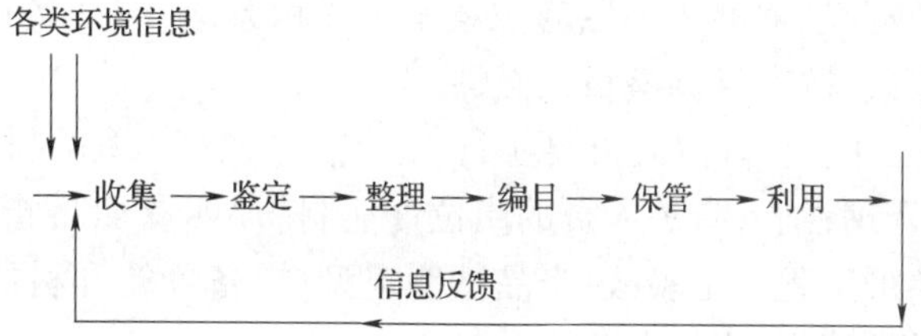

图 2—1　档案业务管理系统流程模式

档案管理的构成分两个阶段,第一个阶段是生产部门形成的文件资料阶段,在第二年的上半年向档案部门进行归档移交的过程;第二个阶段是档案部门接收文件进馆(室)转化为档案归档保存的过程。因此,第一阶段工作流程是:文件收集→鉴定→整理→编目→保管→文件利用;第二个阶段除档案统计之外,是文件转化为档案阶段。档案部门对各类信息从不同的环境状态下产生了不同的文件和资料,经过档案人员的收集、整理、鉴定、编目、保管,最终为提供者利用服务。在利用过程中,产生了信息反馈,形成了第二次信息来源,如史志、文件汇编以及重要文献等资料,因此再进行收集、鉴定、整理、编目、保管、利用,就产生了档案信息再循环。这一系统是档案业务管理每个环节必不可少的工作,也是档案质量进行的一种监控管理手段,是把好档案质量关的一道工序,是最终为达到档案方便利用,检索快速,提高工作效率的保证方法。

2. 档案基本管理方法

(1)档案的收集。项目档案的收集是指将分散的各类项目文件和项目档案集中起来,实现集中统一管理。收集有两个方面的含义,一是按照国家有关规定接收文件和档案;二是对漏归的文件和档案采取一定的方法进行收集。对项目文件的接收、收集称之为归档,对档案的接收、收集称之为进馆(室)。前者是科技、生产部门向所在立档单位的档案室移交,后者是按行政地区和专业性质由科技档案的立档单位向各级各类档案馆移交。归档转变了项目文件的性质,使项目文件转变成项目档案,进馆改变了项目档案的使用性质,使项目档案由主要为形成单位服务转变为向社会各界服务。

① 文件档案归档前的积累准备工作。归档准备,是指项目文件归档前的准备工作。项目文件范围广,数量多,内容复杂,又不是在档案部门形成。要使众多的科技、生产部门能够按照

要求将本部门形成的项目文件向档案部门归档。归档前的准备工作是必须的,是保证归档质量的前提。那么谁负责收集和积累？这里有几种积累方式：

项目技术人员积累。由工程指挥部或项目部的技术人员(负责施工)积累,应按本局或建设单位的要求以及办法整理后向指挥部或项目部兼职资料员办理移交。

兼职资料员积累。指挥部或项目部由指定的专人负责项目档案的日常管理工作,以及科技文件的积累工作,同时在归档前负责提供文件借阅使用工作。

项目档案室积累。立档单位科技档案部门应与企业各项活动同步进行,贯穿在整个科技活动全过程。方法是:

编制归卷类目。根据工作计划、任务,列出将要形成文件;

材料的工作项目(归卷类目);

准备好档案盒或档案积累盒(文件夹),贴上标签,分别将项目(文件)名称填写在积累盒(文件夹)标签上;

及时将阅办完毕的档案"对号入座",存入档案盒或积累盒(文件夹)。

经常注意补充积累盒,按项目调整积累文件。

② 积累工作措施:工作上,科技人员要实行"三纳入"、"四参加"制度,三纳入即:纳入科技工作程序;纳入计划管理;纳入有关人员的岗位责任制。"四参加":指挥部或项目部的兼职资料员协同主管部门参加工程竣工验收;产品试制定型;设备开箱和科研成果鉴定;对应归档的科技材料文件及时进行检查、指导和验收。

各类项目档案的收集请参照上述表2—1～表2—8范围进行收集。

(2)档案的鉴定

档案鉴定工作,就是鉴别档案的现实和历史价值,根据价值的大小确定保管期限,把没有用的和失去保存价值的项目档案剔出销毁的工作。

鉴定工作有两个过程,一是归档鉴定;二是管理鉴定。

第一过程主要解决两个问题:鉴别项目文件材料有无保存价值。确定文件材料的取舍,剔出无保存价值的文件材料;鉴定项目文件大小价值,对归档的每个案卷确定保管期限。

第二个过程在管理中进行,这一过程要解决的问题是:① 对已过了保管期限的档案,是否继续保存下去;若还有利用价值,应当保存多久;② 已完全失去保存价值的档案,应当怎样处理,对已经审查过保管期限的档案剔出销毁。

在归档鉴定时,应注意以下几个问题:

① 项目档案与项目文件之间的区别

项目档案与项目文件之间有着密不可分的联系。项目文件是项目档案的前身,项目档案是项目文件的归宿,是同一事物运动过程中的两个阶段。但二者又有区别。

a. 二者属性不同。项目文件材料是正在形成或正在使用着的各种记录,是指导现行科技活动的依据。项目档案则是完成了现行使命的历史记录,主要起凭证和参考作用。

b. 二者的范围不同。项目档案是有保存价值的项目文件材料。没有保存价值的项目文件材料不能转化为项目档案。所以项目档案是从项目文件中鉴定筛选而来,项目文件的外延要大于项目档案。

② 项目档案与项目资料之间的分别

项目档案和项目资料是两种不同性质的文件材料。进行区分,是为了维护项目档案的完整与安全;准确划定项目档案范围,更好地建立和发展项目档案工作和有利于形成国家建设项目档案资源宝库。

区分项目档案与项目资料的方法。主要以它与本建设项目的关系和所起的作用为区分依据。项目档案是直接记述和反映本项目科技活动的,有依据凭证和参考的作用;项目资料不直接记述反映本项目的科技生产活动,只有参考作用。

项目档案与项目资料的联系。两者有密切联系:两者都是科技信息载体,是科技信息及其载体的统一物;两者都是科技活动不可缺少的科技资源条件;在开发利用当中,两者相辅相成,互为补充;两者具有转化关系:如项目资料(A),在本项目科技活动中被采用了,本项目新工艺设计中采用了项目资料(A)中同类产品中的某部件(零件),这些资料就转化为本项目的项目档案。同样道理,本项目档案常常是其他项目资料(A)或项目资料(B)的来源。

(3)档案的整理

建设项目档案的整理,就是在对项目建设形成的文件进行完整收集的基础上,遵循建设项目文件的形成规定,保持其具有成套性、阶段性、专业性的联系特点,按照一定的原则和方法进行分类、组卷、编目的工作。经整理后的档案应符合便于保管、保密和提供利用的原则。

各类档案的组卷方法各有不同之处,但大体一致。如:

分类→组卷→卷内文件排列→案卷编目→案卷装订→案卷装盒归档→案卷排列与档案盒的编号。

(4)档案的编目

文书档案、会计档案与科技档案、声像档案、实物档案的内容和形式上的差距较大,在分类的设置编制上很难能达到一致,因此,要各自分别编制分类方案,但各个单项的分类方案必须和总分类大纲保持一致。

档案编目,是指档案分类编号的分类方案的编制方法,是标准的、科学的、合理的类目体系的类目编号,是以文字叙述或图表的形成表达出来的,有多少种档案,就有多少个大类。例如:文书档案、会计档案、基建档案、科研档案、设备档案、标准档案、声像档案和实物档案等,都可作为大类。但在科技档案每个大类中,都设置相应的上位和下位类(即属类、小类),形成不同类别层次,构成一个完整的类系。

(5)档案的保管

① 档案的任务。档案保管工作是指对档案进行科技管理和采取各种有效的技术措施延长档案的寿命的工作。档案保管还包括对档案库房的一般管理,又包括对档案制成材料损毁原因的研究及档案的修复工作。档案保管概括起来,就是维护档案的完整与安全,有效地延长档案寿命。

② 档案保管的意义。档案的原始记录性质,赋予档案重要的价值,使档案成为国家的宝贵财富。档案是一种社会现象,是一种物质。其中有一部分要长久保存下去,为子孙后代造福。由于物质是不断运动变化的,虽然从整个宏观世界来说,物质是不变的,但对具体的微观物质来说,它会不断变化及至消失。从这个意义上来说,档案的寿命是有限的。档案的寿命长短与档案贮藏环境及保护条件有极为密切的关系。凡是档案保管条件较好,贮藏环境符合标准的,档案由量变到质变过程就会慢一些,档案的寿命就会长一些;凡是档案

保管条件较差,周围环境污染严重的,档案由量变到质变的过程就会快一些,因而档案的寿命就会短一些。档案由量变到质变的过程,一般情况下还是比较缓慢的,这种变化,有的在一代人当中往往都觉察不出来,甚至要经过一、二代的时间。但是档案一旦变质损坏就比较难以抢救。所以只有搞好保管工作,档案才能得到有效开发,才能完整地维护党和国家的历史真实面貌。

③ 档案材料的耐久性。档案字迹材料是指书写或印刷在纸张上的线条、图形和文字等材料,是档案制成材料的重要组成部分,其耐久性关系到档案内容的存在,直接影响到档案的寿命。决定字迹材料耐久与否有两个因素:一是字迹中的色素成分是否耐久不褪,另一个是字迹色素和纸张结合得是否牢固。

a. 色素的耐久性。炭黑是一种无定形的碳,是由某些有机物不完全燃烧形成的,客观存在能吸取所有的光波而呈现黑色,并对各种强光有散射作用,因此,耐光、耐热性好,经化学鉴定,耐酸碱、耐氧化,不溶于水、油和普通溶剂,是最耐久的色素成分。墨、墨汁、黑墨油、黑铅笔的色素即为炭黑。

b. 颜料。颜料分为无机颜料和有机颜料。无机颜料热稳定性、光稳定性好,不溶于普通溶剂,非常耐久;有机颜料着色力强,透明性好,但耐光性、耐热性不如无机颜料。如蓝黑墨水、水彩色油墨、红蓝铅笔、印泥、铁盐线条等的色素成分即为颜料。

c. 染料。染料是一类天然或合成的有色有机物,颜色鲜艳、不耐酸碱,溶于水或其他溶剂,耐光性差,在光照下极易褪色、变色,是不耐久性的字迹,常见有纯蓝墨水、红墨水、复写纸、普通圆珠笔、印台油、复氮盐蓝图等字迹材料。

④ 制成文字材料时应考虑文件的保存意识。一份文件中选择制成材料的墨水、颜料、印泥是非常重要的,如果一份重要文件制成过程,选有耐久性较差的墨水、颜料、印泥,时隔多日,不能提供利用,将造成很大的损失。

目前有些机关、项目部在选择墨水时,可能会注意到这一点,但印泥的使用就会意识差一点。认为只要是红色印台油就行,时间一久,不耐酸碱的染料与油溶于一体,将造成有些文件落款处的红章看不清楚的字迹。我们知道,画龙要点睛,印章就像龙的眼睛,如果失去了红色的印章,这份文件将没有效力和意义。另外,长期保存的声像的刻制材料要选择较优的光盘,不能购买市面上 2 元到 3 元的光盘来制作,因为那些光盘多数都是染料制成。

(6)档案的利用

① 各单位和项目部应编制各类档案目录,如案卷目录和卷内目录,以利检索。

② 借阅档案时,应严格执行档案借阅制度。各部门原则上只能借阅本部门形成的档案,借阅其他部门形成的档案,须经主管档案部门领导批准;借阅大量科技档案时,必须由总工程师批准,借阅文书档案和其他声像、实物档案由主管档案工作的领导批准;借阅会计档案须经财务部门领导同意方可借阅;公司所属项目部借阅公司档案时,必须持有本项目部介绍信,并注明其身份;外单位借阅本单位档案时,应持有单位介绍信和个人证件,经主管档案部门的主任和单位领导批准后方可借阅;借阅具有知识产权和商业秘密的科技档案,须经获得专利单位和专利权人批准;借阅公司房地产档案的原始房产证和资料时,须经房产部门领导批准才可借阅。归档的底图,除经批准作修改、复制外,一般不准借出档案室。

③ 借阅档案的人员，必须保持案卷的完整与安全，不得转借、拆散、涂改、抽换、损坏、丢失和泄密。

④ 利用档案时，须认真登记、签字，做好登记的内容，利用的用途。归还时，档案工作人员要详细检查、注销，并注意收集、积累、利用效果实例。

⑤ 凡借出的科技档案不得超过 15 天，确需继续使用时必须办理续借手续。

⑥ 底图不外借，如公司所属项目部借去晒图（机关除外），应收取成本费和保护费，公司以外单位加收档案咨询费。

第三节　文书档案

一、文书档案的收集

请参见表 2—1“文书档案收集范围和保管期限表”进行收集归档。也可根据国家档案局 2006 年 12 月 18 日发布第 8 号令《机关文件材料归档范围和文书档案保管期限规定》或根据上级颁发的《归档文件材料保管期限表》拟定本单位项目文书档案的保管期限表进行收集。

二、文书档案的鉴定和销毁

1. 文书档案的销毁鉴定工作，应由本单位负责文书档案工作分管的领导、档案部门以及机关有关部门的相关人员组成鉴定小组，定期对已超过保管期限的档案进行鉴定。

2. 经过鉴定，对保管期限已满、确无保存价值的档案材料，应编制文书档案销毁清册和销毁目录，向档案工作主管领导提出销毁意见，经批准后方可进行销毁。销毁档案时，必须严格遵守保密制度，指定专人负责监销。文书档案的销毁清册、销毁目录和领导批件应永久保存。

3. 对鉴定销毁后发生变动的档案，应对馆件号进行变更，对归档文件目录和档案盒进行更换，同时将鉴定销毁的时间、盒内剔出或增加文件的内容、经办单位和经办人姓名等情况在备考表中标注。

三、文书档案组卷规则和整理方法

（一）整理定义。整理就是按照一定的原则对档案实体进行系统分类、组合、排列、编号和基本编目，使之有序化的过程。

（二）整理原则。遵循文件的形成规律，保持项目文件之间的有机联系，区分不同价值，便于保管和利用。

（三）整理方法

1. 归档文件的整理单位。一般以每份文件为一件，文件正本与定稿为一件，正文与附件为一件，原件与复制件为一件，转发文与被转发文为一件，报表、名册、图册等一册（本）为一件，来文与复文、请示与批复为一件，没有批复的重要请示可单独为一件。

2. 装　订

（1）归档文件按件装订。装订时，正本在前，定稿在后；正文在前，附件在后；原件在前，复制件在后；转发文在前，被转发文在后；复文在前，来文在后；批复在前，请示在后。

(2)装订前去除金属物(除不锈钢订以外),对超大纸张进行折叠,对超小纸张进行裱糊,用缝纫机或线绳在装订线一侧装订。

(3)归档文件的装订要求保持整齐、完整,便于保管,方便利用。

3. 分　类

(1)工程指挥部、项目部采用保管期限—年度—机构进行分类。

(2)归档文件的保管期限一般划分为永久、定期二种。归档文件保管期限的鉴定与划分参照文书档案保管期限表进行。

(3)分类文件应按项目部的机构顺序排列。一般综合部门在前,业务部门在后。不同保管期限、不同内部组织机构的文件不能混淆。跨年度案件材料归到结案一年;本级请示上级跨年批复的文件,归本级请示的一年;下级请示本级跨年批复的文件,归本级批复的一年;法规性文件归入公布或批准的一年;年度总结和第二年计划作为一份文件的,归入总结内容针对的一年。同一内部组织机构的文件,要区分不同问题分别进行组卷。在保持文件内在联系的前提下,本级、上级、下级、地方单位文件应适当分级组卷,但针对同一问题的来函信件、请示与批复、转发与被转发文件等必须一同组卷。党委与纪委(监察)形成的文件必须分开。联合行文,定稿由主办单位归档。

(4)纪检监察、审计卷宗,其分类、整理标准分别执行本系统内纪检和审计档案的整理方法。每年形成的结案卷宗由业务部门整理后于第二年上半年向本级档案部门移交归档。每一个卷宗为一件,归入文书档案统一进行分类、排列、编号、编目、装盒和保管。

(5)上级机关和本项目下发的文件及其他外来的文件材料,其内容直接针对本企业或本企业需要贯彻执行、有保存价值的,应依照文书档案的管理办法进行分类、整理和归档;普发性、参考性文件作为文书资料进行整理和保管。

4. 组　卷

一般将同一机构、同一年度,同一问题、同一保管期限的文件材料综合运用作者、时间、问题、名称、地区、通讯者等六个特征进行组卷。因工程指挥部、项目部都是临时机构,每年形成的文书档案较少,因此,采取年度、机构结合问题分类进行组卷,即将项目一个内部机构同一年度、同一保管期限的若干组成一个卷;然后将另一年度、同一个保管期限的若干问题又组成一个案卷,依此类推。

5. 排　列

(1)案卷排列。在一个全宗内,同一工程指挥部、项目部的保管期限分别排列;

(2)卷内文件排列。一般正文在前、附件在后,清本在前、底稿在后,批复在前、请示在后,均按同一份文件对待;同一内部机构、同一问题、同一保管期限组成的案卷,卷内文件按时间顺序排列;同一问题、同一保管期限、几个单位组成的案卷,先把单位区分开,再逐个按单位、时间顺序排列;同一机构、同一保管期限、几个问题组成的案卷,先区分问题,再逐个按问题、时间顺序排列;几个单位、几个问题组成的案卷,先分问题,再按问题、单位、时间顺序排列;请示与批复、来函与复函组成的案卷,按问题结合时间顺序排列;会议文件按重要程序排列;案件材料,按办案程序排列。

(3)卷内文件编张次号、盖档号章。在每份文件的左上角盖档号章,并逐项填写档案章内容。在卷内每张文件材料、表格的右上角用铅笔编张次号(单页、双面页均为一张),用以固定卷内文件位置。

(4)卷内文件装订。文书档案卷内文件实行单份装订，装订时要拆除金属物，折叠整齐，每份文件的左侧用缝纫机或不锈钢订装订。

(5)没有文件字号的文件，如会议材料、会议记录、会议纪要、统计报表、工作计划、工作总结等可按内容相对集中，按形成时间的时间先后顺序排列。

(6)同一立卷部门内不同级别的文件应以本级文件为主，排列时本级文件在前，其他文件在后。

6. 编号与填写归档章

(1)为固定归档文件以及案卷在全宗中的位置和(上架)排列顺序，必须在每份归档文件上加盖归档章，文书处理部门或机关各业务部门对归档的每件文件编室件号并同时填写全宗号、年度、保管期限、机构名称，由档案部门编制并填写馆件号和盒号。

文书档案归档章式样（单位：mm）

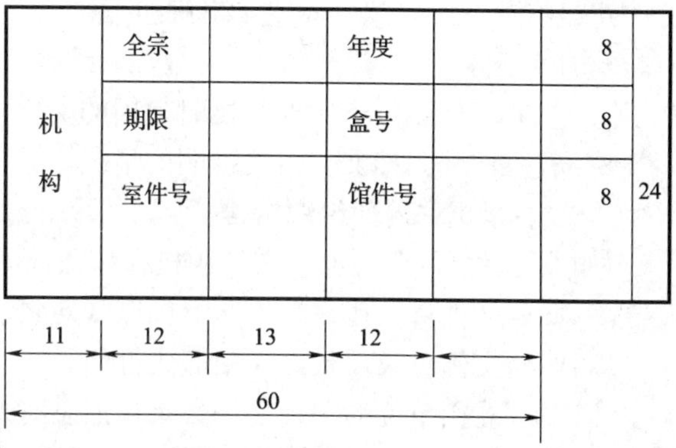

① 全宗号：即全宗名称代号，指立档单位的全宗编号。

② 年度：指归档文件的所属年度，以四位阿拉伯数字标注公元年。

③ 期限：指归档文件的保管期限，一般划分为永久、定期两种，(未完工的项目档案在2006年前形成的文书档案仍用三种保管期限进行保管，如永久、长期、短期，如新建工程的档案按国家档案局令第8号《文书档案保管期限规定》的要求或本系统上级档案部门要求组卷(见右)。

④ 机构：指项目内部组织机构名称。

⑤ 室件号：指业务部门编写的盒内文件排列顺序号。编号方式为：一个部门、在一个年度、一种保管期限内编制盒内文件排列顺序号。

⑥ 馆件号：指档案进馆时或对超过保管期限的档案进行鉴定销毁后，档案部门根据档案变动情况编制的件号。它反映每份档案在全宗中的最终位置。馆件号的变动编号方式与室件号相同。

⑦ 盒号：指档案部门对归档文件以盒为单位编制的顺序号。它反映全宗上架的排列方式。其编号方法为：在一个全宗内，按一个年度、一种保管期限分别编制盒流水号。

(2)归档章盖在每份归档文件首页左上角的空白位置。加盖归档章用红色印泥，用铅笔填写归档章内容。

7. 编　　目

(1)定义。编目是指按照一定的规则进行档案著录并将条目组织成目录的过程。项目业务部门应依据归档文件分类方案和编号顺序编制归档文件目录；档案部门在汇总归档文件目录的基础上编制归档目录索引。

(2)方法。归档文件应逐件编目。来文与复文作为一件时，只对复文编目，来文标题用〔　〕表示。归档文件目录著录项包括：机构、盒号、件号、责任者、文件字号、题名、日期、张数、电子文件名、电子文件载体号、备注等项目。

① 盒号、件号(同室件号)(解释同前)。

② 责任者:文件的制发单位(部门),即文件的发文机关或署名者。联合发文时应将所有责任者照实抄录。填写责任者时,应使用全称或规范性简称。

③ 文件字号:文件的发文字号,由机关代字、年度、本年度发文序号组成。转发文件和来文的文件字号如不能在文件字号栏内显示,可在标题后加〔　〕注明。

④ 题名:文件标题。附件、被转发文件的题名及文件字号可加〔　〕抄在正文标题下;文件有副标题的,在正题名能够反映文件内容时,副标题一般无须抄录;文件没有标题或标题不规范、含义不清的,可自拟标题,外加〔　〕号;有的正本题名不能反映附件内容,可在正本题名后抄录附件题名外加〔　〕号。

⑤ 日期:文件形成日期。以8位阿拉伯数字标注年、月、日。如2001年9月9日,填写为2001-09-09。

⑥ 张数:指每一件归档文件的总张数(来文与复文为一件),文件中有图文的页面为一张,文件处理单为一张,大张的文件或图表折叠后,仍按未折叠前的张数计算。在文件的右上角,用铅笔加编张号。

⑦ 电子文件名:电子文件归档时使用的文件名和文件扩展名。

⑧ 备注:注释归档文件需要说明的情况。

⑨机构:指机关内部组织机构。

⑩电子文件载体号:电子文件脱机存储载体的编号,由档案部门填写。

(3)归档文件目录在一个年度下按保管期限装订成册并编制归档文件目录封面。

(4)归档文件目录及封面采用横式打印。

(5)一个立档单位的归档文件目录在汇总时,可按本单位归档文件分类方案进行装订。

(6)为查找方便,应编制归档文件目录索引。在每页归档文件目录右上角编制页号,将每个立档单位内部组织机构文件的总件数及归档文件目录所在页号填入归档文件目录索引内。

8. 装　　盒

归档文件按件号顺序装入档案盒,与归档文件目录排列顺序一致。不同年度、不同保管期限、不同机构(来文与复文、转发与被转发文件除外)的文件不能放在同一盒内。

(1)档案盒

① 档案盒的外形尺寸为310 mm×220 mm(长×宽)。脊背厚度分别为20、30、40 mm等。

② 档案盒应根据摆放方式的不同,在脊背(底边)设置全宗号、年度、保管期限、机构、室件号、馆件号(室、馆件号填写盒内文件起止件号,中间用"—"连接)、盒号等项目。

③ 档案盒封面应标明全宗名称,即立档单位名称全称。

(2)归档文件目录。归档文件目录是固定盒内归档文件排列顺序的依据和检索工具。应在一个年度内,按部门—保管期限—盒打印,并置于盒内归档文件之前。

(3)备考表。备考表放在盒内文件之后,项目包括盒内文件的份数、张数以及情况说明、整理人、检查人和日期。

① 盒内文件情况说明:填写文件收集的齐全、完整程度和文件缺损、补充、移出、销毁等情况。

② 整理人:负责整理归档文件的人员姓名。

③ 检查人:档案部门负责检查案卷质量的人员姓名。

④ 日期:归档文件整理完毕的日期。

9. 移　　交

(1)项目业务部门将以件为保管单位的归档文件整理、装盒后按盒移交给档案部门,档案部门经过系统整理、排列后,统一填写盒脊背内容和编目(在汇总归档文件目录的基础上编制归档文件目录索引),按分类方案排列上架,提供利用。

(2)项目业务部门向档案部门移交归档文件材料时,要编制“移交清册”,并附归档文件目录一式两份,对归档文件中的特殊情况应编写移交说明。交接双方在认真核对、检查归档文件质量合格后,方可移交清册上履行签字手续并加盖公章,双方各存一份备查。

(3)文件材料的归档要求

① 所属指挥(项目)部负责人应指定专(兼)职人员负责文件材料的收集、整理和归档。

② 归档文件材料应齐全完整,模糊不清或破损的文件材料应予修复。

③ 归档的文件材料应为原件,因故无原件的可归具有凭证作用、法律效用的文件材料,文件材料归档后不得更改。

④ 归档的本级文件必须是盖有公章的正本,其定稿必须有单位领导在发文稿纸(首页)上的签字并同时加盖公章。归档文件定稿必须使用碳素墨水或蓝黑墨水进行书写和签批。

⑤ 计算机生成的文件定稿必须使用喷墨或激光打印机打印,应归有修改痕迹的最后定稿。

⑥ 归档的文件材料及各种表格,纸张大小应符合公文格式要求和档案保管要求。

⑦ 归档的外文材料(含少数民族文字材料)应与中文翻译件一并归档,无译文的要译出文件材料标题后归档。

⑧ 各种会议记录必须采用统一的活页会议记录用纸,一次会议记录作为一份文件归档。

⑨ 文件材料一般归档一份,重要的、利用频繁的或有专门需要的可适当增加份数。

⑩ 两个以上单位合作完成的项目,主办单位保存全套文件材料,协办单位保存与承担任务相关的正本文件。

(4)反映同一内容而形式不同的文件材料应保持一致性。

第四节　科 技 档 案

一、科技档案的收集

请参照表2—2～表2—5,即:基建档案、科研档案、设备档案、标准档案的收集范围和保管期限表进行收集。

二、科技档案的鉴定与销毁

(1)科技档案应定期进行鉴定。鉴定工作由鉴定领导小组组长牵头,科技档案管理人员和有关业务部门技术人员参加。鉴定小组进行鉴定时,要逐卷逐页进行审查,既要考虑当前的利用价值,又要考虑长远需要,对确实失去保存价值的科技档案,应剔出销毁。

(2)科技档案保管期限分为永久(50年以上)、定期两种,定期又分别为长期(16年～50年)和短期(15年以下,含15年)。为了做好保管期限的划分工作,首先应做好以下准备工作:

① 鉴定前的准备工作。一是制定好鉴定工作计划表,确定鉴定的科技档案范围;二是做好组织准备和物质准备(即成立科技档案鉴定领导小组和申请必要的鉴定费用);三是编制或

完善科技档案保管期限表。

② 鉴定中的具体工作。一是将需鉴定的科技档案按专业排列好，并由领导小组聘请的各专业技术人员进行鉴定。二是鉴定时可先由各专业技术人员按专业分工初步来审阅档案内容，根据科技档案实际情况提出个人鉴定意见。三是由鉴定领导小组负责人召集各专业人员集体审定，形成科技档案存毁鉴定报告，并附销毁清册和销毁目录，经本单位总工程师（鉴定领导小组负责人）或技术部门负责人审核批准，方可销毁，销毁工作必须二人以人，起到监销作用；销毁的科技档案送造纸厂销毁，并在销毁清册上签名或盖章。

③ 销毁清册一式三份，二份报送上级专业主管部门和档案部门，一份存本级档案部门保存。

三、科技档案的整理方法

在整理过程中，首先我们要了解科技文件材料组卷全过程的四个步骤：即：（1）鉴别；（2）组卷；（3）排列；（4）编目。

1. 鉴　别

指立卷前对科技文件的属性、完整性、准确性、秘密程度和保存价值的鉴别。属性的鉴别是按照科技档案的概念，将不需归档的科技文件和不属科技档案范畴的党政文件、科技资料区分或剔除归入文书档案、科技资料、另行管理。完整性，对归档的审查，在数量上保证不缺页不缺项。准确性，对应归档文件材料内容准确，质量保证文件与实物（际）一致，文件之间互不矛盾，秘密程度是根据划密的有关规定，确定文件的绝密、机密、秘密的级别。保存价值的鉴别确定文件的永久、长期和短期保管期限。

2. 组　　卷

按科技文件的联系，进行分类，把有一定联系的集中在一起，组成案卷。分类组卷的方法有几种：

（1）结构分类：主要适用于机械产品科技文件材料（特别是图纸），例如：一个产品或一台设备各组成一卷。

（2）子项分类：主要适用于基本建设工程科技文件材料。如某一个基建项目工程。各个子项的科技材料分别是有机联系的整体，可分别组成案卷。例如，京九线等各子项的线路、路基、房屋、水电、排水等。小工程或项目比较复杂可列综合类，凡各专业不能包括进去的均可列入综合部分。

（3）工序或阶段分类：就是根据生产程序或工作过程，把反映同一程度或过程的科技材料组成案卷。如工艺文件可按加工工序组卷；科研、设计按阶段组卷。

（4）专业分类：按照科技材料内容所涉及的专业组卷。如工程的图样文件，按结构电气、通讯给排水等不同专业分别组卷。

（5）问题分类：按科技材料所反映的不同问题，分别组卷。

（6）按文件名称或材料性质分类组卷。例如：按设计任务书、计算书、说明书等不同名称分别组卷。

（7）按地区分类组卷：主要适用地质勘探、地形测量、水文与气象观测材料，按照它们所反映的地区分别组卷。

（8）按时间分类：按照科技材料所反映的时间或形成时间组卷。水文、气象天文、地震等观测材料。

(9)按作者分类:按科技文件材料的形成者(单位、个人或集体)分别组卷。如科技施工合同。

以上九种方法,可在保持科技材料有机联系和便于利用的前提下,结合组卷使用。

3. 排　　列

科技档案分类组卷后在一个案卷内科技材料文件的排列,以便于管理和查找利用卷内排列,通常是按照科技文件材料在编制时形成的目录进行的。不同科技档案有不同的排列方法,如:

(1)产品按设计工作程序,也可按产品系统结构(组件或部件)排列。

(2)基建工程按依据性材料、基础性材料、工程设计(含初步设计、技术设计、施工设计)、工程施工、工程竣工验收等排列。

(3)设备按依据性材料、设备开箱验收、设备安装调试、设备运行维修、随机图样等排列。随机图样也可单独组卷。

(4)科研课题按准备阶段、研究实验阶段、总结鉴定阶段、成果申报奖励和推广应用等时间阶段排列。

(5)管理性科技文件材料按问题、时间或重要程度排列。

(6)案卷内科技文件材料排列要求,文字材料在前,图样在后。

4. 编　　目

编目,是指档案分类方案的编制方法,是标准的、科学的、合理的类目体系的类目编号,是以文字叙述或图表的形成来表达的,有多少种科技档案,就有多少个大类。例如:基建档案、科研档案、设备档案、标准档案等,都可作为大类。在每个大类中,设置相应的上位和下位类(即属类、小类),形成不同类别层次,构成一个完整的类系。

大类之间的排列叫类列顺序。对每一个类目给予固定的类目代字或代号,叫类目编号。由类目和类列组成的类目体系,用文字或图表的形式表达出来,就形成一个完整的科技档案分类方案。如铁路建设项目档案分类编号的组成:

(1)科技档案的分类编号,由种类、分类、属类三级项目代号组成。每个保管单位的档案号应包括种类代号、分类代号、属类代号和案卷流水号。科技档案分类编号与代码(参见铁道行业标准 TB/T 1588—2005)。

(2)科技档案种类代号见表 2—9:

表 2—9　科技档案种类代号表

序号	种类名称	简称	代号	备　注
1	运输	运	Y	
2	生产技术	生	C	
3	基本建设档案	基	J	包括路内路外基建工程
4	科学研究档案	科	K	
5	设备仪器档案	设	S	
6	房地产档案	房	F	房地产档案归入基建档案类的,可维持原状
7	标准档案	标	B	

(3)案卷盒编制。是科技文件整理的最后一道工序,其内容包括:编写案卷脊背、盒号、封面和备考表。

(4)编张次号。统一用阿拉伯数字从1起编,卷内目录、备考表、扉页、封面均不编张次号,文字在右上角编张号,图纸在右下角的图标上方编号,不是一个保管单位的,不能连续编张次号。

(5)卷内目录的编制。卷内目录是卷内文件材料内容的清单,其作用是统计文件材料数量,便于查明。项目包括:

① 顺序号——用阿拉伯数字从1起依次标注;

② 图号或文件编号——填写图样的图号或文件的文号;

③ 名称——文件标题,填写科技文件材料标题的全称;

④ 张次——填写每份科技文件材料总张数;

⑤ 备注——注解归档文件中要说明的内容。

⑥ 卷内目录第一张第一栏填写工程项目名称。

(6)备考表。详细填写科技文件材料的数量和完整情况。

(7)案卷封面的填写必需根据封面的提示填写,案卷标题应简明,准确地揭示卷内科技文件材料的内容。形成日期填起止日期,如:单位代号:EWJT(二十五集团)种类代号:J(基建),档案号:由种类+分类+属类+案卷流水号。

四、科技档案整理、案卷质量标准及要求

应归档的科技文件材料包括文字、表格、图纸、照片等,要经过加工整理才能组成保管单位,其案卷质量应达到《铁路建设项目竣工文件编制移交办法》整理要求的科技档案案卷质量标准。

(1)卷内文字材料装订厚度应控制在15~20 mm之间,装订前先去掉金属物,检查文件材料是否齐全,空白页是否去掉,有无颠倒、错页、重份,表格文头是否一律向上或向左,装订线是否预留,小于A4纸规格的要粘贴在A4纸上。文件材料采用细尼龙线在左侧装订,以打4个孔为宜,装订后用胶水粘贴上铁道部统一规定 的竣工文件封面或科技档案软封面。装订要求结实牢固,整齐美观。

(2)图纸一般散放在盒内,不装订。图纸折叠尺寸为297 mm×210 mm。为便于查阅,将图纸先折成210 mm成手风琴式,然后再折成297 mm,为了使图标外露,叠图时应从图标处往后叠。

(3)成套使用的图纸应进行装订,如通信信号及各种标准、安装图册,装订尺寸为420 mm×297 mm,厚度不超过20 mm,特殊情况下(内容只有一盒,装两盒又浪费)不超过25 mm,图纸装订成册后再对折装在盒内。

图纸折叠及装订方法,请参考《技术制图复制图的折叠方法》(GBI 0609.3—89)。

竣工图整理的方法路内工程一般按铁道部标准,路外工程项目,因地区和工程性质的不同,整理标准可能不同,如竣工图是使用4号图,建设单位要求装订成册,那么,这本图移交到本单位档案部门也可不在拆开重折。

(4)进铁道部档案馆的竣工底图,将一个单项工程图纸集中在一起,卷成卷,包上牛皮纸,编上临时卷号,交各铁路局、合资铁路公司、地方铁路公司等档案部门应按上述单位要求整理。

(5)必须做好科技档案与文书档案的区分工作。一般情况下,在科学技术管理工作中产生的文件材料属文书档案；在科学技术活动中形成的文件材料、图纸属科技档案；有关科学技术工作的指示、决定和审批文件，以及作为科技活动依据的文件材料，如果是一套科技文件材料中不可分割的组成部分，应归入科技档案；非科技单位或部门产生的科技文件材料，作为文书档案的附件时，可与正文一并归档，按文书档案进行管理。

五、基本建设档案整理方法

(一)基建档案归档范围与组成内容

基建档案的归档范围，主要由工程项目确定、施工设计、施工、竣工等阶段形成的科技文件材料组成。其中，工程项目确定阶段形成的来往文件、投标文件、合同、协议、工程概预算等文件材料主要在机关有关职能部门形成，应由业务职能部门收集、整理、归档；工程施工、竣工过程中产生的施工技术文件、图表、声像等科技文件材料由施工指挥部(项目部)收集、整理、归档。

目前，铁路新建、扩建、改建和工业与民用建筑等工程，在工程竣工验收以后，因固定资产移交给使用单位，施工单位仅剩下保修期的完善配套与使用单位阶段的回访资料，所以，在收集与归档竣工文件时，这阶段就主要收集与施工单位有关的部分资料。对于自建工程则由于产权是属于自己的，使用过程中要经常查阅施工中形成的各种文件材料、图纸，所以归档的文件材料、图纸必须收集齐全、完整、准确，法律手续完备。每个建设工程在竣工以后，施工项目部要编制几套竣工文件。

(1)为建设单位整理编制一套系统、完整和高质量的竣工文件。其份数、内容和案卷质量标准按其建设单位的竣工文件编制办法和具体要求收集整理。

(2)根据工程项目的地点、环境、性质、规模，为当地城建档案馆整理一套竣工文件，其收集内容、整理标准，按当地城建档案馆要求整理。

(3)为本单位档案部门编制一套竣工文件。归档的范围：①主要收集归档具有借鉴、查考价值的文件材料。例如：投标文件、施工组织、计划、施工技术总结、基础数据和工程概况。以及竣工验收等方面的文件材料。②具有利用价值的材料。例如：基建工程中的高、难、新、尖重点工程及采用新技术、新工艺、新设备、新材料，知名度高、具有长远查考利用价值工程的综合性、依据性、总结性材料、图纸。

(4)自建项目工程。竣工文件的收集，除了施工过程中形成的一些技术文件、图表、原材料出厂合格证、试验记录等，还应将项目工程的审批、标书、合同、协议、建筑执照、房屋使用所有权证、末次验工计价以及竣工验收的文件、材料收集齐全、完整。要注意收集原件，法律手续完备。按要求整理好一并移交到档案部门归档保管。

在收集、归档基建档案材料时，既要尽量做到系统、齐全、完整，又要坚持“存以致用”的原则，进行有选择的收集与归档。凡是对今后的工作具有参考和利用价值的文件材料，不管是路内、路外还是自建项目工程，均应收集归档，对于那些本单位作用不大的，则不必归档，以免造成人力、物力的浪费。收集范围请参见上述“示例表2—2”：基本建设档案收集范围和保管期限表。

(二)基本建设档案分类组卷

一个工程项目的基建文件、施工技术文件、竣工图，要遵循先综合、后按专业区分的原则。根据每个工程项目形成档案的多少，按照问题、时间、专业等规律，组成若干个保管单位，即：一

卷为一个保管单位,一盒又为一卷。现将各类竣工文件按专业组成保管单位(卷)及其内容和排列顺序如下:

1. 基建档案综合类组卷方法

(1)竣工验收相关报告:静态验收报告、动态验收报告、初步验收报告、正式验收报告。

(2)竣工验收附表:铁验表1—7,铁客专验表1—7。

(3)施工技术总结是指一个建设项目总的施工技术总结。

(4)综合专业规定的内容表格。

(5)施工中来往的文电、协议、合同文本按内容和保管期限分别组成保管单位。

(6)施工中形成的声像档案按铁道部办公厅《声像档案管理暂行办法》要求组成保管单位。

(7)工程质量检验报告。

(8)各单项工程验收报告,可在固定资产移交后按专业集中装订成册。

2. 施工技术文件、竣工图按专业、按阶段组卷

(1)线路:按线路综合、线上、其他三个部分组成保管单位,其中:

① 线路综合:分别按1. 线路平、纵断面缩图,2. 线路平面图,3. 线路纵断面图,4. 详细工程地质图、纵断面图,5. 施工资料(包括施工小结、工程专业表)等五个部分组卷。

② 线上:将施工资料装订成册,组成若干卷。

注:线上如统一由一个单位铺设时,由铺设单位将施工资料装订成册,直接交接收单位归档。

③ 其他:将有关施工资料集中装订成册,组成若干卷。

(2)路基:按路基及路基附属两个部分组成保管单位

① 路基:按检查证等施工资料、横断面图、路基个别设计竣工图等三个部分组卷。路基夯实度试验记录,单独组成保管单位(只需1份,交维修单位)。

② 路基附属:工程数量小的可将施工管段内的若干项单项工程组在一起,工程数量大的可按路基排水、路基加固、防护和路基环境保护工程分别组卷,然后按施工资料和图纸两个部分组卷。

(3)桥　梁

① 特大、大、中桥按座组卷,将施工资料、图纸分别组成保管单位(施工资料、图纸少的也可合并组卷)。施工资料按墩台顺序集中组卷。钻孔桩施工资料按根、墩台顺序集中组卷。复线桥错位时,如基础分开,资料也应分左右线分开组卷,图纸可合在一起绘制。

② 小桥按区间组卷,(一个区间以甲、乙两站中心里程为界)各自按里程先后排列,并将施工资料与图纸分开组卷。

注:如梁由铺架单位统一架设时,铺架单位应及时将架梁记录及梁的出厂合格证移交桥下施工单位合并组成保管单位。

(4)涵洞:按区间组卷,方法与小桥相同。

(5)隧道:按座组卷,将施工资料与图纸分开组成保管单位。

(6)站场:按站组卷,将站场平、横断面图、站场设备分别组卷,如小站将站内道路、栅栏、站台、风雨棚等组在一起,如大站按站场设备分别组卷,然后按施工资料、图纸组成保管单位。

(7)机务、车辆:按土建和动力机械设备分别组成保管单位。

(8)给水、排水:先区分给水、排水,每个给水站包括水源井、泵房、水塔,给水管路等按文件材料、图纸分别组成保管单位,排水系统单独组成保管单位。

(9)通信:按干线通信线路、通信站、地区及站场通信、无线通信、车站客运管理信息系统五个部分组成保管单位,电缆径路按设计区段组卷。

(10)信号:按电锁器联锁、电气集中联锁、驼峰信号、区间信号、调度集中或调度监督、其他信号六个部分分别组成保管单位,站场与区间分开组卷(区间为甲站出站信号机至乙站进站信号机为界,以下同),所有区间信号可集中组卷。

(11)电力:首先按区间和站场分别组成保管单位,然后按发、变、配电所,站内电力线路,供电线路,动力配线,室内外照明、自动控制六个部分分别组卷。

(12)电气化:按接触网、变配电所等部分组成保管单位。接触网应将站场接触网和区间分开组卷。

(13)房建:按小站和地区房屋两种情况分别组卷。

① 小站房屋不分归属单位,将机、车、工、电、辆房屋组在一起,将施工资料和图纸分开组成保管单位。

② 地区房屋按站、段、厂、院分别组卷,大单位再按生产、生活、办公、福利等用途分开组卷。

③ 房地产档案按以下内容收集组卷

a. 地亩资料:(1)土地使用证;(2)本单位征用土地请示及上级有关部门和地方政府的批准文件、契约文书等;(3)征地、拆迁、青苗补助协议书、合同、付款清单及收据;(4)征用土地地界表;(5)标有四至地界平面图。

b. 基本综合资料:(1)房屋使用权证;(2)房地产座落总平面布置图;(3)房区管道、线路平面图;(4)房屋分栋、分层平面图;(5)房屋分栋和附属建筑物及设备分项登记表;(6)房地产座落数量表;(7)工程照片(正、侧面各一张),录音、录像等;(8)年度房屋统计报表;(9)年度附属建筑物及设备统计表;(10)房地产变更报告表(附变更图)。

c. 工程项目确定阶段形成的文件、资料:(1)开工报告及批复或审批表;(2)建设用地规划许可证;(3)施工批准文件(建筑执照);(4)工程招标文件,与施工单位签定的施工协议、合同;(5)房屋建筑设计任务书、审批文件;(6)工程施工组织设计说明书;(7)工程概预算书;(8)工程开竣工时上级领导剪彩照片、讲话录音、录像等。

d. 工程竣工阶段形成积累的文件、资料:(1)工程竣工验收报告,单位工程竣工交接单;(2)工程质量核定书;(3)单位工程质量评定表;(4)分项、分部工程质量评定表;(5)竣工决算报告;(6)优质工程证书;(7)质量事故报告及处理结果;(8)施工总结;(9)新技术、新工艺、新材料专题技术总结。

(14)专用线、客运专线:10 km 以内不分专业综合组卷,10 km 以上按专业组卷。

(15)铁路用地:按站、区间、零置地分别组成保管单位,征地资料如车站与区间不能分开时,可将资料集中组在车站内。

(16)环境保护与水土保持:文件材料单独组卷,图纸组入各专业内。

凡施工资料与图纸分开组成保管单位的,如施工资料与图纸数量都有不多时,可以合并组成一个保管单位(卷)。

3. 单位工程的竣工文件的排列顺序是:

(1)开、竣工报告及批复文件；

(2)工程施工小结；

(3)竣工工程数量表；

(4)变更设计通知单；

(5)各种专业表格；

(6)各种检查证；

(7)各种原始记录；

(8)各种原材料、成品出厂合格证；

(9)各种动力机械图纸、出厂合格证、说明书；

(10)单位工程质量检验评定表；

(11)竣工验收报告；

(12)其他报表和文字材料；

(13)工程日志；

(14)竣工图(按专业、图号排列)。

以上各项内容如组在同一卷内，由于保管期限不同。整个案卷保管期限应从长。

(三)基建工程竣工文件资料归档要求

1. 科技档案人员应按国家要求做好“四参加”工作，即协同主管部门参加工程竣工验收、产品试制定型、设备开箱和科研成果鉴定，对应归档的科技文件材料及时进行检查、指导和验收。

2. 归档的科技文件材料要做到书写工整，图像字迹清晰，反差良好。严禁使用圆珠笔、铅笔、红墨水、纯蓝墨水、复写纸和热敏纸等书写。科技文件材料用纸应在50克以上，低于50克的必须纸质优良。

3. 归档的科技文件材料，必须做到法律手续完备，按规定签字盖章，图纸的图幅按国家标准绘制。

4. 竣工图是对工程实体的写照，是工程档案中最重要的部分，是工程建设完成后移交给建设单位的重要凭证，其修改、整理要求是：

(1)在施工蓝图上改绘的竣工图，凡工程现状与原施工图不相符的内容，全部要按工程竣工实际现状在蓝图上修改，用绘图工具，使用碳素墨水，严禁用圆珠笔、铅笔和非黑色墨水绘图和注字。用原设计图修改成竣工图时，应在原设计图标的位置贴上竣工图标。

(2)实际施工的现状与原施工图改动部分超过35%(国家档案局的规定)，均应重新绘制新图，重要设计部位超过10%的，也应重新绘制新图，有的图纸改动虽然没有超过35%，但修改后图面混乱，分辨不清的个别图纸则需要重新绘制竣工图(或底图)。如有的图在施工中修改不大的，都可以在原图上进行修改，重新绘制的竣工图应绘制竣工图标，大小尺寸应以能遮盖原设计图标为准，图标位置在图纸右下角。

(3)竣工图标的内容：施工单位全称、工程项目名称、工程地点及单项工程的名称、图纸所示位置、开工、竣工日期、竣工图号、施工单位技术负责人、绘图人。由本人亲笔签字，做到法律手续完备。

(4)竣工图章(签)：竣工图章(签)是把原设计图改变为竣工图的标志，竣工图章是竣工图的依据，要按规定填写图章(签)上各项内容。包括：施工单位、编制人、审核人、编制日期、技术负责人、监理单位、总监、现场监理。竣工图章的位置盖在设计图标上方空白处。

4. 工程日志的整理

（1）去掉空白页及“流水账”，留下有参考价值的内容，必要时对内容进行摘抄。

（2）小桥，涵渠等按区间组成保管单位（卷）内的单项工程其工程日志，可集中在一起用尼龙细绳进行装订，厚度不超过 20 mm，粘上统一规定的软封面。

5. 卷内施工资料、工程日志、图纸编张号

将整理好的施工资料、工程日志、图纸按组成保管单位的要求装入统一规定的科技档案盒内，然后再编张号。一个保管单位内按施工资料、工程日志、图纸的先后顺序排列，统一编一个张号，不是一个保管单位，不能连续编张号。

（1）卷内张号的位置是：施工资料及工程日志在每一张的右上角（双面字页编一个张号）；图纸在图标的右上方。

（2）编张号可用打号机打印，也可用碳素笔、蓝黑钢笔编写：

（3）一个保管单位内如只有图纸，且本身有张号，可不必另行编张号，如图纸与施工资料放在一个盒内，不管图纸是否有目录，应统一编张号。

（4）张号从施工资料的内容开始，统一用阿拉伯数字，从 001 起编，卷内目录、备考表、扉页、封面均不编张号。

6. 填写卷内目录

每一个保管单位，均应填写卷内目录以揭示每一个案卷的内容。

（1）卷内目录“名称”栏第一格应填写单项工程名称。

（2）将盒内每份施工资料、工程日志、图纸的内容逐项登在卷内目录“名称”栏第二格以后各格内，要填写文件、图纸标题全称。卷内目录“张次”栏内只需填该内容的首页号，不必填起、止号，但最终件注起止号（如最后一项内容只有一张是50 号，也要填上 50 - 50），这样能知道卷内总张数。

（3）文件、图纸如有编号的（即文件号、图号），应在卷内目录的“图号或文件号”栏内填写清楚。

（4）卷内目录应用碳素笔或蓝黑钢笔填写，要求字迹工整、清晰、文面整洁不得涂改。

（5）卷内目录应放在一个保管单位文件材料的前面（不装订在施工资料内）。

7. 填写备考表

每个保管单位内均应填写一份备考表，便于统计卷内文件、图纸总张数，了解卷内文件发生的变化和存在的问题。备考表放在一个保管单位文件材料、图纸的最后面。

8. 竣工文件、图纸装盒

竣工文件按已组好的保管单位装入铁道部统一规定的盒内，装盒的顺序是：卷内目录、施工资料、工程日志、图纸、备考表。

9. 案卷封面和脊背的填写

（1）案卷封面分为：案卷盒封面和案卷软封面两种，案卷盒封面，基建档案软封面在科技档案软封面基础上增加了施工里程和竣工里程两项。其他科技档案封面与科技档案盒封面相同。

（2）案卷标题，用于揭示本案卷的主要内容和成分。标题结构一般由三个部分组成：项目名称、内容、文件名称。

如:××线××特大桥竣工文件及图纸

① 项目名称:基建档案反映工程项目名称或所在线别名称;科研档案反映课题名称;设备仪器档案反映设备名称。

② 内容:是指某个专业、工序、单项工程(站名、桥名)等。

③ 文件名称:是指竣工文件或竣工图。

(3)施工里程:为施工设计时采用的里程,一般用DK表示。

(4)竣工里程:为建设项目竣工后统一使用的里程,一般用K表示。

(5)形成单位:为卷内文件材料或图纸形成的责任者。

(6)形成日期:为卷内文件材料或图纸形成的起止时间(填到月即可)。

(7)保管期限:根据保管期限表填写,科技档案的保管期限分别为永久、长期、短期(详见表2—2)。

(8)密级:根据国家有关规定填写。

(9)案卷软封面(用纸100—120克)的案卷标题、施工里程、竣工里程、形成单位、形成日期、密级各项内容由施工单位填写,单位代号、种类代号、档案号、保管期限由接收单位填写。

(10)案卷盒封面及背脊内容由接收单位档案部门填写,移交单位只需将盒面填写各项内容用铅笔填写或用纸条别在纸盒封面即可,接收单位档案室将档案盒脊背所列项目均用油墨刷制,要求清晰、美观。

(11)每份文字材料和每次散装图纸上加盖科技档案档号章。(详见图章样式)文字材料盖在右上角(装订成册的文字材料和图纸只需在软封面上盖章),图纸盖在图标的上方。

科技档案档号章式样(单位:mm)见图2—2。

(12)档案单位代号,一律采用汉语简称,如中铁二十五局,汉语拼音代号为“EWJT”,各集团公司所属的子公司、分公司的档案单位代号一律采用由上一级的单位下发的档案单位代号,如中铁二十五局下属的柳州公司单位代号为“LZGS”。

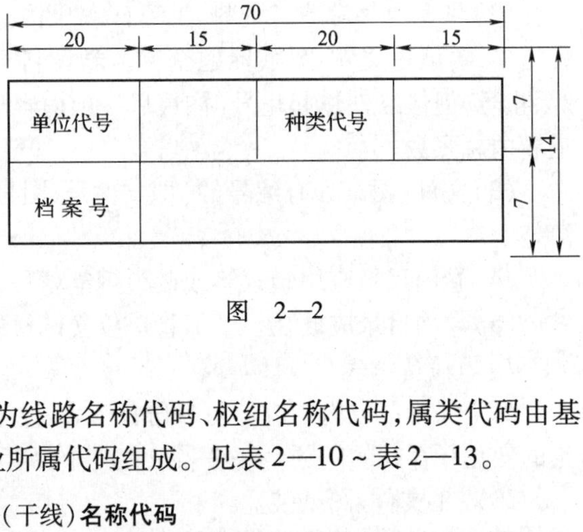

图 2—2

(四)基本建设档案代码

1. 基本建设档案种类代码为J,分类代码为线路名称代码、枢纽名称代码,属类代码由基本建设阶段代码、工程专业代码、里程和各专业所属代码组成。见表2—10~表2—13。

表2—10 线路(干线)名称代码

代码	名称	代码	名称	代码	名称	代码	名称	代码	名称	代码	名称
B		BZ0	宝中线	CT	长图线	BL0	博林线	CH	城恒线	DZ	大郑线
BA	白阿线	C		CY	成渝线	BS	滨绥线	CJ	长荆线	F	
BB	滨北线	CB	长白线	D		BT	北同蒲线	CK	成昆线	FH	阜淮线
BBO	包白线	CBG	长滨线	DC	达成线	BX	包西线	CL	磁莱线	FN	富嫩线
BC	宝成线	CD	长大线	DQ	大秦线	BZ	滨洲线	CQ	川黔线	FQ	福前线
BL	包兰线	CG	成贵线	DW	达万线	FS	丰沙线	JC	金城线	LY	蓝烟线

续上表

代码	名称	代码	名称	代码	名称	代码	名称	代码	名称	代码	名称
FSG	凤上线	JCG	京承线	LZ	黎湛线	HX	侯西线	LH	陇海线	QBN	钦北线
FW	分文线	JCN	锦承线	LZO	洛湛线	HY	侯月线	LQ	兰青线	OF	青阜线
FX	富西线	JE	集二线	M		J		LX	兰新线	QC	黔桂线
G		JG	京广线	MB	蒙宝线	JB	京包线	LXN	兰西线	QS	秦沈线
GD	广大线	JJ	胶济线	MD	密东线	QZ	青藏线	TX	太新线	XYI	新义线
GH	沟海线	JJN	津蓟线	MJ	梅集线	S		W		XY0	萧甬线
GK	贵昆线	JJG	京九线	MJU	牡佳线	SB	石八线	WD	武大线	Y	
GL	赣龙线	JL	焦柳线	MK	梅坎线	SBA	水柏线	WF	外福线	YA	阳安线
GS	广深线	JP	津浦线	MT	牡图线	SBI	绥北线	WG	皖赣线	YB	烟白线
GSG	广山线	JQ	京秦线	N		SC	石长线	WJ	乌吉线	YC	叶赤线
GW	干武线	JS	京山线	NF	南防线	SD	石德线	WJU	武九线	YD	鸭大线
H		JT	京通线	NJ	南疆线	SDN	沈丹线	WR	魏塔线	YDN	烟大通道
HB	浑白线	JTI	集通线	NK	南昆线	SH	朔黄线	WTU	芜铜线	YH	粤海通道
HC	邯长线	JW	金温线	NKI	内昆线	SJ	绥佳线	X		YHU	渝怀线
HDA	哈长线	JX	胶新线	NQ	宁启线	SJN	沈吉线	XC	新长线	YJ	伊加线
HD	汉丹线	JY	京原线	NT	南同浦线	SM	四梅线	XG	湘桂线	YL	牙林线
HG	鹤岗线	K		NW	宁芜线	SMN	三茂线	XH	宣杭线	YS	兖石线
HH	沪杭线	KH	昆河线	NWN	南乌线	SS	沈山线	XHI	西环线(海南)	YW	宜万线
HHG	红合线	L		NXG	宁西线	ST	石太线	XJ	新焦线	YX	鹰厦线
HJ	合九线	LB	拉滨线	NX	嫩西线	STN	汕头线	XK	西康线	Z	
HJA	哈佳线	LBG	领巴线	P		SYI	遂渝线	XL	向乐线	ZG	浙赣线
HJN	邯济线	LBN	林碧线	PN	平南线	T		XS	锡桑线	ZL	漳龙线
HN	横南线	LBO	漯宝线	PQ	平齐线	TH	通霍线	XT	辛泰线	ZLU	株六复线
HNI	淮南线	LC	醴茶线	PX	盘西线	TJ	太焦线	XTN	咸铜线		
HNU	沪宁线	LD	林东线	Q		TR	通让线	XY	襄渝线		
HW	浑湾线	LF	来福线	QB	齐北线	TⅣ	桃威线	XYN	新兖线		

表 2—11　枢纽名称代码表

代码	枢纽名称	代码	枢纽名称	代码	枢纽名称	代码	枢纽名称	代码	枢纽名称	代码	枢纽名称
A		BTS	包头枢纽	CQS	重庆枢纽	HHS	怀化枢纽	Q		XFS	襄樊枢纽
AKS	安康枢纽	BXS	本溪枢纽	D		J		QHS	秦皇岛枢纽	XTS	向塘枢纽
B		C		DLS	大连枢纽	JLS	吉林枢纽	QIS	齐齐哈尔枢纽	XZS	徐州枢纽
BES	北京枢纽	CCS	长春枢纽	DTS	大同枢纽	JMS	佳木斯枢纽	S		Y	
BJS	宝鸡枢纽	CHS	成都枢纽	F		JNS	济南枢纽	SBS	沙北枢纽	YCS	颖川堡枢纽
FYS	阜阳枢纽	LZS	柳州枢纽	TJS	天津枢纽	HZS	锦州枢纽	SDS	绥德枢纽	YTS	鹰潭枢纽
G		M		TLS	通辽枢纽	K		SHS	上海枢纽	Z	
GYS	贵阳枢纽	MDS	牡丹江枢纽	W		KUS	昆明枢纽	SJS	石家庄枢纽	ZHS	郑州枢纽
GZS	广州枢纽	N		WHS	武汉枢纽	L		SYS	沈阳枢纽	ZZS	株洲枢纽
H		NJS	南京枢纽	WHUS	芜湖枢纽	LAS	兰州枢纽	T			
HAS	哈尔滨枢纽	NJIS	内江枢纽	X		LPS	六盘水枢纽	TAS	太原枢纽		
HYS	衡阳枢纽	NNS	南宁枢纽	XIS	西安枢纽						

表2—12　阶段代码

代码	阶段名称	说明
1	预可行性研究阶段	勘测设计
2	可行性研究阶段	
3	初步设计阶段	
4	施工设计阶段	
5	施工竣工阶段	施工竣工包括：工程日志、各种试验记录、检查证、建交表、竣工图、交接验收报告、工程技术总结等
6	养护维修阶段	养护维修中形成的

表2—13　基建档案专业代码

代码	专业名称	代码	专业名称	代码	专业名称	代码	专业名称
ZH	综合	TX	通信	S	隧道	HB	环保
XL	线路	XH	信号	Z	站场	DM	地亩
LJ	路基	D	电力	J	机务	ZY	专用线
Q	桥梁	DH	电化	L	车辆	RF	人防
HQ	涵渠	F	房建	SH	给(排)水	LL	履历簿

(1)支线、联络线代码，由各铁路局自定，但其代码不得与干线线路名称代码重叠。为与原干线区别，新增二线(复线)三线时，在线名右侧标注2或3以示区分。

(2)线路、枢纽名称代码取前两个汉字汉语拼音的第一字母(原给定的枢纽代码不变)，在枢纽名称代码后加S。名称代码中有两个汉语拼音字母完全重复时，再取第一个汉字拼音等的最后一个字母(参见示例1)。如果再有重复时，取第二个拼音字母中的一个与其不相重复的字母(参见示例2)。

示例1：沪宁(HU NING)取胜HN，淮南(HUAI NAN)取HNI。

示例2：新兖(XIN YAN)取XYN，新义(XIN YI)取XYI。

(3)基本建设档案每个专业或专项所包含的内容可参照铁路建设项目竣工文件编制移交办法。

2. 基本建设档案按线路名称分类时，由于其组成保管方法不同，代码结构有以下几种方法。

(1)综合专业档案代码结构：例1：

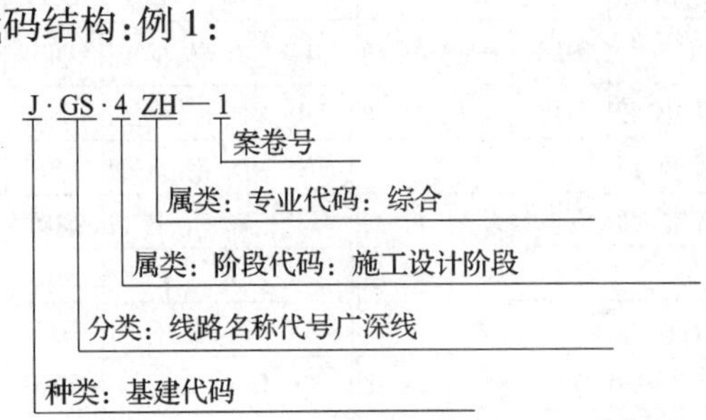

(2)线路、路基专业档案分别在线路专业代码后加项目内容代码：线路综合为1，线路上部为2，其他为3；路基专业代码后加项目内容代码：路基为1，路基附属为2，将阿拉伯数字代码

标注在线路和路基专业代码后。档案代码结构：例 2：线路综合

J · JG · 5 XL1—1

案卷号

属类：专业代码：线路综合

属类：阶段代码：施工竣工阶段

分类：线路名称代号（京广线）

种类：基本建设代码

(3)站场、桥梁、隧道、机务、车辆专业档案是按座组成保管单位。在分类编码时，属类内的里程只标注该设备中心里程(整公里数)，如 1 km 内有两座以上大桥、隧道时取其整公里数后的 1 位小数(以下同)。档案代码结构：例 3：桥梁

J · GS · 5 Q 102.5 1

案卷号

属类：深圳布吉南中桥中心里程

属类：专业代码：桥梁

属类：阶段代码：施工竣工阶段

分类：线路名称代码：广深线

种类：基本建设代码

(4)小桥、涵渠专业档案按区间(甲站中心至乙站中心里程，取整公里数)或座组成保管单位，其属类在阶段、专业代码后还应标注甲站中心至乙站中心里程，用斜线或上下两行表示甲至乙站里程(以下同)。(注：若小桥单独组卷，小桥的分类编号则按 1 · 2 · 3 执行，区间涵渠的中心里程按第一个至最后一个来编号。)

档案代码结构：例 4：涵渠

J · YHU · 5 HQ 579/600—1

案卷号

属类：甲至乙站中心里程

属类：专业代码：涵渠

属类：阶段代码：施工竣工阶段

分类：名称代码：渝怀线

种类：基本建设代码

(5)通信、信号、电力、给排水、房屋、电化、环保等专业档案及地亩专项档案，在站场内的设备其里程应标注车辆中心里程，在区间内的设备其里程应标注甲站中心至乙站中心里程(通信电缆区间里程按竣工图纸划分的区段里程标注)。

① 设备在车站时档案代码结构：例 5：电力

J · JG · 5 D 1624—1

案卷号

属类：中心里程：株洲

属类：专业代码：电力

属类：阶段代码：施工竣工阶段

分类：线路名称代码：京广线

种类：基本建设代码

② 设备在区间时档案代码结构:例6:通信

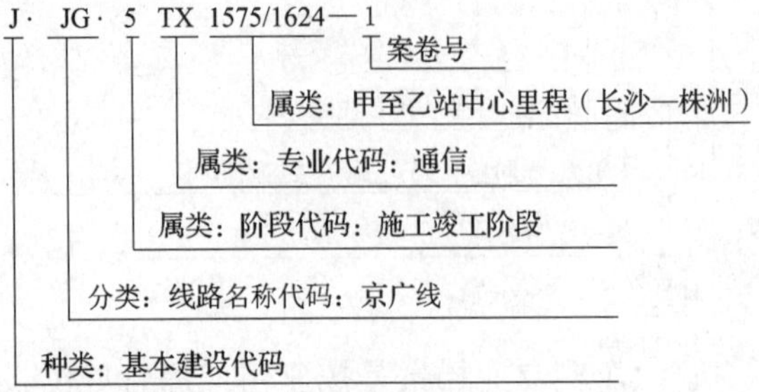

(6)电化专业档案在属类内除标注电化专业代码外还应在里程后标注电化各项内容代码:牵引变电所、开闭所、分区亭、电力调度等代码为Q,接触网代码为J。档案代码结构:例7:

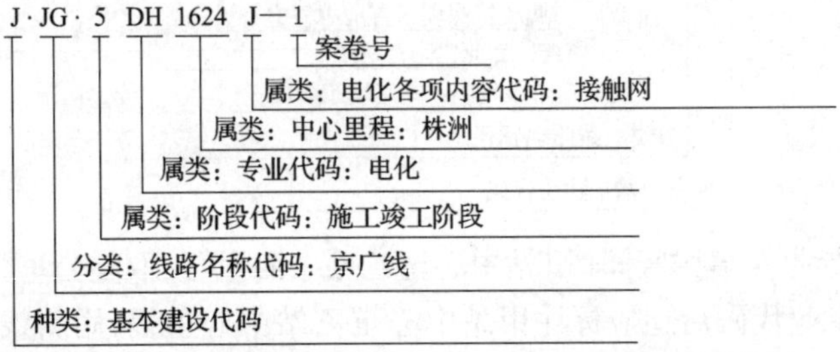

(7)房建专业档案按区间站,铁路地区各单位生产办公房屋两个部分进行分类编码。

① 区间站房建档案可不分单位和用途,将一个站所有单位的房建档案集中编案卷号。档案代码结构:例8:

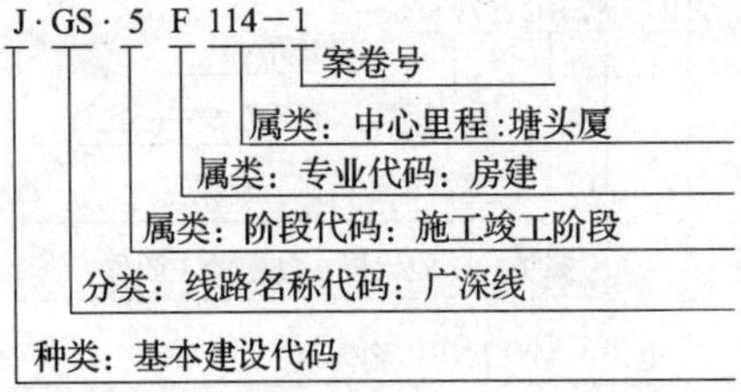

② 铁路地区生产、办公房屋档案应按车、机、工、电、辆等单位分开,为表示某单位的房建档案,在车站里程后还应标注该单位名称代码见表2—14。档案代码结构:例9:

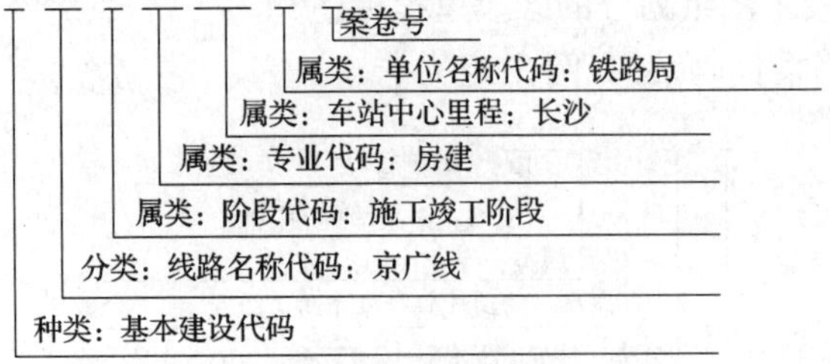

表 2—14　铁路地区单位名称代码

代码	单位名称	代码	单位名称	代码	单位名称	代码	单位名称
Z	车站	GC	工厂	F	房建段	FZ	铁路运输中级法院
C	车务段	FYI	防疫站	GD	供电段	FY	铁路运输法院
J	机务段	DJ	多(集)经	SD	水电段	JC	铁路运输检察院
G	工务段	LJ	铁路局	LK	列车(客运)段	JF	铁路运输检察分院
D	电务段	AC	铁路公安处	A	公安段		
L	车辆段	AJ	铁路公安局				

(8)专用线档案在属类内除标注出岔站的中心里程外应标注某条铁路专用线代码,代码由各单位用汉语拼音字母自编档案代码结构(注:客运、货运专线的档案代码结构可参照例题):例 10:

J·GS·5 ZY 102 —SC—1
案卷号
属类：采石厂专用线代码
属类：中心里程：樟木头
属类：专用线专业代码
属类：阶段代码：施工竣工阶段
分类：线路名称代码：广深线
种类：基本建设代码

(9)设备履历簿档案分类编码中的线路名称及里程还应标注设备保管单位所在的线路名称及车站的中心里程,并加各不同专业系统代码。档案代码结构:例 11:

J·GS·LL·114 XL—1
案卷号
属类：专业代码：线路
属类：单位所在地车站中心里程：塘头厦
属类：履历簿代码
分类：铁路名称代码：广深线
种类：基本建设代码

3. 基本建设档案按枢纽分类时,种类代码为 J,分类代码为各枢纽名称代码(见表 2—11),属类代码为阶段、专业代码。档案代码结构:例 12:

J·HYS·5 XL—1
案卷号
属类：专业代码：线路
属类：阶段代码：施工竣工阶段
分类：线路名称代码：衡阳枢纽
种类：基本建设代码

六、科学研究档案整理方法

科学研究档案(简称科研档案)是指在科学技术研究过程和科研管理工作中形成的,具有保存价值并归档管理的各种形式的文件材料。科研档案是科技活动的记录和科技成果的载体,其形成过程、内容及形式都受到科研类型和专业特点的影响。科研档案的突出特点是以课题(项目)成套,这是由科研活动的特点决定的。科研档案工作要以保证课题档案的完整、准确、真实为目的。

(一)科研档案的收集

参见示例表2—15:《科研档案收集范围和保管期限表》的内容进行收集。

(二)②科研档案进(馆)室范围:

1. 获国家、部、省、市科研成果、优秀论文、教材、著作、Qc、技术总结、工法等。

2. 有科研成果,并经过评委或专家鉴定,虽然没有获奖但有参考和实用价值的本单位档案部门应收集归档。

3. 没有获奖的论文、工法,但在省、市、部或国家级刊物上发表了,有参考实用价值也应在本单位档案部门应收集归档。

(三)科研档案卷内文件排列顺序:

1. 获奖通知。

2. 申请表。

3. 科研成果鉴定证书(部以上和上级单位)。

4. 课题审批文件、任务书、委托书。

5. 开题报告、调研报告、实验报告。

6. 获国家专利的成套文件及证书。

7. 工作总结、科研报告、论文、学术报告。

8. 科研投资及决算材料。

9. 取得显著效益的总结、证明材料。

10. 推广应用方案总结、产品定型鉴定材料。

11. 获奖证书、奖章、奖状、照片或复印件。

(四)科研档案种类代码为K,分类代码为科学研究档案分类项目代码,属类代码为科学研究专业代码和案卷流水号组成。分类代号有五项,科研档案分类项目代码在铁标TB/T 1588—2005基础上加了优秀工法一项。属类代号:采用专业名称代码,见表2—16。

属类代号在铁标TB/T 1588—2005中,我们不够用,可采用基建档案的专业代码。案卷号:采用年度流水号,也可采用大流水。

表2—15 科研档案分类项目代码表

顺序号	分类项目内容	取 字	代 码
1	科研项目	研	Y
2	合理化建议、技术改进和QC成果等	革	G
3	技术教材、著作	教	J
4	优秀论文、学术报告、技术总结	论	L
5	优秀工法	法	F

表 2—16　科研档案专业名称代码

代码	名称	代码	名称	代码	名称
ZH	综合	SH	给(排)水	F	房建
XL	线路	TX	通信	HB	环保
Q	桥梁	XH	信号	BP	爆破
S	隧道	D	电力	FYI	防疫
Z	站场	DH	电化	JG	计算机管理
C	工厂	L	车辆	J	机务
GJE	公检法	D	电务	Y	运输
SD	水电	G	工务		

例：

K·Y·Q—1
案卷流水号
属类：桥梁专业
分类：科研项目
种类：K

七、设备档案

设备仪器档案(简称设备档案)是各种器械设备和仪器、仪表的档案材料。

设备档案来源有两种:一种是在自制设备仪器的设计、研制中形成的材料;一种是随外购设备的进货而随机带来的材料。

设备管理部门与档案管理部门对设备档案分类编号应与《铁路科学技术档案分类与代码》一致。设备档案分类编号为 4 位数。

(一)设备档案的收集

1. 设备档案的收集范围参见上述表 2—4:“设备仪器档案归档范围和保管期限表”的内容进行收集。

(二)设备档案代码

设备档案种类代码为 S,分类代码为设备项目代码,属类代码为设备顺序号代码。设备仪器档案,参照《铁路科学技术档案分类代码》的分类代码结构编号。

1. 设备仪器档案包括各种机车、车辆、机械动力设备和仪器、器械设备等,种类代码为 S。

2. 机车、车辆设备档案分类代码为机车车辆出厂时确定的代码,属类代码为设备的组件代码(见 TB/T122)。

(1)内容、电力机车,铁路客车、货车组件代码分别见表 2—17、表 2—18、表 2—19。

表 2—17　内燃、电力机车组件代码

代码	内燃机车组件名称	代码	电力机车组件名称	代码	内燃机车组件名称	代码	电力机车组件名称
0	机车总图	0	总图	5		5	空气管路
1	柴油机辅助装置	1	设备布置	6	空气管路系统	6	
2	冷却及预热装置	2	导线布置	7	车体	7	
3	传动装置	3	车体	8	电气及控制装置	8	
4	辅助传动装置	4	车体	9	车内设备	9	

表 2—18 铁路客车组件代码

代码	客车组件名称	代码	客车组件名称
0	总图	5	电气装置
1	车体钢结构	6	门窗布置
2	内部安装	7	门窗布置
3	采暖卫生	8	走廊布置
4	给水空调	9	房间布置

表 2—19 铁路货车组件代码

代码	货车组件名称	代码	货车组件名称
0	总图	5	车内设备
1	侧墙钢结构	6	车上电气
2	端墙钢结构	7	操纵室
3	车门	8	风制动
4	顶部钢结构	9	柴油发电机组

(2)机车车辆设备档案代码结构：

S · ××××× · × —1
案卷号
属类：机车、车辆组件代码（见表 9 、10 、11 ）
分类：机车、车辆出厂时确定的代码
种类：设备仪器代码（见表 1）

3. 机械动力设备档案代码应执行铁道部规定的机械动力设备分类代码,属类代码为设备保管单位编制的设备顺序码。

(1)机械动力设备档案代码结构

S · ××××× · ××××—×
案卷号
属类：设备顺序码（见 3）
分类：机械动力设备代码（见 3）
种类：设备仪器代码（见表 1）

(2)设备自编顺序码为 4 位数,为适合计算机管理需要,保证代码等长,自编码有空位均以"0"填充。

4. 仪器、器械设备档案,分类代码为仪器、器械设备名称代码,属类代码为设备保管单位编制的设备顺序码。

(1)仪器、器械设备名称代码见表 2—20。

表 2—20 仪器、器械设备名称代码

代码	设备名称	代码	设备名称	代码	设备名称	代码	设备名称
10	仪器、器械工业器具	10146	光学仪器	102	工业电视	103	计算机
101	仪器、仪表	10156	射线仪器	10201	通用工业电视	10301	电子计算机
10101	工业自动化仪表	10161	天文水文气象仪器	10211	显微镜电视	10351	微处理器
10111	电工仪器仪表	10166	地质勘探地球物理仪	10216	X 射线电视	10371	计算机外围设备
10121	无线电测量仪器	10171	实验通用仪及装置	10221	工业电视	10381	扫描仪
10131	有线电测量仪器	10181	计时及校检设备	10226	工作摄影机	10391	其他
10141	成分分析仪器	10191	其他	10291	其他	104	电教设备
10401	收录、放映设备	10576	接片机	10701	打字机	10821	各种健身器械
10411	电化教学中心设备	10581	放大机	10711	复印机及器材	10871	各种健身用品
10421	语言实验室设备	10586	密度计	10721	油印机	10891	其他

续上表

代码	设备名称	代码	设备名称	代码	设备名称	代码	设备名称
10431	文教及演示设备	10591	其他	10731	晒图机	109	炊事机械
10441		106	宣传设备	10736	誊印机	10901	和面机
10491	其他	10601	放映设备	10741	传真机	10911	切面机
105	缩微设备	10611	洗印、彩扩设备	10751	录像机	10921	搅拌机
10501	缩微摄影机	10621	投影设备	10761	摄像机	10931	包饺子机
10511	冲洗机	10631	电声设备	10766	录音机	10941	洗碗机
10521	拷贝机	10641	照相机	10771	空调机	10951	消毒柜
10531	缩微还原仪	10651	照相仪器器材	10785	去湿机	10991	其他
10541	阅读复印机	10661	采光设备	10795	其他		
10551	阅读器	10691	其他	108	文体用品		
10561	静电复印机	107	办公设备	10801	球类设施		

(2)上述各种设备只列了设备名称，没有细分设备具体内容和型号，每种设备都留有空项，如10101为工业自动化仪表，凡是这类仪表可以从10102开始至10110。

(3)凡不能细分到每一个具体设备内容和型号的，其顺序及代码由各单位确定。

(4)仪器、器械设备档案代码结构：

S·×××××·××××—×

案卷号

属类：设备顺序码（见4.4说明）

分类：仪器、器械设备名称代码（见表12）

种类：设备仪器代码（见表1）

八、标准档案

(一)档案工作标准规范

20世纪80年代，我国档案工作得到了很大的发展，其标志是档案工作得到了党和国家的重视，制订了一系列的档案法律法规和各种标准规范。这些法律法规和标准规范有力地推动档案工作走上了法律轨道。1985年铁道部档案处与标准计量研究所一起制订了一套铁路科学技术档案分类与代码TB/T 1588—1985的铁道行业标准，解决了科技档案规范化的管理；2005年又进行了一次重新修订，由现在的“铁路科学技术档案分类与代码TB/T 1588—2005”代替了原“铁路科学技术档案分类与代码TB/T 1588—1985”版本，进一步完善了科学技术档案的管理。

(二)标准档案代码

1. 铁路标准档案种类代码为B，分类为国家标准、铁道行业标准、地方标准、企业标准，代码见表13分类项。属类为技术标准、管理标准、工作标准项目和内容，代码见表2—21属类项。

表 2—21　标准档案分类代码

分　类		属　类		
代码	类别名称	代码	项目名称	名称及说明
GB	国家标准	J	技术标准	见附录 A 的表 A.1
		G	管理标准	见附录 A 的表 A.2
TB	铁道行业标准	J	技术标准	见附录 A 的表 A.1
		G	管理标准	见附录 A 的表 A.2
DB	地方标准	J	技术标准	见附录 A 的表 A.1
		G	管理标准	见附录 A 的表 A.2
QB	企业标准	J	技术标准	见附录 A 的表 A.1
		G	管理标准	见附录 A 的表 A.2
		Z	工作标准	部门工作标准(01)　岗位工作标准(02)

2. 标准档案代码结构：

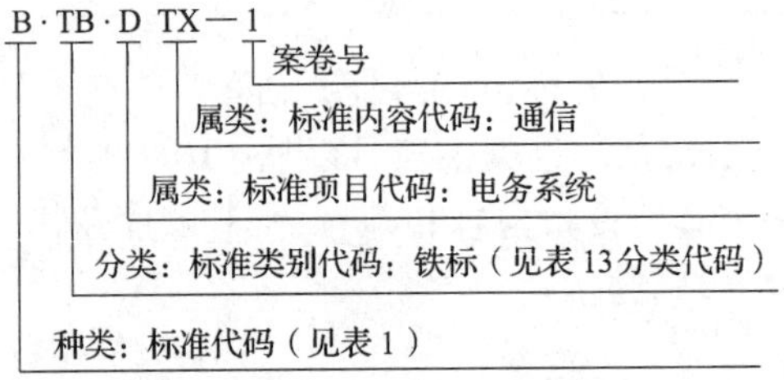

3. 标准内容代码参见《铁路科学技术档案分类与代码》附录 A，其中附录表 A.1 只分到 01～16 大项，附录表 A.2 只分到 01～19 大项。工作标准内只列部门和岗位工作标准，如内容较多时可由各单位细分。

九、运输档案代码

运输档案的种类代码为 Y，分类代码为运输项目名称代码，详情请参见《铁路科学技术档案分类编号方法》(TB/T1588－2005)。

十、生产技术档案代码

1. 生产技术档案种类代码为 C，分类代码见表 14 分类项，属类代码见表 14 属类项。

表 2—22　产品和零配件分类、属类代码

分　类		属　类		分　类		属　类	
代码	名称	代码	产品、零配件名称	代码	名称	代码	产品、零配件名称
0	铁路线路附件	1	尖轨	0	铁路线路附件	6	铁鞋
		2	辙叉			7	平直夹板
		3	防爬器			8	垫板
		4	轨距拉杆			9	钢轨整行
		5	机件			10	轨枕

续上表

分类		属类		分类		属类	
代码	名称	代码	产品、零配件名称	代码	名称	代码	产品、零配件名称
1	通信设备及配件	1	长途通信设备	5	工务机械设备	8	起道机
		2	区间通信设备			9	捣固机
		3	站场、会议通信设备	6	机械动力设备	1	金属切削机床
		4	数传电报设备			2	锻压设备
		5	电源设备			3	起重设备
		6	电缆配套设备			4	锅炉及压力容器
		7	测试仪表			5	动力设备
		8	各种通信设备机框			6	焊接设备
		9	通信配件			7	运输设备
2	信号设备及机车配件	1	信号设备	7	工具器械	1	轨距尺
		2	联锁设备			2	轮径尺
		3	闭塞设备			3	第一、二种检查器尺
		4	信号配件、			4	测试器械
		5	轨道电路器材	8	电气产品	1	变压器
3	机车配件	1	内燃机车配件			2	道口装置
		2	电力机车配件			3	绝缘装置
4	车辆配件	1	客车配件			4	电源屏
		2	货车配件			5	防雷产品
		3	轮对、轴承			6	分线、组合柜
5	工务机械设备	1	轨道车			7	电子巡检、钡晌
		2	轨道吊车	9	其他	1	水泥
		3	桥梁检修车			2	电石
		4	接触网检修车			3	氧气
		5	拖车			4	尼龙挡板座
		6	轨底清筛车			5	其他
		7	夯拍机				

表 2—23　产品工艺工装内容及代码表

代码	名称	代码	名称
G0	热加工工艺装备	G5	设计标准
G1	冷加工工艺装备	G6	辅助工具
G2	切削加工工具	G7	量 具
G3	夹 具	G8	冷加工工艺规程
G4	通用件	G9	热加工工艺规程

2. 产品和零配件档案代码结构：

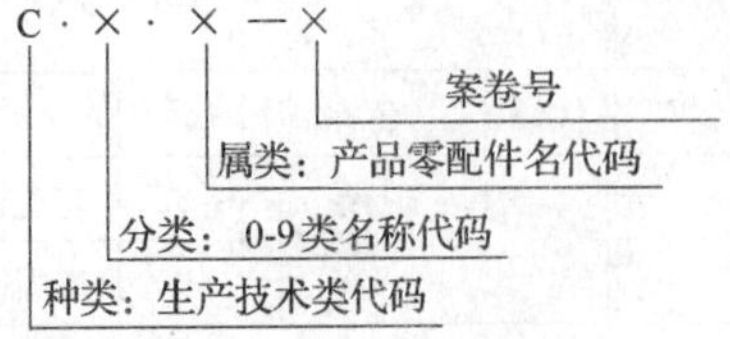

3. 产品制造过程中产生的工艺工装档案，可隶属在有关产品项目的属类内表示。产品工艺工装代码见表4。产品和零配件工艺、工装档案代码结构：

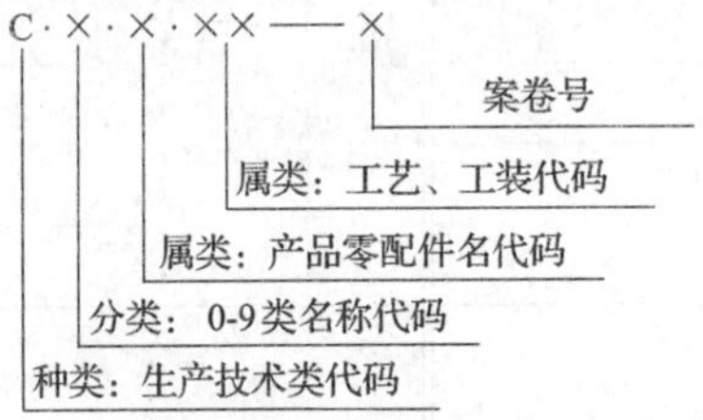

第五节 会计档案

一、会计档案的收集

请参照见表2—6：会计档案收集范围和保管期限表进行收集。

二、会计档案的鉴定与销毁

1. 会计档案保管期满后，按照以下程序进行鉴定、销毁：

(1)由本单位总会计师(或财务部门负责人)会同档案部门、财务部门相关人员组成鉴定小组进行鉴定并提出销毁意见，编制会计档案销毁清册和销毁目录。

(2)档案部门接收的撤销单位的会计档案保管期满后，由档案部门和财务部门共同做好鉴定、销毁工作。

(3)本单位会计档案工作主管领导及财务部门负责人须在会计档案销毁清册上签署意见，批准后方可销毁。

(4)销毁会计档案时，应由档案部门和财务部门共同派员监销。监销人必须严格履行职责，对销毁档案进行清点核实，到指定地点销毁，销毁后在会计档案销毁清册上签字盖章。

2. 会计档案保管期满后，经鉴定仍具有保存价值的档案材料，如未结清的债权债务凭证、涉及其他未了事项的原始凭证和外事活动的有关凭证及房地产产权购买、转让等重要凭证不得销毁，应单独抽出重新组卷，确定新的保管期限，存放在案卷形成年度的相关保管期限内，重新编制案卷号，并在案卷备考表中说明有关问题，同时还应在会计档案销毁清册和会计档案保管清册中加以注明。

建设单位对在项目建设期间的会计档案，虽保管期满，其会计档案仍不得销毁。

三、会计档案整理的总体要求

各单位每年形成的会计档案，由财务部门指定专人按照归档要求，负责整理立卷、装订成册、并编制会计档案保管清册。该项工作应列入财务部门的职责范围(按规定出纳人员不得兼管会计档案)。

1. 会计凭证的整理

(1)会计凭证的编号要求。集团公司系统内应统一使用财务软件和会计档案软件来管理会计档案,各单位会计凭证的编号方法应根据集团公司整理方法编制。

机构小、凭证少的单位,会计凭证的编号根据具体情况进行顺序编号,也可将几个月、半年或一年的会计凭证装订成一册。填齐封面各项内容并在单位名称上加盖公章。

(2)要分别将收款、付款、转账凭证及所附原始单据粘贴在“会计凭证粘贴单”上,粘贴时张与张之间要均匀、整齐。加上“会计凭证”封面并填写封面各项内容在单位名称上加盖公章。

(3)会计凭证装订时,要剔除凭证上的金属物和空白页。装订要求整齐、牢固、美观,不掉页、不压字、不串页、不倒置,便于翻阅。

(4)银行对账单及银行存款余额调节表应附在月末最后一张银行收款或银行付款凭证后面一并装订。

(5)对于数量过多的原始凭证,如收费票据、材料收支小票、产品销售料单等可单独装订保管,在封面上注明所属记账凭证日期、编号、保管期限,同时在记账凭证上注明“附件另订”和原始凭证名称及编号。

(6)各种涉外经济合同、协议、存出保证金收据等重要原始凭证,应单独组成保管单位永久保存,并在有关的记账凭证和单独装订的原始凭证上注明日期、编号、名称、数量、保管期限及其去向,用立卷人签字盖章。

(7)铁路征购土地、拆迁补偿、转证契约等原始凭证,由施工或购地单位单独组卷,归入地亩档案,施工或购地单位保存复印件,并注明原件存放地点,交接收单位永久保存。购地等凭证交接时要填写移交清册和目录,办理正式移交手续,并将移交清册和目录存入双方档案部门。

(8)考勤表、计工表为编制工资单的依据,若考勤表、计工表在财务部门,则应随工资单一起保存;若在劳资部门,则不作为会计档案保存,由劳资部门出示如夜班天数、加班多少等原始凭证,与工资单装订在一起。

(9)工资支付单如形成数量少可与记账凭证装订在一起;如形成数量较多应与凭证分开组卷,按月装订,装订后每册要编张号,并在封面上标明立卷部门、案卷内容、年度、月份,经手人和财务主管人员应签字盖章。

(10)各级资金结算中心的原始凭证,可不粘贴,直接装订。装订后2册~3册放在一个盒内,为一个保管单位,编一个流水号。为便于查找每册凭证,封面档号章中的“卷号”标注“某卷之一”“某卷之二”“某卷之三”等标志,以示区别。

(11)会计凭证案卷不编张次号。

2. 会计账簿的整理

(1)会计账簿按银行存款日记账、现金日记账、总账、明细账、辅助账分别整理立卷,组成保管单位。

(2)装订账簿以一本为一个保管单位,活页式账簿在整理时取掉空白页按科目顺序整理成册,对账目较多的科目,应按科目分开装订组卷。装订后账簿要加装封面、封底和扉页,并填写清楚扉页和封面的各项内容在单位名称上加盖公章。

(3)计算机生成的总账、明细账、辅助账等都应单独组卷并加装封面和扉页。封面应标明:单位全称、账簿名称、会计年度、册数等,扉页应列明科目索引表及账簿使用登记表。

(4)账簿内账页排列顺序是:银行、现金日记账按自然形成日期;总账、明细账按会计科目。

(5)各种账簿不得跨年度使用,特殊规定除外。

(6)每册账簿在非装订线一侧上角编张次号,空白账页不编张次号。每册账簿单独编一个流水号,编号可用号码机打印,也可用碳素或蓝黑笔编写。

3. 财务报告(决算)的整理

(1)财务报告按本单位、所属单位和月、季、年度分别整理,有关财务报告说明分析应与报表一并组卷装订。

(2)本单位月、季度财务报告较薄的,可以分别合并组卷装订。下属不同单位上报的财务报告,也可合并组卷装订成册。

(3)合并组卷的财务报告应在案卷标题中注明月、季及合并组卷的单位名称(可用规范的简称)。

(4)凡归档的财务报告(决算)及文字说明,均应存原始件,不得使用圆珠笔、纯蓝墨水及蓝色双面复写纸、压感纸或复印件。

(5)审计报告:是指会计师事务所对法人单位年度财务报告审计意见所产生的报告书,应单独组卷,归报表类统计。

(6)卷内去掉金属物,装订整齐结实。加装报表封面并填写封面内容。

(7)各类会计报表,应编张次号,其方法与账簿相同。

4. 会计档案的分类与排列

(1)分类:采用同一年度、同一会计单位按保管期限长短统一编案卷流水号,即按年度——会计单位——保管期限——类别排列。

(2)排列:先排永久、再排25年出纳账,然后排15年总账、明细账、凭证,最后排10年、5年。

5. 对归档的会计档案均要在案卷封面加盖“会计档案归档卷位戳”,会计档案归档卷位戳具体填写方法是:

(1)“年度”为该卷形成的年度,用阿拉伯数字填写。

(2)“保管期限”为该卷内容针对的保管期限。

(3)“类别”按凭证、报告、报表、工资单、库存现金日记账、银行存款日记账、总账、明细账、辅助账,会计档案保管、移交、销毁清册等填写。

(4)“会计处理号”为会计凭证号。

(5)“全宗号”为上级档案部门为本单位确定的档案全宗号。

(6)“卷号”为案卷流水号。

(7)“卷位戳”加盖的位置是:凭证、报表及档案保管、移交、销毁清册盖在案卷封面右下侧;账簿盖在扉页的右下侧。如案卷封面已印有归档卷位戳各项内容,可不加盖归档卷位戳,但各项内容要填写清楚。

6. 会计档案案卷号编制要求

编会计档案案卷卷号,应按年度、一个会计单位、保管期限,一年编一个流水案卷号。

7. 会计档案盒脊背内容的填写

各项内容填写与卷位戳基本相同。卷脊上多了一项“单位”栏,这一栏内除要填写单位名称外,还应填写立卷部门名称。单位名称可填写单位简称,立卷部门是指形成会计档案的财务部门和具体工程项目部。

8. 会计档案上架排列

从左向右,由上到下,按同一个年度——一个会计单位——保管期限长短排列。

9. 编制案卷目录

案卷目录——为方便借阅,应编制会计档案案卷目录,填写要求:

(1)“年度”为该案卷的形成年度。

(2)“案卷号”为该案卷流水号。

(3)“会计处理号”为该案卷的会计凭证号。

(4)“案卷内容”填写应按照案卷标题的要求填写,要体现出案卷的作者、时间、内容和名称。如:作者(单位简称+会计单位)—时间(年度)—内容、名称

(5)“案卷张数”为该卷的实际总张数。

(6)“保管期限”为该卷内容针对的保管期限。

(7)“存放位置”为该卷存放的库房和柜架编号。

案卷目录的装订,按一个年度、一个会计单位装订在一起,然后在案卷目录的右上角填写案卷目录形成的张次顺序号。

10. 备考表

财务部门在一个年度的会计档案收集、整理工作结束后,应及时编制“会计档案保管清册”,待一年保管期满后,与会计档案一并移交档案部门永久保存。

11. 编制会计档案案卷目录索引

为便于查找档案,需编制“会计档案案卷目录索引”,以揭示每类会计档案的数量、所在张次及案卷起止号。索引中的“目录号”系指会计单位的年度代号,年度代号采用阿拉伯数字,一年一号,逐年递增编流水号。

档案管理软件中目录号:由“部门标准简称和年度代号”组成。

12. 编写会计档案归档说明

档案部门每年在完成会计档案归档任务后,应编写归档说明。其内容应包括如下:

(1)年度内哪些财务会计部门已归档,哪些部门应归档但尚未归档及其原因。

(2)年度内会计档案的归档数量,按保管期限和种类划分各多少卷,并注明已归档的档案是否齐全、完整。

(3)已归档案卷质量情况。

(4)会计档案分类排列上架情况。

(5)会计档案损坏情况。

(6)会计档案销毁及留存情况。

(7)属于保管期限内的档案而误销情况。

(8)其他需要说明的问题。

13. 会计档案检索工具的装订

档案部门编制的会计档案案卷目录、案卷索引目录和会计档案归档说明应一同装订。其顺序是:会计档案归档说明、会计档案案卷目录索引及案卷目录。

14. 会计档案的交接手续

(1)财务部门向档案部门移交会计档案,应按会计档案保管清册案卷登记的顺序编制“会计档案移交清册”,一式两份,交接双方按移交目录进行清点,核对无误后双方签字盖章,各自保留一份以备查考。

保管清册、移交清册、案卷目录用计算机打印、A4 纸横向输出;暂时无条件打印的单位也可用蓝黑墨水钢笔或碳素墨水笔填写一式三份财务部门留存一份,档案部门存两份。书写要求字迹清楚工整。

(2)工程建设单位在项目建设期间(包括路外工程项目)形成的会计档案,应当在办理竣工决算后移交给本单位档案管理部门,并按规定办理交接手续。

(3)单位之间交接会计档案时,交接双方应按规定办理交接手续。

15. 会计档案的保管利用

(1)各单位保管的会计档案必须进行科学管理,做到妥善保管、排列有序、查找方便。原则上应将会计档案单设库房保管,并切实执行安全保密制度,注意做好防火、防盗、防光、防有害气体、防潮、防虫害、防尘等工作,严防档案损坏、丢失和泄密。

(2)各单位档案部门要建立会计档案定期检查制度,发现可疑情况和发生意外事故,要及时向单位领导和上级主管部门汇报。

(3)各单位的会计档案主要是为本单位的各项工作服务,档案人员必须做到主动、热情,为利用者提供方便。

(4)建立健全会计档案借阅、复制登记制度。会计档案除本单位财务部门有权查阅外,本单位其他部门调借会计档案,要经财务部门负责人同意,外单位查阅要持有介绍信,并经财务会计部门负责人或财务工作主管领导批准后,办理登记手续方可查阅。会计档案原则上不得借出,如有特殊需要,须经本单位领导或财务主管领导批准方可借出,并限期归还。

(5)查阅或复制会计档案的人员,不得在会计档案上作任何记录、符号和标记,更不准涂画、拆封、抽换或涂改。

(6)各单位应设计会计档案查阅登记清册,及时登记查阅或复制人的姓名、工作单位、日期、查阅内容、用途、归还日期等。

(7)要做好会计档案的统计工作,档案部门在每年完成归档整理工作后,将本年及历年档案数量及鉴定销毁变动情况,填写会计档案年度数量统计表及历年会计档案数量统计表。

16. 其　他

(1)采用电子计算机进行会计核算的单位,应当保存打印出的纸质会计档案。具备采用磁带、磁盘、光盘等介质保存会计档案条件的单位,其管理办法需报经总公司批准后方可使用。

(2)单位因撤销、解散、破产或其他原因而终止的,在终止和办理注销登记手续之前形成的会计档案,应由终止单位的业务主管部门或财产所有者代管或移交有关档案部门代管。法律、行政法规另有规定的,服从其规定。

(3)单位分立,其会计档案应由分立后的存续方统一保管,其他方可查阅、复制与其业务相关的会计档案。单位分立后原单位解散的,其会计档案应当经各方协商后由其中一方代管或移交上级档案部门代管,各方可查阅、复制与其业务相关的会计档案。单位分立中未结清的会计事项所涉及的原始凭证,应当单独抽出由业务相关方保存,并按规定办理交接手续。

单位某一部分业务移交其他单位经办,所涉及的会计档案按照前款规定办理。

单位因业务移交其他单位办理所涉及的会计档案,应当由原单位保管,承接业务单位可查阅、复制与其业务相关的会计档案,对其中未结清的会计事项所涉及的原始凭证,应当单独抽出由业务承接单位保存,并按规定办理交接手续。

(4)单位合并后原单位解散或一方存续其他方解散的,原各单位的会计档案应当由合并后的单位统一保管;单位合并后原单位仍存续的,其会计档案仍应由原单位保管。

(5)工程项目部在项目施工期间形成的会计档案,应当在其工程编制竣工决算后,由项目部整理、立卷移交给本单位档案业务管理部门,并按规定办理交接手续。

(6)我国境内所有单位的会计档案不得携带出境,驻外机构和境内单位在境外设立的企业(简称境外单位)的会计档案,应当执行本《细则》并按国家有关规定进行管理。

(7)各单位档案部门要认真履行《档案法》赋予的监督、检查、指导的职责,对违反《档案法》及本《细则》的单位,有权进行检查、纠正,对情节严重的单位,要报请上级主管部门处理。

上述六个方面的具体内容,是加强和改进企业会计档案管理工作的基本依据。希望各级专、兼职档案人员要认真领会,切实把握,履行职责,扎实工作,努力把本单位项目会计档案管理提高到一个新水平。

第六节 声像档案

声像档案是以感光胶片和磁性材料为载体,以音像为主要反映方式。其表现形式主要有:照片(含底片)、录音带、录像带、缩微胶片、电影胶片、微机软盘、航测底片、唱片、幻灯片、光盘等声像制品及其文字说明。

声像档案是指各单位在生产经营、基本建设、科学研究、企业管理、对外交流、党的建设、文化生活等各项活动中直接形成的、形象直观的历史记录,是反映各单位重大历史活动真实面貌的重要凭证和依据,是本单位和国家档案的重要组成部分,对国家和企业具有重要的保存价值和利用价值。

声像档案是各立档单位构成档案全宗不可缺少的重要组成部分,必须贯彻执行集中统一管理原则。凡形成声像档案的部门和单位,都应按归档范围要求,在声像档案全部或阶段形成之后,立即收集齐全,整理完毕后,向本级档案部门移交归档。

一、声像档案的收集

请参照表7“声像档案收集范围和保管期限表”进行收集。

形成声像档案的项目指挥部应本着对历史负责的态度,完整及时地向本单位档案部门移交其产生的声像材料,任何单位或部门,尤其是个人均不得拒为己有,不得拒绝归档。

二、声像档案的鉴定与销毁

1. 对已归档的声像档案,要定期组织鉴定小组进行鉴定。对确已失去保存价值的声像档案要编造清册,并提出销毁意见,报请分管领导审查批准后销毁。

2. 声像档案的销毁,可采用焚烧、粉碎、消磁或化学熔蚀等方法,必须符合保密要求,保证无遗漏。销毁时要指定专人监销，监销后监销人要签字盖章。

三、声像档案的整理与立卷

声像档案的整理与立卷，应遵循其自然形成规律，注意保持声像材料之间的有机联系，便于保管和利用。采用数码照相机拍摄的照片组卷方法如下：

1. 采用数码照相机拍摄的照片，应用A4大小的相纸把图象打印出来（是否需要打印可按照项目法人的要求），并在图像下方标注其编号、填写事由（人物、背景）摄影者（也可在分组说明中体现）等要素。形成的记录可多张为一组。如桥梁，照片总说明：某大桥开工时间和建成时间。大桥的概述：桥型、桥长、投资、地质情况简述、工程质量等级、获奖情况等内容。本册内容记录：桩基、下部构造、主桥支架试验及安装、主桥箱梁、引桥空心板安装、桥面、引道工程施工等内容。

内容排列：照片总说明——分组说明——照片内容

(1)奠基和通车庆典（点击标题后，看到的是分组说明、该组的每一张照片，照片的下方应有背景注解）；

(2)桩基；

(3)下部构造；

(4)主桥支架试验及安装；

(5)主桥箱梁；

(6)引桥空心板安装；

(7)桥面；

(8)引道工程施工。

2. 把数码照片刻录在耐久性好的只读光盘上，光盘附有目录，目录应填写档号、案卷题名、照片说明、照片编号、照片标题（与电子文件的文件名相同）等。

四、声像档案的保管单位

归档的声像档案，要进行系统的整理、排列和科学的分类，分别以卷、册、盘、盒组成保管单位。

照片档案以卷分别组成保管单位，照片档案一卷是两册为一个保管单位（一卷放一册为一个保管单位）。

录像带、录音带、光盘以盘分别组成保管单位。

五、声像档案分类编号

1. 声像档案的分类编号由种类、分类、属类三级类目代号组成。每一个保管单位的档案号，应包括种类代号、分类代号及阿拉伯数字、属类代号和案卷流水号。

2. 声像档案具体分类编号方法是：种类代号采用汉语拼音字母。分类代号采用汉语拼音字母及阿拉伯数字两项内容组成（即在分类汉语拼音字母代号后面根据声像档案的具体内容加上《声像档案归档范围》中明确的序号）。属类代号采用阿拉伯数字，声像档案内容少的单位可省略属类代号，在分类代号后面直接编排案卷流水号。声像档案代号见表2—24。

表 2—24　声像档案种类、分类代号表

种类名称	简　称	代　号	分类名称	简　称	代　号	备　注
声像档案	像	X	照片	照	Z	
			录音带	带	Y	
			录像带	录	L	
			缩微胶片	微	W	
			电影胶片	电	D	
			软盘	软	R	
			航测底片	测	C	
			唱片	片	P	
			幻灯片	幻	H	
			光盘	光	G	

分类代码结构(示例 1)

例 1:领导视察工地照片分类编号

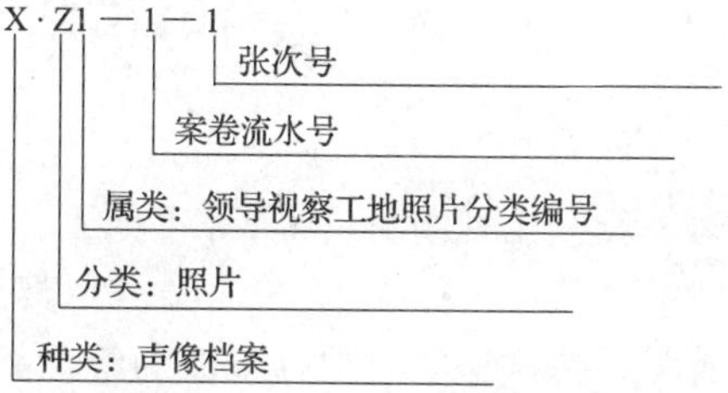

例 2:基建项目施工前后地形地貌及环境变化情况的录像分类编号

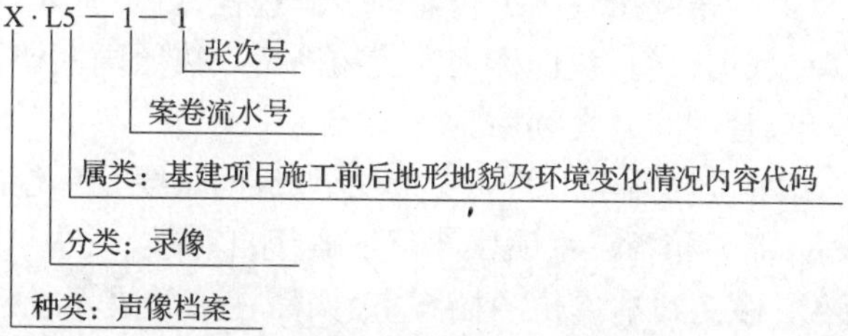

例 3:工程项目对外交流活动中形成的光盘分类编号

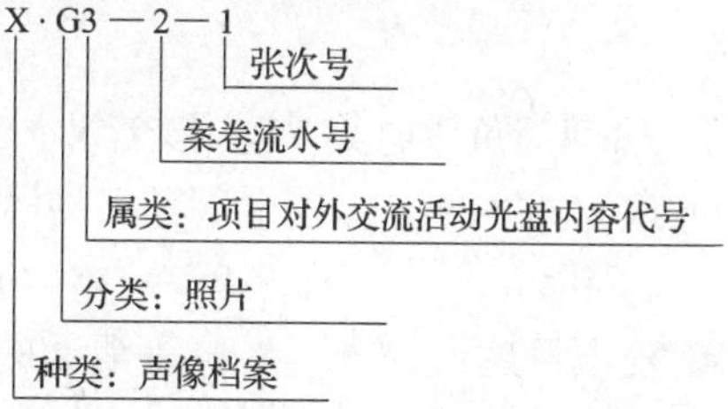

六、声像档案归档要求

1. 按照《铁路声像档案管理暂行办法》,凡形成声像档案的部门,声像档案的收集、整理,都应按归档范围要求,在声像档案全部或阶段形成后,由承办人及时收集齐全,按标准整理完毕后,向档案部门移交归档。

2. 归档的声像制品应是原版原件,照片要做到图像清晰、色彩饱和度好,底片无磨损、无划伤和无指纹印痕。录音带、录像带、光盘要图像清晰，音质良好。声像制品的材质，必须符合永久或长期保管的要求。

七、声像档案归档期限和份数

1. 声像档案归档期限有：一是形成声像挡案的部门，应将当年形成的声像材料，按标准进行整理，于第二年上半年（6月底前），向档案部门移交归档；二是当一项工作在较短时间内完成后，也可随时整理组卷移交归档；三是基建、房产、科研等项目形成的声像档案，应在工程项目竣工验收和科研课题完成后及时移交归档。

2. 声像档案归档份数，一般要求一份（其中照片档案包括底片和文字说明）。

3. 声像档案归档时应履行移交手续，移交前移交单位要编制"声像档案移交目录"一式两份，交接后双方在移交目录上签字盖章各保存一份，以备待查。

第七节　实物档案的管理

一、实物档案的概念

实物档案是指企业在经营、管理、工程项目、科研等各项工作中做出优异成绩和突出贡献所获得的有关部门授予给企业或单位（个人）的荣誉证明，如：奖章、奖状、奖旗（锦旗）、奖牌、奖杯、证书；有关社会活动和有关单位赠送的有保存价值的纪念品、名人字画；以及工作中产生的印章等有形物品，这些物品是多种多样的，是以物质实体为载体反映本企业历史面貌的特定物品，它们又从另一个特殊的角度反映一个企业的工作进程，以及所取得的工作业绩。这些有形物品具有一定的保存和利用价值，我们称之为实物档案。按照国家档案管理有关规定，这些档案必须进行系统地收集、管理和开发利用。

实物档案是各企业或单位档案全宗的一个重要组成部分，既是单位的宝贵财富，又是党和国家的宝贵财富，各单位、部门和各工程项目部都不得擅自存放、丢失、销毁，必须集中统一管理。在获奖一个月内必须移交到本单位的档案室，如需在某处展示，必须到本单位档案室备案，以便跟踪收集和管理。

二、实物档案的收集

实物档案的收集原则是由各主管部门负责收集，统一移交到本单位档案部门集中保管。档案部门要做好平时的监督、指导，收集实物档案的信息，尽量保证实物档案完整、齐全和及时归档。

1. 实物档案的归档范围

凡反映本企业经营、管理、工程项目建设、科研、外事等活动的奖品都属于实物档案的归档范围。这些实物档案归档时，必须与附属的包装材料物品一并移交到档案部门。

2. 实物档案的整理

实物档案移交到本单位的档案部门后，档案人员要进行详细的登记，科学的分类、著录、然后编制档案目录等检索工具。

三、实物档案的编目

实物档案的编目是取汉字拼音字母的每一个字符为代码。种类和分类代码和属类代码采用汉语拼音字母前一位字母组成，种类代码为为：SW，分类和属类代码参见表2—25和表2—26。分类代码如有重复相同代码的可采用汉语拼音第一位字母和第二位字母的第二位为代码，如奖章JZ和奖状JZg第一、二位字母代号相同，那么在取奖状的第一个汉字的最后一个汉语拼音字母，如奖状为JZg。

表2—25　实物档案分类代码表

分类代码	分类名称	分类代码	分类名称
JZ	奖章	LP	礼品
ZS	证书	PB	牌匾
JQ	奖旗（含锦旗）	ZH	字画（含领导题词、题名）
JP	奖牌	MC	签名册
JZg	奖状	MX	模型
JB	奖杯	YZ	印章

表2—26　实物档案属类代码表

代　号	分　类	代　号	保管期限
GJ	国级	1	永久
SJ	省级	2	长期
BJ	部级	3	短期
SJ	市级		
JT	集团		

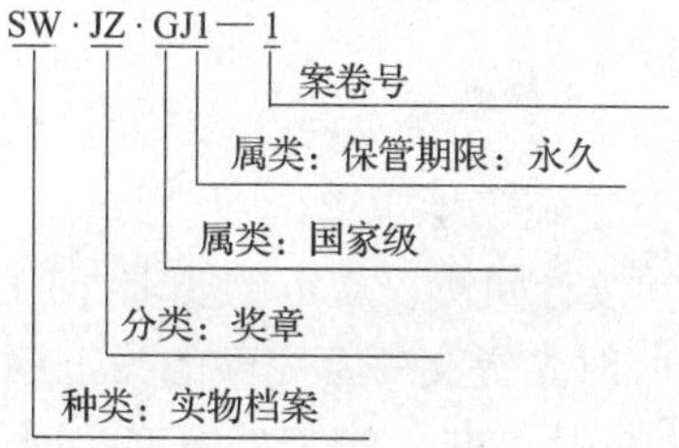

四、实物档案的移交

实物档案移交到档案部门时，档案部门应与对方办理移交手续，将移交实物档案清单（名称、来源、数量）一式两份，双方确认签字，实物档案的来源必须以文字表述反映企业参加某项活动的具体的文字记录。例如：企业在某时间、某地方参加了某项活动，获得了什么样的实物档案等问题都须进行简要明了的登记。只有这样，才能进一步指出此实物的保存价值。

印章有其特殊性，因此，在办理交接时需检查登记表上是否已盖上印模式样时，方可办理，同时填移交者、接收人、移交时间。印章目录移交式样参见表2—27。

表2—27　印章目录式样表

序　号	印　模	移交人	接收人	起/废时间	备　注

五、实物档案的销毁

实物档案的销毁主要多数是指印章的印模，当某机构撤销、合并或其职能部门的印章已作废停止使用，但公司对外的物业管理的变更手续尚未完成时，如因单位办理汽车年审、电话变迁和房屋租赁等所有物业的管理变更事项等，可以由公司机要人员负责保管或移交到档案室保存。这个期间必须做好公章管理的使用登记工作，同时必须经公司领导同意方可使用。待公司对外事项办好后，必须销毁。如果是本公司的党政二枚公章应向上一级保密委移交公章，公司范围内各部门（项目部）已作废的公章按以上表3格式填写并盖上公章印模，印章目录必须一式二份向本单位档案部门移交，同时办理公章实体的销毁工作，销毁公章经公司领导同意进行销毁，销毁由二人以上监督销毁，并将销毁清册移交到本公司档案室保存。

六、实物档案的开发和利用

1. 编制实物档案目录检索工具。

实物档案因有特有的属性决定，不能像文书档案那样每年编一套目录，可以根据本单位的实际情况进行编制档案目录。

2. 建立实物档案陈列室或展柜

完成实物档案的收集、分类、整理及编制目录后，应利用一定的空间，建立实物档案陈列室或展柜，并在每件实物前摆置实物简介说明标签，进一步揭示此实物的来源等有关事项。

3. 做好实物档案借阅登记，以便进一步完善实物档案的管理和统计工作。

第八节　项目档案的汇总和移交

一、案卷的汇交

1. 工程指挥部所属各部门以及各施工承包单位、监理单位、设计单位，应在建设项目完成后，将经整理、编目后所形成的案卷按合同协议规定的要求，向工程总指挥部档案室移交汇总。

2. 施工单位应在工程竣工验收时先提交一套完整的竣工档案给档案验收小组进行验收，其他部分限期完成（以合同规定的期限为准），竣工档案交接时，交接双方均应对档案数量和立卷、编目工作进行认真的检查审核，档案经审核、改正，符合要求以后方能办理移交手续。

3. 移交汇总的案卷，应根据《铁路建设项目竣工文件编制移交办法》的要求，做好移交汇总案卷的套数。一般竣工文件在5套左右（含竣工图，要求全部是“蓝图”）有些验收表格和平面布置图需要7～8套，重要依据本单位档案室也应留一套，如竣工验收报告、施工技术总结等重要文件。

4. 在施工技术文件中，要求2～4份全部是原件；其他可以是复印件（其中签名盖章处必须全部是原笔迹、红章），竣工验收签证一定要原件。特殊情况下原件份数不足的资料（如外单位送来的资料），必须有提供资料的单位盖红章并注明“与原件相符”或“原件在某某处”等字眼加以确认。

5. 移交时，双方在移交书中规定的位置上签名、盖日期，并各存1份，以作为交接凭证。移交目录册一式5份，1份由移交方保存，其他4份由工程总指挥部保存，作为以后移交工程档案的清册。

6. 勘察、设计、施工及监理单位需要向本单位归档的文件,应按国家有关档案管理的规定和要求,单独立卷归档。

二、案卷的汇交时间

除受委托进行项目档案汇总整理,各施工承包单位应在项目实体完成后三个月内将项目文件向工程总指挥部档案室移交;有尾工的应在尾工完成后及时移交。

三、案卷整理与移交

(一)案卷的整理

工程全部档案的汇总整理由工程指挥部档案室负责,内容包括:

1. 根据专业主管部门的建设项目档案分类编号规则以及项目实际情况,设计、制定统一的项目档案分类编号体系。

2. 依据项目档案分类编号体系对全部项目档案进行统一的分类和编号;生产使用单位需要按企业档案统一进行分类和编号的,各参建单位可用铅笔临时填写档案号。

3. 对全部项目档案进行清点、编目,并编制项目档案案卷目录及整理情况说明。

4. 负责贯彻执行国家和铁道行业的技术规范及各种技术文件表格。

(二)项目档案的移交

1. 项目档案验收合格后,由工程总指挥部档案室按照国家有关规定及要求,在项目正式通过竣工验收后三个月内,向生产使用单位及其他有关单位办理档案移交。

2. 项目档案移交时,应办理移交手续,明确档案移交的内容、案卷数、图纸张数等,并有完备的清点、签字等交接手续。

第三章　施工内业资料的管理

第一节　建筑工程的地基与基础工程施工阶段

一、主要原材料、成品、半成品、构配件厂合格证、质量证明书和质量试(检)验报告

主要原材料、成品、半成品包括了水泥、钢筋、钢结构用钢材连接及涂料,焊条、焊剂和焊药,砖及砌块、砂石、外加剂、防水材料、预制混凝土构件,新材料、新产品,其他材料等。

主要施工物资资料出厂合格证、质量证明书和质量试(检)验报告工程物资资料是实行分级管理。供应单位或加工单位负责收集、整理和保存所供物资原材料的质量证明文件:施工单位则需收集、整理和保存供应单位或加工单位提供的质量证明文件和进场后进行的试(检)验报告。各单位应对各自范围内工程资料的汇集、整理结果负责,并保证工程资料的可追溯性。

工程物资主要包括建筑材料、成品、半成品、构配件、设备等,建筑工程所使用的工程物质均应有出厂质量证明文件(包括产品合格证、质量合格证、检验报告、试验报告、产品生产许可证和质量保证书等)。质量证明文件应反映工程物资的品种、规格、数量、性能指标等,并与实际进场物资相符。

质量证明文件的复印件应与原件内容一致,加盖原件存放单位公章,注明原件存放处,并有经办人签字和时间。

建筑工程采用的主要材料、半成品、成品、构配件、器具、设备应进行现场验收,有进场检验记录;涉及安全、功能的有关物资应按工程施工质量验收规范及相关规定进行复试(试验单位应向委托单位提供电子版试验数据)或有见证取样送检,有相应试(检)验报告。

涉及结构安全和使用功能的材料需要代换且改变了设计要求时,应有设计单位签署的认可文件。

涉及安全、卫生、环保的物资应有相应资质等级检测单位的检测报告,如压力容器、消防设备、生活供水设备、卫生洁具等。

凡使用的新材料、新产品,应有由具备鉴定资格的单位或部门出具的鉴定证书。同时具有产品质量标准和试验要求,使用前应按其质量标准和试验要求进行试验或检验。新材料、新产品还应提供安装、维修、使用和工艺标准等相关技术文件。

进口材料和设备等应有商检证明(国家认证委员会公布的强制性认证[CCC]产品除外)、中文版的质量证明文件、性能检测报告以及中文版的安装、维修、使用、试验要求等技术文件。如:水泥

(一)常用水泥的定义、强度等级和技术要求

建筑工程常用的水泥有:硅酸盐水泥、普通硅酸盐水泥、矿渣硅酸盐水泥、火山灰质硅酸盐水泥及粉煤灰硅酸盐水泥等五种。

1. 定义与强度等级(表3—1)。

2. 技术要求:

（1）氧化镁含量：熟料中氧化镁的含量不得超过 5.0%，如果水泥经压蒸安定性试验合格，则熟料中氧化镁的含量允许放宽到 6.0%。

表　3—1

名　称	定　义	强度等级
硅酸盐水泥	凡由硅酸盐水泥熟料、0%—5% 石灰石或粒化高炉矿渣、适量石膏磨细制成的水硬性胶凝材料，称为硅酸盐水泥（即国外通称的波特兰水泥）。硅酸盐水泥分两种类型，不掺加混合材料的称Ⅰ型硅酸盐水泥，代号 P·Ⅰ。在硅酸盐水泥熟料粉磨时掺加不超过水泥重量 5% 石灰石或粒化高炉矿渣混合材料的称Ⅱ型硅酸盐水泥，代号 P·Ⅱ	42.5 42.5R 52.5 52.5R 62.5 62.5R
普通硅酸盐水泥	凡由硅酸盐水泥熟料、6%—15% 混合材料、适量石膏磨细制成的水硬性胶凝材料，称为普通硅酸盐水泥（简称普通水泥），代号 P·O。掺活性混合材料时，最大掺量不得超过 15%，其中允许用不超过水泥重量 5% 的窑灰或不超过水泥重量 10% 的非活性混合材料来代替。掺非活性混合材料时最大掺量不得超过水泥重量 10%	32.5 32.5R 42.5 42.5R 52.5 52.5R
矿渣硅酸盐水泥	凡由硅酸盐水泥熟料和粒化高炉矿渣、适量石膏磨细制成的水硬性胶凝材料称为矿渣硅酸盐水泥（简称矿渣水泥）。代号 P·S。水泥中粒化高炉矿渣掺加量按重量百分比计为 20%—70%。允许用石灰石、窑灰、粉煤灰和火山灰质混合材料中的一种材料代替矿渣，代替数量不得超过水泥重量的 8%，替代后水泥中粒化高炉矿渣不得少于 20%	32.5 32.5R 42.5 52.5 52.5R
火山灰质硅酸盐水泥	凡由硅酸盐水泥熟料和火山灰质混合材料、适量石膏磨细制成的水硬性胶凝材料称为火山灰质硅酸盐水泥（简称火山灰水泥）。代号 P·P。水泥中火山灰质混合材料掺加量按重量百分比计为 20%～50%	
粉煤灰硅酸盐水泥	凡由硅酸盐水泥熟料和粉煤灰、适量石膏磨细制成的水硬性胶凝材料称为粉煤灰硅酸盐水泥（简称粉煤灰水泥）。代号 P-F。水泥中粉煤灰掺加量按重量百分比计为 20%～40%	

（2）三氧化硫含量：矿渣水泥中三氧化硫含量不得超过 4.0%，硅酸盐水泥、普通水泥、火山灰水泥、粉煤灰水泥中三氧化硫含量不得超过 3.5%。

（3）细度：硅酸盐水泥比表面积大于 300 m^2/kg，其他四种水泥 80 μm 方孔筛筛余不得超过 10%。

（4）凝结时间：硅酸盐水泥初凝不得早于 45 min，终凝不得迟于 390 min。其他四种水泥初凝不得早于 45 min，终凝不得迟于 10 h。

（5）不溶物：Ⅰ型硅酸盐水泥中不溶物不得超过 0.75%；Ⅱ型硅酸盐水泥中不溶物不得超过 1.50%。

（6）烧失量：Ⅰ型硅酸盐水泥中烧失量不得大于 3.0%，Ⅱ型硅酸盐水泥中烧失量不得大于 3.5%。普通水泥中烧失量不得大于 5.0%。

（7）安定性：用沸煮法检验必须合格。

（8）强度：水泥强度等级按规定龄期的抗压强度和抗折强度来划分，各强度等级水泥的各龄期强度不得低于表 3—2 的数值。

表 3—2　水泥强度指标

名　称	强度等级	抗压强度（MPa）		抗折强度（MPa）	
		3 d	28 d	3 d	28 d
硅酸盐水泥	42.5	17.0	42.5	3.5	6.5
	42.5R	22.0	42.5	4.0	6.5
	52.5	23.0	52.5	4.0	7.0
	52.5R	27.0	52.5	5.0	7.0
	52.5	28.0	62.5	5.0	8.0
	52.5R	32.0	62.5	5.5	8.0

续上表

名　称	强度等级	抗压强度(MPa)		抗折强度(MPa)	
		3 d	28 d	3 d	28 d
普通水泥	32.5	11.0	32.5	2.5	5.5
	32.5R	16.0	32.5	3.5	5.5
	42.5	16.0	42.5	3.5	6.5
	42.5R	21.0	42.5	4.0	6.5
	52.5	22.0	52.5	4.0	7.0
	52.5R	26.0	52.5	5.0	7.0
矿渣水泥 火山灰水泥 粉煤灰水泥	32.5	10.0	32.5	2.3	5.5
	32.5R	15.0	32.5	3.5	5.5
	42.5	15.0	42.5	3.5	6.5
	42.5R	19.0	42.5	4.0	6.5
	52.5	21.0	52.5	4.0	7.0
	52.5R	23.0	52.5	4.5	7.0

3. 有关规定

(1)水泥出厂质量合格证和试验报告单应及时整理,试验单填写应字迹清楚,项目齐全、准确、真实,且无未了事项。

(2)水泥出厂质量合格证和试验报告单不允许涂改、伪造、随意抽撤或损毁。

(3)水泥质量必须合格,应先试验后使用,要有出厂质量合格证或试验单。需采取技术处理措施的,应满足技术要求并应经有关技术负责人批准(签字)后方可使用。

(4)合格证、试(检)验单或记录单的抄件(复印件)应注明原件存放单位,并有抄件人、抄件(复印)单位的签字和盖章(红章)。

(5)水泥应有生产厂家的出厂质量证明书,并应对其品种、强度等级、包装(或散装仓号)和出厂日期等检查验收。

(6)有下列情况之一者,必须进行复试,混凝土应重新试配:

① 用于承重结构的水泥;

② 用于使用部位有强度等级要求的水泥;

③ 水泥出厂超过 3 个月(快硬硅酸盐水泥为 1 个月);

④ 进口水泥。

(7)水泥复试主要项目:抗折强度、抗压强度、凝结时间、安定性。

4. 水泥出厂质量合格证的验收和进场水泥的外观检查。

(1)水泥出厂质量合格证的验收

水泥出厂质量合格证应由生产厂家的质量部门提供给使用单位,作为证明其产品质量性能的依据,生产厂家应在水泥发出日起 7 d 内寄发并在 32 d 内补报 28 d 强度。资料员应及时催要和验收。水泥出厂质量合格证中应含品种、标号、出厂日期、抗压强度、抗折强度、安定性、试验标号等项内容和性能指标,各项应填写齐全,不得错漏。水泥强度应以标养 28 d 的试件试验结果为准,故 28 d 强度补报单为合格证的重要部分,不能缺少。

如批量较大，而厂方提供合格证少时，可制作复印件备查或做抄件，抄件应注明原件证号、存放处，并有抄件人签字及抄件日期。水泥质量合格证备注栏内由施工单位填明单位工程名称及工程使用部位，并加盖水泥厂印章。

（2）进场水泥的外观检查

水泥进场应进行外观检查，包括以下项目：

① 标志：水泥袋上应清楚标明工厂名称、生产许可证编号、品种、名称、代号、强度等级、包装年、月、日和编号。掺火山灰质混合材料的普通水泥还应标上"掺火山灰"字样，散装水泥应提交与袋装标志相同内容的卡片和散装仓号，设计对水泥有特殊要求时，应查是否与设计要求相符。

② 包装：抽查水泥的重量是否符合规定。绝大部分水泥每袋净重为 50 ± 1 kg，但以下品种的水泥每袋净重略有不同：

快凝快硬硅酸盐水泥，每袋净重为 45 ± 1 kg；

砌筑水泥，每袋净重为 40 ± 1 kg；

硫铝酸盐早强水泥，每袋净重为 46 ± 1 kg。

注意袋装水泥的净重，以保证水泥的合理运输和掺量。

③ 产品合格证检查：检查产品合格证的品种、强度等级等指标是否符合要求，进货品种是否和合格证相符。

（3）水泥外观检查

进场水泥应查看是否受潮、结块、混入杂物或不同品种、强度等级的水泥混在一起，检查合格后入库贮存。

5. 水泥的取样试验及试验报告

（1）水泥的取样试验的取样方法和数量

① 硅酸盐水泥、普通硅酸盐水泥、矿渣硅酸盐水泥、粉煤灰硅酸盐水泥、火山灰质硅酸盐水泥、复合硅酸盐水泥、砌筑水泥取样方法和数量为：

a. 散装水泥：应以同一水泥厂生同期出厂的同品种、同强度等级、同一出厂编号的水泥为一验收批，但每一验收批的总量不得超过 500 t，且随机从不少于 3 个车罐中各取等量水泥，经混拌均匀后，再从中称取不少于 12 kg 的水泥作试样。

b. 袋装水泥：应以同一水泥厂生同期出厂的同品种、同强度等级、同一出厂编号的水泥为一验收批，但每一验收批的总量不得超过 200 t，且随机从不少于 20 袋中各取等量水泥，经混拌均匀后，再从中称取不少于 12 kg 的水泥作试样。

② 高铝水泥取样方法和数量为：

a. 同一水泥厂、同一类型、同一编号的水泥，每 120 t 为一取样单位，不足 120 t 也按一取样单位计。

b. 取样要有代表性，可以 20 袋中各取等量样品，总量至少 15 kg。

c. 水泥取样后，超过 45 d 使用时必须重新取样试验。

③ 快硬硅酸盐水泥取样方法和数量为：

a. 同一水泥厂、同一类型、同一编号的水泥，每 400 t 为一取样单位，不足 400 t 也按一取样单位计。

b. 取样要有代表性，可从 20 袋中各取等量样品，总量至少 14 kg。

④ 几种水泥的必试项目为:

a. 硅酸盐水泥、普通硅酸盐水泥、矿渣硅酸盐水泥、粉煤灰硅酸盐水泥、火山灰质硅酸盐水泥、复合硅酸盐水泥、快硬硅酸盐水泥必试项目:强度、安定性、凝结时间。

b. 砌筑水泥必试项目:强度、安定性、凝结时间、泌水性(砌筑工程)。

c. 高铝水泥必试项目:强度、细度、凝结时间。

(2)水泥试验报告单

水泥试验报告单中,委托单位、工程名称、水泥品种及强度等级,出厂日期、厂别及牌号、取样地点等应由委托人(工地试验员)填写。其他部分由试验室依据试验结果进行填写。

水泥试验报告单是判定一批水泥材质是否合格的依据,是施工技术资料的重要组成部分,属保证项目。报告单要求做到字迹清楚,项目齐全、准确、真实,无未了项(没有项写“无”或划斜杠),试验室的签字盖章齐全。如试验单某项填写错误,不允许涂抹,应在错琢上划二斜杠,将正确的填写在其上方,并在此处加盖改错者印章和试验章。

领取水泥试验报告单时,应验看试验项目是否齐全,必试项目不能缺少(强度以 28 d 龄期为准),试验室有明确结论和试验编号,签字盖章齐全。还要注意看试验单上各试验项目数据是否达到规范规定的标准值,是否验收存档,否则应及时取双倍试样做复试试验。

应注意,用于拌制混凝土和砌筑砂浆的水泥还应进行有见证取样和送检,且见证的取样次数应符合国家规定。

6. 整理要求

(1)此部分资料应归入原材料、半成品、成品出厂质量证明和质量试(检)验分册中。

(2)合格证应折成 A4 大小或贴在 A4 纸上。

(3)各验收批水泥的合格证和试验报告,按批组合,按时间先后顺序排列并编号,不得遗漏。

(4)建立分目录表,并能对应一致。

7. 注意事项

(1)水泥出厂质量合格证应有生产厂家质量部门的盖章。

(2)生产厂家的水泥 28 d 强度补报单不能缺少。

(3)水泥试验报告应有试验编号(以便与试验室的有关资料查证核实),要有明确结论,签章齐全。

(4)一定要验看试验报告中各项目的实测数值是否符合规范规定的标准值。

(5)注意水泥的有效期(一般为三个月,快硬硅酸盐水泥为一个月),过期必须做复试。连续施工的工程相邻两次水泥试验的时间不应超过其有效期。

(6)如水泥质量有问题,根据试验报告的数据可降级使用,但须经有关技术负责人批准(签字)后方可使用,且应注明使用工程项目及部位。

(7)水泥出厂合格证和试验报告按规定不能缺少并能与实际使用的水泥批次相符合。

(8)要与其他施工技术资料对应一致,交圈吻合,也就是水泥厂别、牌号、品种、标号一致、进出厂日期要吻合。见图 3—1。

(二)钢　筋

1. 钢筋的分类、级别、代号、尺寸、外形及允许偏差

(1)钢筋的分类

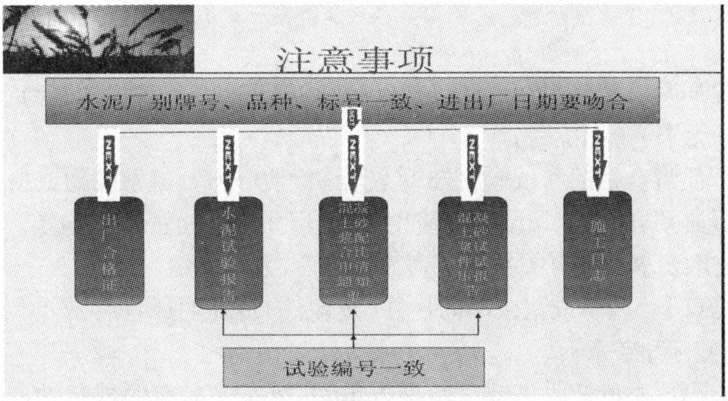

图　3—1

1)按化学成分分:热轧碳素钢和普通低合金钢。

$$\text{热扎碳素钢}\begin{cases}\text{低碳钢 } C<0.25\% \\ \text{中碳钢 } 0.25\% <C<0.6\% \\ \text{高碳钢 } C>0.6\%\end{cases}$$

低碳钢和中碳钢中具有明显的屈服点,强度低、质韧而软,称为软钢。高碳钢无明显的屈服点,强度高,质韧而硬称之为硬钢。碳素钢即低碳钢和中碳钢。

(2)按加工工艺分:

① 热轧钢筋;

② 热处理钢筋;

③ 冷拉钢筋;

④ 钢丝。

2. 钢筋的技术要求

(1)热轧圆盘条

① 牌号和化学成分

② 力学性能和工艺性能

③表面质量

(2)热轧直条光圆钢筋

① 牌号及化学成分

② 冶炼方法

③ 交货状态

④ 力学性能、工艺性能

⑤ 表面质量

(3)热轧带肋钢筋

① 牌号和化学成分

② 交货状态

③ 力学性能

④ 工艺性能

⑤ 表面质量

3. 有关规定

(1)钢筋出厂质量合格证和试验报告单应及时整理,试验单填写做到字迹清楚,项目齐全、准备、真实,且无未了事项。

(2)钢筋出厂质量合格证和试验报告单不允许涂改、伪造、随意抽撤或损毁。

(3)钢筋质量必须合格,应先试验后使用,有出厂质量合格证或试验单。需采取即使处理措施的,应满足技术要求并经有关技术负责人批准后,方可使用。

(4)合格证、试(检)验单或记录单的抄件(复印件)应注明原件存放单位,并有抄件人、抄件(复印)单位的签字和盖章。

(5)钢筋应有出厂质量证明书或试验报告单,并按有关标准的规定抽取试样作机械性能实验。进场时应按炉罐(批)号及直径分批检验,查对标志、外观检查。

(6)下列情况之一者,还必须做化学成分检验:

① 无出厂证明书或钢种钢号不明的;

② 进口钢筋;

③ 在加工过程中,发生脆断、焊接性能不良和机械性能显著不正常的。

(7)有特殊要求的,还应进行相应专项试验。

(8)集中加工的钢筋,应有由加工单位出具的出厂证明及钢筋出厂合格证和钢筋试验单的抄件。

4. 钢筋出厂质量合格证的验收和进场钢筋的外观质量检查

(1)钢筋出厂质量合格证的验收

(2)进场钢筋的外观质量检查

(3)钢筋表面氧化铁皮(铁锈)重量不大于16 kg/t。

(4)带肋钢筋表面标志清晰明了,标志包括强度级别、厂名和直径毫米数字。

5. 钢筋的取样试验

试件应从两根钢筋中截取:第一根钢筋截取一根拉力,一根冷弯,其中一根再截取化学试件一根;试件在每根钢筋距离不小于50 cm处截取;拉伸试件长度应≥标称标距+200 mm;冷弯试件长度应≥标称标距+150 mm。化学试件应分析用钢屑可采用刨取或钻取方法。刨取者应取截面的二分之一对称刨取,钻取钢屑的,其深度应达到钢材轴心处。同时还应有足够的重量。

钢筋试验报告单是判定一批钢筋材质是否合格的依据,是施工技术资料的重要组成部分,属保证项目。报告单位要求做到字迹清楚,项目齐全、准确、真实。无未了项,没有项目写“无”或划一斜杠,试验室的签字盖章齐全。如试验单某项填写错误,不允许涂抹,应在错项上划一斜杠,将正确的填写在其上方,并在此处加盖改错者印章和试验章。

6. 整理要求

(1)此部份材料归入原材料、半成品、成品出厂质量证明和质量试(检)验报告分册中。

(2)合格证折成A4大小或贴在A4纸上。

(3)各验收批钢筋合格证和试验报告,按批组合,按时间先后顺序排列并编号,不得遗漏。

(4)建立分目录表,并能对应一致。

7. 注意事项

(1)钢筋的材质证明要“双控”,各验收批钢筋出厂质量合格证和试验报告单缺一不可。材质证明与实物应物证相符。

(2)钢筋出厂质量合格证应有生产厂家质量检验部门的盖章,质量有保证的生产厂家,钢筋标牌可作为质量合格证。

(3)钢筋试验报告单中应有试验编号,便于与试验室的有关资料查证核实。试验报告单应有明确结论并签章齐全。

(4)领取试验报告后一定要验看报告中各项的实测数值是否符合规范的技术要求。冷弯应将弯曲直径和弯曲角度都要写清楚。

(5)钢筋试验不合格单后应附双倍试件复件合格试验报告单或处理报告。不合格单不允许抽撤。(即使不合格也应按要求归档,保证档案齐全)

(6)应与其他施工技术资料对应一致,交圈吻合。相关施工技术资料有:钢筋焊接试验报告、钢筋隐检单、现场预应力混凝土试验记录、现场预应力张拉施工记录、质量验收记录、施工组织设计、技术交底、洽商及竣工图等。

(三)钢结构用钢材、连接件及涂料

1. 钢结构用钢材的取样试样及试验报告

(1)普通碳素结构钢

(2)优质碳素结构钢

(3)低合金结构钢

2. 有关规定

(1)钢材出厂质量合格证和试验报告单应及时处理,试验单填写应做到字迹清楚、项目齐全、准确、真实,且无未了事项。

(2)钢材出厂质量合格证和试验报告单不允许涂改、伪造、随意抽撤或损毁。

(3)钢材质量必须合格,应先试验后使用,有出厂质量合格证或试验单。需采取技术处理措施的,应满足技术要求并经有关技术负责人批准后方可使用。

(4)合格证、试(检)验单或记录单的抄件(复印件)应注明原件存放单位,并有抄件人、抄件(复印)单位的签字和盖章。

(5)必须有质量证明书,并应符合设计文件的要求,如对钢材的质量有疑义时,必须按规范进行机械性能试验和化学成分检验,合格后方能使用。

(6)钢结构的连接件(摩擦型高强螺栓和其他螺栓及铆钉和防火涂料)应有质量证明书,并符合设计要求和国家规定的标准。

高强螺栓在安装前,按有关规定应复验所附试件的摩擦系数,合格后方可安装。

3. 整理要求

(1)此部分资料应归入原材料、半成品、成品出厂质量证明和质量试(检)验报告分册中。

(2)合格证应折成 A4 纸大小或贴杂 A4 纸上。

(3)各验收批钢材合格证和试验报告,按批组合,按时间先后顺序排列并编号,不得遗漏。

(4)建立分目录表,并能对应一致。

4. 注意事项

(1)钢材的材质证明要“双控”,各验收批钢材出厂质量合格证和试验报告单缺一不可。材质证明与实物应物证相符。

(2)钢材出厂质量合格证应有生产厂家质量检验部门的盖章,质量有保证的生产厂家,钢材标牌可作为质量合格证。

(3)钢材试验报告单应有试验编号,便于与试验室的有关资料查证核实。试验报告单应有明确结论并签章齐全。

(4)领取试验报告单后一定要验看报告中各项目的实测数值是否符合规范的技术要求。

(5)钢材试验不合格单后应附双倍试件复试合格试验报告单或处理报告。不合格单不允许抽撤。

(6)应与其他施工技术资料对应一致,交圈吻合,相关技术资料有:钢材焊接试验报告、钢筋隐检单、现场预应力混凝土试验记录、现场预应力张拉施工记录、质量评定、施工组织设计、技术交底、洽商和竣工图。

(四)焊条、焊剂和焊药

1. 有关规定

(1)焊条、焊剂和焊药应有出厂质量证明书,并应符合设计要求。

(2)焊条、焊剂和焊药需进行烘焙的应有烘焙记录

(3)焊条、焊剂和焊药的出厂质量合格证和烘焙记录应及时整理,烘焙记录填写做到字迹清晰,项目齐全、准确、真实。

(4)焊条、焊剂和焊药的出厂质量合格证和烘焙记录不允许涂改、伪造、随意抽撤或损毁。其抄件(复印件)应注明原件存放单位,并有抄件人、抄件(复印)单位的签字和盖章。

2. 焊条、焊剂和焊药出厂质量合格证的验收

3. 烘焙记录

4. 整理要求

(1)此部分资料应归入原材料、半成品、成品出厂质量证明和质量试(检)验报告分册中。

(2)合格证应折成A4大小或贴在A4纸上,并按时间先后顺序排列和编号,不得遗漏。

(3)建立分目录表,并能对应一致。

5. 注意事项

各种焊条、焊剂和焊药出厂质量合格证要及时收存,不要遗失,并要折齐贴好。

(五)砖及砌块

1. 砌墙砖定义、分类、规格尺寸和技术要求

(1)定义和分类

砌墙砖包括以黏土、工业废料或其他地方资源为主要原料,用不同工艺制成的、用于砌筑的承重和非承重墙体的墙砖。

分类:可分烧结砖和非烧结砖

(2)砌墙砖的技术要求

主要看原料、质量等级、规格、产品标记等是否达到技术要求。

2. 砌块的规格、等级及适用范围

(1)粉煤灰砌块:规格、等级、标记;

(2)普通混凝土空心砌块:规格、等级、标记;

(3)蒸压加气混凝土砌块:规格、等级、标记;

3. 有关规定

(1)砖出厂质量合格证和试验报告单及时处理,试验单填写应做到字迹清楚、项目齐全、准确、真实,且无未了事项。

(2)砖出厂质量合格证和试验报告单不允许涂改、伪造、随意抽撤或损毁。

(3)砖质量必须合格,应先试验后使用,有出厂质量合格证或试验单。需采取技术处理措施的,应满足技术要求并经有关技术负责人批准后,方可使用。

(4)合格证、试(检)验单或记录单的抄件(复印件)应注明原件存放单位,并有抄件人、抄件(复印)单位的签字和盖章。

(5)应有出厂质量证明书。

用于承重结构或对其材质有怀疑时,应进行复试(必试项目为强度等级)。

4. 砖出厂质量证明书的验收和进场的外观质量检查

(1)砖出厂质量证明书的验收

(2)进场砖的外观质量检查

5. 砖和砌块的取样试验及其试验报告

(1)取样方法及数量

(2)砖的必试项目及其合格判定

(六)砂　　石

1. 砂的定义及分类和技术要求

(1)砂的定义及分类

粒径在5 mm以下的岩石颗粒,称为天然砂,其粒径一般规定为0.15 mm～0.5 mm。

按产地不同,天然砂可分为河砂、海砂、山砂。河砂比较洁净,分布较广,一般工程上大部分采用河砂。

根据砂的细度不同,可分为粗砂(3.7～3.1)、中砂(3.0～2.3)、细砂(2.2～1.6)、特细砂(1.5～0.7)。

(2)砂的技术要求

① 颗粒级配

② 含泥量

③ 泥块含量

④ 坚固性

⑤ 有害物质含量

2. 碎(卵)石的定义分类及技术要求

(1)碎(卵)石的定义

岩石由自然条件而形成的、粒径大于5 mm的颗粒称卵石。岩石由机械加工破碎而成的,粒径大于5 mm的碎石。按使用类型有10 mm、20 mm、32 mm、40 mm。

(2)碎(卵)石的技术要求

① 颗粒级配

② 针、片状颗粒含量

③ 含泥量

④ 泥块含量

⑤ 强度

⑥ 坚固性

⑦ 有害物质含量

3. 有关规定

(1)砂、石使用前应按产地、品种、规格、批量取样进行试验,内容包括:筛分析、紧密度、表面密度、含泥量、泥块含量。

(2)用语配制有特殊要求的混凝土,还需要做相应的项目试验。

(3)砂、石质量必须合格,应先试验后使用,要有出厂质量合格证或试验单。需采取技术措施的,应满足技术要求并经有关技术负责人(签字)批准后,方可使用。

(4)合格证、试(检)验单或记录单的抄件(复印件)应注明原件存放单位,并有抄件人、抄件(复印)单位的签字和盖章

(5)砂、石应有生产厂家的出厂质量证明书,并应对其品种和出厂日期等检查验收。

(6)有下列情况之一者,必须进行复试,混凝土应重新试配:

① 用于承重结构的砂、石;

② 无出厂证明的;

③ 对砂、石质量有怀疑的;

④ 进口砂、石。

4. 注意事项

(1)砂、石及轻骨料试验报告单应有试验编号,便于与试验室的有关资料查证核实,试验报告单应有明确结论并签字盖章。

(2)领取试验报告后,一定要验看报告中各项目的实测数值是否符合相应规范的各项技术要求。

(3)试验不合格的试验单,其后应附有双倍试件复试合格试验报告单或处理报告,不合格单不允许抽撤。

(4)应与其他施工技术资料对应一致,交圈吻合,相关施工技术资料有:混凝土(砂浆)配合比申请单、通知单,混凝土(砂浆)试块试压强度报告等施工试验资料,施工记录、施工日志、检验批质量验收记录、施工组织设计(方案)、技术交底、洽商和竣工图。

(七)外 加 剂

1. 混凝土外加剂的分类、名称及定义

混凝土外加剂是指在拌制混凝土过程中掺入、用以改善混凝土性能的物质。其掺量一般不大于水泥质量的5%(特殊情况除外、防水剂、防冻剂)。

(1)分类

混凝土外加剂按分类可分为四类:

① 改善混凝土拌合物流变性能的外加剂。包括各种减水剂、引气剂和泵送剂等。

② 调节混凝土凝结时间、硬化性能的外加剂、早强剂和速凝剂等。

③ 改善混凝土耐久性的外加剂。包括引气剂、防水剂和阴锈剂等。

④ 改善混凝土其他性能的外加剂。包括加气剂、膨胀剂、防冻剂、着色剂、防水剂、泵送剂。

(2)名称及定义

这里指已实行准用管理的外加剂。主要有:普通减水气、高效减水气、早强减水气、缓凝高

效减水气、缓凝减水气、引气减水气和早强剂、缓凝剂、引气剂、防水剂、泵送剂、防冻剂、膨胀剂、速凝剂。

2. 混凝土外加剂的代表批量

(1)可依据《混凝土外加剂》GB8076—1997 试验的混凝土外加剂:掺量在于 1%（含 1%）的同品种外加剂每一编号为 100 t,掺量小于 1% 的外加剂每一编号为 50 t,不足 100 t 或 50 t 的也可按一个批量计,同一编号的产品必须从不少于三个点取等量样品混合均匀。取样数量不少于 0.5 t 水泥所需量。

(2)防水剂

(3)泵送剂

(4)防冻剂

(5)膨胀剂

(6)喷射用速凝剂

3. 建筑结构工程(含现浇混凝土和预制混凝土构件)用的混凝土外加剂现场复试项目(必试项目)

4. 有关规定

(1)凡在各地区施工的各建设工程必须使用持有《建筑材料使用认证书》表上注明的防冻剂,严禁使用未经认证和产品包装未加贴防伪认证标志的防冻剂产品。

(2)外加剂必须有生产厂家的质量证明书。内容包括:厂名、品种、包装、质量(重量)、出厂日期、性能和使用说明。使用前应进行性能的试验。

(3)外加剂出厂质量合格证和试验报告单应及时整理,试验单填写做到字迹清楚,项目齐全、准确、真实且无未了事项。

(4)外加剂出厂质量合格证和试验报告单不允许涂改、伪造、

随意抽撤或损毁。

(5)外加剂质量必须合格,应先试验后使用,要有出厂质量合格证或试验单。需采取技术处理措施的,应满足技术要求并应经有关技术负责人批准(签字)后方可使用。

(6)合格证、试(检)验单或记录单的抄件(复印件)应注明原件存放单位,并有抄件人、抄件(复印)单位的铅字和盖章。

5. 外加剂出厂质量合格证的验收和进场产品的外观检查

(1)外加剂出厂质量合格证的验收和进场产品的外观检查

外加剂进场必须有生产厂家的质量证明书。其中:厂名、产品名称及型号、包装(质)重量、出厂日期、主要特性及成分、适用范围及适宜掺量、性能检验合格证(匀质性指标及掺外加剂混凝土性能指标)、贮存条件及有效期、使用方法及注意事项等要填写清楚、准确、完整、应随附《建筑材料使用认证证书》复印件。确认外加剂产品与质量合格证物相符合,摘取一份防伪认证标志,附贴于产品出厂质量合格证上,归档保存。

(2)进场产品的外观检查

进场产品的外观检查首先是确认防伪认证标志,然后对照产品出厂质量合格证明书检查产品的包装、检查有无受潮变质、超过有效限期并抽测质(重)量。

6. 外加剂的试验及试验报告

(1)试验项目及其所需试件的制作和数量

(2)外加剂试验报告的内容、填制方法和要求

7. 注意事项

(1)外加剂出厂质量合格证应有生产厂家质量部门的盖章,防冻剂必须有防伪认证标志。

(2)外加剂试验报告应由相应资质等级的建筑试验室签发。

(3)外加剂的使用应在其有效期内,查对产品出厂合格证和混凝土、砂浆施工试验资料及施工日志可知是否超期。

(4)外加剂试验报告单中应有试验编号,以便与试验室的有关资料查证核实。试验报告单应有明确结论并签章齐全。

(5)领取试验报告后一定要验看报告中各项目的实测数值是否符合规范的技术要求。

(6)外加剂试验不合格单后应附双倍试样复试合格试验报告单或处理报告。不合格单不允许抽撤。

(7)外加剂资料应与其他施工技术资料对应一致,交圈吻合,相关施工技术资料有混凝土、砌筑砂浆的配合比申请单、通知单和试样试压报告单、施工记录、施工日志、预检记录、隐检记录、检验批质量验收记录、施工组织设计(方案)、技术交底和洽商记录。

(八)防水材料

1. 防水材料分类

(1)合成高分子防水卷材

(2)防水涂料

(3)防水密封材料

2. 有关规定

(1)油毡应有出厂质量证明书,内容包括品种、标号等各项技术指标,并应抽样检验,检验内容为不透水性、拉力、柔度和耐热度。

(2)沥青:在使用前应进行试验,试验的内容为针入度、软化点和延度。在配制玛蹄脂或直接使用普通石油沥青时,均应按规范要求做耐热度、粘结力、柔韧性三项试验。玛蹄脂或两种不同标号沥青混用时,还应有试配单。

(3)其他防水材料:必须有《使用认证书》和进场复试报告单。

(4)凡在各地区施工的建筑防水工程(含新建、扩建、改建、维修),必须采用持有《建筑材料使用认证书》的防水材料。

(5)认证产品须在产品出厂合格证和外包装上加贴各地区建筑防水材料使用认证防伪标志,各施工单位不得采购和使用无防伪认证标志的产品。

(6)凡属新开发、尚在试用的防水材料和国外进口材料暂不予认证。施工单位使用新材料和国外进口材料,须经市建材产品质量监督检验站检验合格,并报市建委科技处审批。在使用前必须编制专门的施工工艺操作规程和有代表性的抽样试验记录。

(7)执行使用认证技术指标的防水材料品种,今后如国家标准或行业标准颁布,并且其主要指标高于使用认证技术指标的,自生效之日起,其认证、复查和施工单位复试按国家标准或行业标准进行。

(8)施工单位在对防水材料复试中发现已经认证的产品达不到国家标准、行业标准或使用认证技术指标的,除不准使用外,应向市建材行管办市场管理处和市建筑材料质量监督检验站举报。

(9)防水材料出厂质量合格证和试验报告单应及时整理,试验单填写做到字迹清楚,项目齐全、准确、真实,且无未了项

(10)防水材料出厂质量合格证和试验报告单不允许涂改、伪造、随意抽撤或损毁。

(11)防水材料质量必须合格,应先试验后使用,有出厂质量合格证或试验单。需采取技术处理措施的,应满足技术要求并经有关技术负责人批准后,方可使用。

(12)合格证、试(检)验单或记录单的抄件(复印件)应注明原件存放单位,并有抄件人、抄件(复印)单位的铅字和盖章。

(13)防水材料进场后应进行外观检查,合格后按规定取样复试,并实行有见证取样和送检。

3. 防水材料出厂质量合格证检验方法、要求及进场防水材料的外观检查

(1)防水材料出厂质量合格证的检验及要求

(2)进场防水材料的外观检查

4. 防水材料的取样实验及试验报告

(1)防水材料的取样试验及试验数量

(2)防水材料的必试项目

(3)防水材料的合格判定

5. 整理要求

(1)此部分资料应归入原材料、半成品、成品出厂质量试(检)验报告分册。

(2)合格证应折成 A4 纸大小,或贴在 16 开纸上。

(3)各验收批防水材料合格证和试验报告,按批组合,按时间先后顺序排列并编号,不得遗漏。

(4)建立分目录表,并能对应一致。

6. 注意事项

(1)防水材料实行备案管理制度,各种防水材料的使用必须其生产厂家的名录在互联网上社会公布,每月刷新一次。建筑工程使用的防水剪裁应从已备案的生产厂及品种中选用。

(2)防水材料实行见证取样制度。单位工程见证取样批次应不少于该工程防水材料总试验批的 30% 且不得少于 2 次。

见证取样记录表一式 3 份,试验委托方、见证方、试验室各执一份存档。

(3)工程选用的防水材料应有市建材质量监督检验站(盖供货方红章有效)报告单、厂方质检报告或合格证及现场抽样试验报告单作为工程资料归档。

(4)防水材料进场后要按规定标准抽验外观质量、卷材厚度(卷重),外观合格方可抽样送试。送试时应携市建材质量监督检验站报告单、厂方质检报告单及使用说明书交试验室验看,属见证取样试验的应交见证记录表。无包装、标识的产品禁止进场。

(5)施工单位应有施工资质等级证书、营业执照、施工许可证和操作者上岗证,需加盖红章(使用沥青马蹄脂作为粘结材料,应有配合比通知单和试验报告)。

(6)领取防水材质报告单一定要验看各项目的实测数值是否符合规范的技术要求。

(7)防水材料不合格报告单后应附双倍试件复试合格试验报告单或处理报告,不合格单不允许抽撤。

(8)严格或禁止溶剂型防水涂料(含苯〈包括工业苯、石油苯、重质苯、不含二甲苯〉的涂

料、稀释剂和溶剂)在防水工程上的使用。

(9)防水材料材质证明资料应与其他技术资料对应一致,交圈吻合。相关施工技术资料有:施工日志(防水施工)、施工组织设计(方案)、技术交底、洽商记录、隐检记录、交接检查记录、地下工程防水效果检查记录、防水工程试水检查记录、检验批质量验收记录等。

(九)预制混凝土构件

1. 预制混凝土构件的分类和质量要求

(1)可根据地区构件的使用功能、构造特点及其生产工艺,预制混凝土构件划分。

(2)质量标准包括:“基本要求”、“内外缺陷质量要求”和“规格尺寸允许偏差”三部分。

2. 有关规定

(1)预制混凝土构件应有出厂合格证,国家实行产品许可证的(预应力短向圆孔板、预应力长向圆孔板、大型屋面板),应按规定有产品许可证编号。

(2)预制混凝土构件的出厂合格证应及时收集、整理,不允许涂改、伪造、随意抽撤或损毁。

(3)预制混凝土构件的质量必须合格,如需采取技术处理措施的,应满足有关技术要求,并经有关技术负责人和设计人批准签认后,方可使用。

(4)预制混凝土构件合格证的抄件(复印件)应注明原件存放单位,并有抄件人、抄件(复印)单位的铅字和盖章。

3. 预制混凝土构件出厂合格证的验收和进场预制混凝土构件的外观、实测检查

4. 整理要求

(1)此部分资料应归入原材料、半成品、成品出厂质量证明和质量试(检)验报告分册中。

(2)合格证应折成A4纸大小或贴在A4纸上。

(3)合格证应按时间先后顺序片列并编号,不得遗漏。

(4)建立分目录表,不得遗漏。

5. 注意事项

(1)预制混凝土构件出厂合格证应有生产厂家质检部分的盖章。

(2)预制混凝土构件出厂合格证应有合格证编号和生产日期,便于和构件厂的有关资料查证核实。

(3)要验看合格证中各项目数据是否符合规范规定值。

(4)如预制混凝土构件有质量问题,经有关技术负责人和设计人批准签认后采取技术措施的,应在合格证上注明使用的工程项目和部位。

(5)预制混凝土构件合格证应与实际所用预制混凝土构件物证吻合、批次对应。

(6)预制混凝土构件合格证应与其他施工技术资料对应一致,交圈吻合。相关施工技术资料有:施工试验记录、施工记录、施工日志、隐检记录、预检记录、施工组织设计、技术交底、检验质量验收记录、设计变更、洽商记录和竣工图。

(十)新材料、新产品

1. 新材料、新产品的鉴定证明

2. 新材料、新产品的质量标准、使用说明和工艺要求

3. 新材料、新产品的检验记录

4. 整理方法

(1)此部分资料应归入原材料、半成品、成品出厂质量证明和质量试(检)验报告分册中。

(2)资料应折成 A4 纸大小

(3)要排序编号,列分目录与之对应。

5. 注意事项

各项资料务必收集齐全,保存完整。

(十一)其他材料

1. 掺合料

2. 保温、吸声材料

3. 门窗

4. 轻质隔墙材料

5. 幕墙

以上材料和试验报告单的整理同上,一并归档。

二、施工试验记录

施工试验记录是根据设计要求和规范规定进行试验,记录原始数据和计算结果(试验单位应向单位提供电子版试验数据),并得出试验结论的资料统称。

1. 回填土

(1)回填土包括素土、灰土、砂和砂石地基、粉煤灰地基的夯实填方,还包括桩基、基坑、基槽、管沟的回填夯实以及其他回填夯实。

(2)压实填土的质量以压实系数 λ_c 控制。

(3)回填土的取样

回填土必须分层夯压密实,并分段、分层(步)取样做干密度试验。施工试验资料主要是取样平面位置图和回填土干密度试验报告以及回填土的土工击实验。

① 取样数量;

② 取样方法。

(4)回填土试验报告

① 土工击实试验报告;

② 素土、灰土、砂或级配砂石回填土的控制干密度是否符合标准;

③ 合格判定;

④ 收验、存档。

(5)注意事项

① 应按照规范要求绘制回填土取点平面与剖面示意图。图上应标明重要控制轴线、尺寸及分段、分层(步)取样、指北针方向等。现场取样步数、点数须与试验报告各步、点一一对应,并注明回填土的起止标高。

② 取样数量不应少于规定点数。

③ 回填各层夯压实后取样,不按虚铺厚度计算回填土的层数。

④ 砂和砂石不能用做表层回填土,故回填表层应回填素土或灰土。

⑤ 回填土的种类、取样(注:按现场施工部位、工序、时间不同分别进行)、试验时间应与其他资料交圈吻合。相关资料有地质堪察报告、地基验槽检查记录及隐蔽工程检查记录、施工记

录、预检记录、施工日志、设计变更/洽商记录、检验批质量验收记录等。

⑥ 整理要求。应将全部取样平面位置图和回填土干密度试验报告按时先后顺序装订在一起，编号。建立分目录并使之相对应，装订顺序为：

① 分目录表。

② 土工击实试验报告。

③ 取样平面位置图及剖面图。

④ 回填土干密度试验报告。

2. 砌筑砂浆

砌筑砂浆是指砖石砌体所用的水泥砂浆和水泥混合砂浆。

(1)试配申请和配合比通知单

① 砌筑砂浆的原材料要求

② 砂浆配合比申请单

(2)砂浆试样、留置、养护及抗压试验报告

① 试样留置、取样

② 养护

③ 砂浆抗压强度试验报告

领取试压报告时，应看试验报告中是否字迹清晰、无涂改，签章齐全，结论明确，试压日期与要求试压日期是否符合。同组试块抗压强度的离散性和达到设计强度的百分数是否符合规范要求合格则存档，否则应通知有关部门和单位进行处理或更正后再归档保存。

(3)砂浆试块强度、统计评定记录表

(4)注意事项

① 原材料材质报告、试配单、试块试压报告及实际用料要物证吻合，各单据与施工日志中日期、代表数量一致。

② 按规定每组应留置 6 块试块，砂浆标养试块龄期 28 d 要准，非标养试块养护要做测温记录。

③ 工程中各品种、各强度等级的砌筑砂浆都要按规范要求留置试块，不得少留或漏留。

④ 不得随意用水泥砂浆代替水泥混合砂浆。如有代换，必须有代换洽商手续。

⑤ 单位工程的砂浆强度要进行统计评定。按同一品种、强度等级、配比分别进行评定。单位工程中同批仅有一组试块时，也要进行强度评定。

⑥ 承重结构的砌筑砂浆试块，应按规定实行有见证取样和送检。

⑦ 拿到试验报告后，应检查报告单上各项目是否齐全，所有子项必须填写清楚、具体、不空项。

⑧ 应按照施工图纸要求，检查砂浆配合比及砂浆强度报告中砂浆种类、强度等级与使用的原材料种类、试验编号对应其原材料试验报告、配合比通知单及砂浆强度报告中相应项目是否相吻合，试件成型日期、实际龄期、养护方法、组数、试验结果及结论是否符合设计要求和施工规范规定：准确、真实、无未了项，试验室签字盖章是否齐全，检查试验编号、委托编号是否填写。

⑨ 检查试验数据是否达到规范规定标准值；若发现问题应及时取双倍试样做复试并报有关部门处理，并将复试合格单和处理结论附于此单后一并存档。

(5)整理要求

① 砌筑砂浆的施工资料包括;

a. 砂浆配合比申请单、通知单;

b. 砂浆抗压强度试验报告;

c. 砌筑砂浆试块强度统计、评定记录。

② 应将上述各种施工试验资料分类,按时间先后顺序收集在一起,不能有遗漏,并编号建立分目录使之相对应。

3. 混凝土

(1)配合比申请单和配合比通知单

凡工程结构用混凝土应有配合比申请单和试验室签发的配合比通知单。施工中如主要材料有变化,应重新申请试配。将形成以下资料:

① 混凝土配合比申请单;

② 混凝土配合比通知单。

(2)混凝土试块的留置、养护及抗压强度试验报告有:

① 普通混凝土、高强度混凝土

② 轻集料混凝

③ 施工现场为了检查结构拆模、吊装及施工期间临时负荷的需要应留置与结构同条件养护的试块,每项同条件养护试块不得少于1组。

④ 构件厂为了检查预制构件的拆模、出池、张拉、放张及出厂等需要,应留置与构件同条件养护的试块,不同养护条件的试块的组数(蒸汽养护池应每池有试块)不得少于一组,并应留有备用试块。

⑤ 用于检查结构构件混凝土质量的试块,应在混凝土的浇灌地点随机取样制作,并以标准养护28 d强度为评定依据。

⑥ 冬期施工的混凝土试件的留置除应符合有关规定外,尚应增设不少于两组与结构同条件养护的试件,分别用于检查受冻前的混凝土强度和转入常温养护28 d的混凝土强度。

⑦ 试样要有代表性,应在搅拌后第3盘至结束前30 min之间取样。

⑧ 每组试件(包括相对应的同条件试块及冬施增设的试块)的试样必须取自同一次搅拌的混凝土拌合物。

⑨ 混凝土试件的标准养护:采用标准养护的试块成型后应覆盖表面,以防止水分蒸发,并应在温度为20±5 ℃情况下静置一昼夜至二昼夜,然后编号拆模。拆模后的试块应立即放在温度为20±2 ℃,湿度为95%以上的标准养护室中养护。在标准养护室内,试块应放在架上彼此间隔为10－20 ram,并应避免用水直接冲淋试块,在无标准养护室时,混凝土试块可在温度为20±2 ℃的不流动水中养护。水的pH值不应小于7。同条件养护的试块成型后应覆盖表面,试件的拆模时间与标养试块相同,拆模后,试块仍需与结构或构件同条件养护。

注意:蒸汽养护的混凝土结构和构件,其试块应随同结构和构件养护后,再转入标准条件下养护共28 d。

混凝土试块拆模后,不仅要编号,而且各试块上要写清混凝土强度等级、代表的工程部位和制作日期。

混凝土标养试块要有测温、湿度记录,同条件养护试块应有测温记录。

⑩ 混凝土试件的制作：

a. 混凝土试件应用标准钢模制作。

b. 作为评定结构构件混凝土强度质量的试件，应在混凝土的浇筑地点随机取样制作，但1组试件必须取自同一次（盘）拌制的。

c. 实际施工中允许采用的混凝土立方体试件的最小尺寸应根据骨料的最大粒径确定，当采用非标准尺寸试件时，应将其抗压强度值乘以折算系数，换算为标准尺寸试件的抗压强度值。允许的试件最小尺寸及其强度折算系数应符合表3—90的规定。

⑪混凝土抗压强度试验报告。

(3)试块强度统计、评定记录：

① 混凝土试件强度检验评定方法；

② 混凝土试件强度统计、评定记录

(4)预拌混凝土：

① 预拌（商品）混凝土应有预拌厂出厂合格证及有关资料，并以现场取样试件的抗压强度作为评定混凝土强度的依据。

② 预拌（商品）混凝土出厂合格证要字迹清晰、项目齐全，签字盖章后为有效。

③ 当采用预拌混凝土时，应在商定的交货地点进行坍落度检查，实测的混凝土坍落度与要求坍落度之间的允许偏差应符合有关的规定。

④ 预拌混凝土供应单位必须向施工单位提供以下资料：

a. 配合比通知单；

b. 预拌混凝土运输单；

c. 预拌混凝土出厂合格证(32 d内提供)；

d. 混凝土氯化物和碱总量计算书。

⑤ 预拌混凝土供应单位除向施工单位提供上述资料外，还应保证以下资料的可追溯性：试配记录、水泥出厂合格证和试（检）验报告、砂和碎（卵）石试验报告、开盘鉴定、混凝土抗压强度报告（出厂检验混凝土强度值应填入预拌混凝土出厂合格证）、抗渗试验报告（试验结果应填入预拌混凝土出厂合格证）、混凝土坍落度测试记录（搅拌站测试记录）和原材料有害物含量检测报告等。

⑥ 施工单位应形成以下资料：

a. 混凝土浇灌申请书；

b. 混凝土抗压强度报告；

c. 抗渗试验报告；

d. 混凝土强度统计、评定记录。

(5)防水混凝土

防水混凝土是指本身具有一定防水能力的整体或混凝土或钢筋混凝土。防水混凝土包括普通防水混凝土和掺外加剂的防水混凝土。

① 防水混凝土所用材料的要求；

② 防水混凝土配合比的要求；

③ 防水混凝土的试配申请和配合比通知书；

④ 防水混凝土试验取样和试件留置及养护；

⑤ 防水混凝土试验结果评定。

(6)注意事项

① 混凝土要做试配,不得采用经验配合比。

② 混凝土配合比应为重量比,不得按体积比。

③ 要按规定留置混凝土试件,标养 28 d 试件不允许少、漏留。

④ 作为评定混凝土强度的试件,必须是标准养护 28 d 的试件。

⑤ 现场标养试件要有测温、湿度记录,同条件养护试件应有测温记录。

⑥ 试件取样要具有代表性,不得“开小灶”。

⑦ 试件制作应符合要求,并做制作记录。

⑧ 试件上要写明制作日期、强度等级和代表工程部位,以免造成混乱。

⑨ 非标准试件应进行折算,每组试件的代表值取值要符合要求。

⑩ 预拌(商品)混凝土不仅要有出厂合格证明,而且要在现场浇注地点取标 28 d 试件,做为强度评定依据。

⑪ 防水混凝土既要有强度试验报告,又要有抗渗试验报告。

⑫ 混凝土试验资料要与现场实物物证相符。

⑬ 混凝土强度要按单位工程进行汇总、统计、评定。

⑭ 混凝土标养试件抗压强度评定不合格,应及时做检测和处理。

⑮ 冬期施工时应按规定留置混凝土试块,包括:28 d 标养试块、同条结构实体混凝土试块、临界强度试块和转常温试块。

⑯ 冬期施工应做好测温记录,包括:混凝土搅拌测温记录和混凝土养护测温记录。

⑰ 混凝土试验资料应交圈,并与其他施工技术资料对应一致,相关技术资料有:

a. 原材料、半成品、成品出厂质量证明和试(检)验报告;

b. 施工记录;

c. 施工日志;

d. 预检记录;

e. 隐检记录;

f. 基础、结构验收记录;

g. 施工组织设计和技术交底;

h. 施工质量验收记录;

i. 设计变更,洽商记录;

j. 竣工图。

(7)钢筋接头(连接)

① 钢筋接头(连接)方式、类型;

② 钢筋连接试验管理方面的要求;

③ 焊接钢筋试件的取样方法和数量;

④ 焊接钢筋必试项目;

⑤ 钢筋机械连接接头的检验形式;

⑥ 钢筋机械连接的取样方法和数量

⑦ 钢筋机械连接工艺检验和现场检验必试项目及试验方法

⑧ 钢筋机械连接接头的现场检查与验收；

⑨ 钢筋连接试验资料的整理

a. 钢材连（焊）接试验报告；

b. 钢结构焊接、焊裂超声波或X射线探伤检验报告；

c. 钢材连（焊）接试验（检）报告应装订在一起，按时间顺序编写并要有子目录，与其他施工试验资料装订成一册。

三、施工记录

施工记录主要是对工程重要和特殊部位的施工情况记录及工程发生异常情况或以意外事故的记载。施工记录要及时、全面、准确、真实且有建设单位的签认。重要结构或有特殊要求的工程，施工记录要有设计人的签字。施工记录时效性较强，一般不允许后补，施工记录原则上应为原始记录，若污损严重可以誊写，但要与原件一致，并注明原件存放处和抄写人。施工记录应分类整理，排序编号装订成一个分册，建立分目录。装订顺序为：

（1）封面；

（2）分目录表；

（3）依据施工先后排列各类施工记录；

（4）封底。

1. 地基处理记录

地基处理是指地基不能满足设计要求时对地基的补强处理。地基处理记录一般包括地基处理方案、地基处理的施工试验记录、地基处理检查记录。处理结果应符合加固的原理、技术要求、质量标准等，并产生以下资料。

（1）地基处理方案；

（2）地基处理的施工试验记录；

（3）地基处理检查记录。

2. 地基钎探记录及钎探平面布置图

主要作用是为了检查地基持力土层是否均匀一致，有无局部过软、过硬之处，并可以测算持力土层的承载力，做为参考。地基钎探必须做记录，钎探记录主要包括：

（1）钎探点平面布置图；

（2）钎探记录。

3. 桩基施工记录

桩基主要包括预制桩和现制桩。桩基应按规定认真做好施工记录。施工记录由分包单位承担桩基施工，完工后应将记录移交给总包单位。

（1）钢筋混凝土预制桩基施工记录

① 现场预制桩的检查验收资料

a. 审批、制作、运输、堆放；

b. 现场预制桩的检查记录；

c. 验收。

② 试桩或试验记录；

③ 桩施工记录；

④ 补桩记录。

(2)钢筋混凝土灌注桩的施工记录

灌注桩是就地成孔后,放入钢筋,再浇筑混凝土而成。同时分钻灌注桩、爆扩灌注桩、冲击灌注桩、捣实灌注桩。

灌注桩施工记录包括:桩位放线图,灌注桩的施工记录,桩的检查试验资料,桩位竣工平面图。

4. 承重结构及防水混凝土的开盘鉴定及浇灌申请记录

承重结构的混凝土、防水混凝土和有特殊要求的混凝土都应有开盘鉴定及浇灌申请记录如:

(1)混凝土的开盘鉴定

(2)混凝土浇灌申请

5. 现场预制混凝土构件施工记录资料:

(1)施工现场加工钢筋混凝土预制构件报审表。

(2)施工方案和技术交底。

(3)原材料、钢筋隐检、混凝土配合比及混凝土强度试验资料。

(4)质量检查资料。

6. 质量事故处理记录

质量事故处理记录主要包括:质量事故报告、处理方案、实施记录。

(1)质量事故报告

工程名称、事故部位、事故性质要写具体、清楚。应预计损失费用,要写清数量、金额。建筑工程重大质量事故的划定如下:

① 建筑物、构筑物或其主要结构倒塌;

② 超过规范规定的基础不均匀下沉,建筑物倾斜、结构开裂和主体结构强度严重不足等影响安全和建筑寿命,造成不可不救的永久性缺陷;

③ 影响设备及其响应系统的使用功能,造成永久性缺陷;

④ 一次返工损失在1 000元以上的质量事故(包括返工损失的全部工程价款)

(2)处理方案

工程质量事故处理方案应由设计单位出具或签认,并报质量监督部门审查签认后方可实施。

(3)实施记录

实施记录既是依照处理方案对工程事故部位进行处理的施工记录,记录必须详细、准确、真实,并要有建设单位的签认。

工程质量事故处理记录,是工程技术资料的重要部分,要妥善保存好,任何人不得随意抽撤或销毁。

7. 混凝土施工测温、养护记录有:

(1)混凝土冬期施工测温记录;

(2)混凝土冬期施工养护记录。

8. 构件吊装

(1)吊装记录;

(2)大型钢架网架结构制作及安装记录；

(3)钢结构工程竣工验收记录；

(4)高强度螺栓的检查试验记录。

四、预检记录

预检是在自检的基础上由质量检查员对某分项工程进行把关检查,将工作中的偏差检查出来,加以认真解决。预检是防止质量事故发生的有效途径。预检合格后方可进行下道工序施工。

1. 建筑物定位和高成的引进资料

(1)建筑物的定位放线。

(2)现场标准水准点。

(3)坐标点法。

(4)有关测量的规定。

(5)工程定位测量记录。

(6)注意事项：

① 标高引进要以规划部门指定的基准桩为准,不得任意借用相邻建筑物标高；

② 定位放线要以规划部门指定的基线为准；

③ 要绘制定位放线和标高引起平面示意图,图中注明基准轴线桩的位置和各点高成。

2. 基槽验线

(1)内容。根据主控轴线、基底平面图、地基基础施工方案,检验建筑物基底外轮廓线、集水坑、电梯井坑、垫层标高(高程)、基槽断面尺寸和坡度等。

(2)方法。

(3)基槽验线记录。

3. 模板工程

(1)预检内容。

(2)对照模板设计图,检查模板的几何尺寸、轴线、标高、预埋件的位置。

① 检查模板支设牢固性、稳定性；

② 检查清扫口、浇注口的留置位置,混凝土施工缝的留置是否符合要求,模内的残渣杂物的清理工作；

③ 检查模板的脱模剂刷情况、止水要求等；

④ 模板节点做法,放样检查。

(2)模板预检记录。

(3)要求：模板预检应分层、分施工段、分部位进行。

(4)模板检查(预检记录)情况。

4. 设备基础的预检

设备基础的预检是保证设备安装精度的前提,主要检查设备基础位置、标高、几何尺寸,预留孔预埋件等。

五、隐检记录

隐检是指对隐藏工程在隐藏前进行的检查。隐藏记录是工程内在质量好坏的依据。把好隐藏工程验收检查关是保证工程质量的重要措施，因此必须认真做好隐检工作。隐检工程检查应分专业、分系统（机电工程）、分区段、分部位、分工序、分层进行。隐藏工程未经检查或验收未通过，不充许进行下道工序的施工。

隐检中如发现质量问题，施工单位应会同设计单位、建设单位协商解决。并认真做好复检问题。隐检工作是自检合格基础上由专业技术负责人、专业质检员、专业工长组织建设（监理）单位代表参加的共同对隐藏工程隐藏前检查。地基验槽和地基处理记录还应有勘察和设计单位参加，地基验槽记录应有各参加单位盖章签字。

1. 地基验槽检查记录

(1)地基验槽的目的；

(2)地基验槽内容；

(3)地基验槽检查；

(4)基槽检验标准；

(5)地基验槽检查记录表。

2. 地基验槽检查资料

(1)地质勘探报告；

(2)钎探记录；

(3)地基处理记录；

(4)基槽复验记录。

3. 地基处理复试记录

(1)地基处理方案；

(2)地基处理记录。

六、分部(子分部)工程验收

1. 地基基础工程施工质量验收

(1)分项工程、分部（子分部）工程质量的验收，均应在施工单位自检合格的基础进行。施工单位确认自检合格后提出工程验收申请，工程验收时应提供下列技术文件记录：

① 原材料的质量合格证和质量鉴定文件。

② 半成品如预制桩、钢桩、钢筋笼等产品合格证书。

③ 施工记录及隐蔽工程验收文件。

④ 检测试验及见证取样文件。

⑤ 其他必须提供的文件或记录。

(2)对隐蔽工程应进行中间验收。

(3)分部（子分部）工程验收应由总监理工程师或建设单位项目负责人组织勘察、设计单位及施工单位的项目负责人、技术负责人，共同按设计要求和《建筑地基基础工程施工质量验收规范》(GB 50202—2002)及其他有关规定进行。

(4)验收工作应按下列规定进行：

① 分项工程的质量验收应分别按主控项目和一般项目验收。

② 隐蔽工程应在施工单位自检合格后，于隐蔽前通知有关人员检查验收，并形成中间验收文件。

③ 分部(子分部)工程的验收，应在分项工程通过验收的基础上，对必要的部位进行见证检验。

(5) 主控项目必须符合验收标准规定，发现问题应立即处理直至符合要求，一般项目应有80% 合格。混凝土试件强度评定不合格或试件的代表性有怀疑时，应采用钻芯取样检测结果符合设计要求可按合格验收。

2. 地下防水工程质量验收资料

(1) 地下防水工程施工应按工序或分项进行验收，构成分项工程的各检验批应符合相应质量标准的规定。

(2) 地下防水工程验收文件和记录应按照“地下防水工程验收的文件和记录表”要求进行收集。见表3—3。

表3—3　地下防水工程验收的文件和记录表

序　号	项　目	内　容
1	技术交底	设计图及会审记录、设计变更通知单和材料代用核定单
2	施工方案	施工方法、技术措施、保证质量措施
3	技术交底	施工操作要求及注意事项
4	材料质量证明文件	出厂合格证、产品质量检验报告、试验报告
5	中间检查记录	分项工程质量验收记录、隐蔽工程检查验收记录、施工检验记录
6	施工日志	逐日施工情况
7	混凝土、砂浆	试配及施工配合比，混凝土抗压、抗渗试验报告
8	施工单位资质证明	资质复印证件
9	工程检验记录	抽样质量检验及观察检查
10	其他技术资料	事故处理报告、技术总结

(3) 地基基础工程各子分部工程与分项工程表。

七、基础、结构验收记录

(1) 基础、主体结构工程验收程序

单位工程进入地上主体结构施工或装修前应进行基础和主体工程质量验收。基础程序如下：

① 由相当于施工队一级的技术负责人组织分部工程质量评定；

② 由施工企业技术和质量部门组织质量核定；

③ 由建设单位、施工单位和设计结构负责人共同对基础、主体结构工程进行验收签证；

④ 报请当地质量监督部门进行核定签认。

(2) 基础、主体结构工程验收内容

① 观感质量检查的主要内容；

② 技术资料的核查；

③ 验收中问题的处理；

④ 验收时应注意的问题：地基与基础、主体结构验收必须有参加单位的公章。

八、施工组织设计

（1）施工组织设计的分类和内容

施工组织设计根据设计阶段和编制对象大致可分为三类：既施工组织总设计、单位工程施工组织设计和分部、分项工程施工设计（也叫分部分项施工方案）。

① 施工组织总设计；

② 单位工程施工组织设计；

③ 分部分项工程施工设计。

（2）编制施工组织设计的依据和基本原则。

（3）单位工程施工组织设计编制的程序。

（4）编制施工组织设计的基本要求。

（5）单位工程施工组织设计的基本内容。

（6）施工组织设计的审批与交底。

九、技术交底记录

技术交底包括设计交底、施工组织设计交底和主要分项工程施工技术交底。各项交底应有文字记录，交底的双方应有签认手续。

十、设计变更、洽商记录

设计变更、洽商记录是设计单位、建设单位、施工单位协商解决施工过程中随时发生问题的文件记载，其目的是弥补施工中的设计不足。其形式可分为设计变更洽商和经济洽商。经济洽商、主体部位变更洽商、结构洽商、改变原设计工艺的洽商等。

设计变更洽商是发生在设计单位、建设单位、施工单位三方的，必须三方签字。经济洽商发生在建设单位、施工单位之间，由建设单位、施工单位双方签字，要求签字必须齐全。

十一、工程施工质量验收记录

国家项目建筑工程施工质量验收统一标准（参见 GB 50300—2001）

（1）总则；

（2）术语；

（3）基本规定；

（4）建筑工程质量验收的划分；

（5）建筑工程质量验收；

（6）建筑工程质量验收程序和组织。

十二、施工现场质量管理检查记录表

施工现场质量管理检查记录表是健全的质量管理体系的具体要求。一般一个标段或一个单位（子单位）工程检查一次，在开工前检查，由施工单位现场负责人填写，由监理单位的总监理工程师(建设单位项目负责人)验收。

(1)表头部分。填写参与工程建设各方责任主体的概况。由施工单位的现场负责人填写。工程名称栏,应填写工程名称的全称。

(2)检查项目部分。

(3)检查项目填写内容。

十三、检验批质量验收记录表

检验批由监理工程师或建设单位项目技术负责人组织项目专业质量检查员等进行验收。

检验批表格的编号按全部施工质量验收规范系列的分部工程、子分部工程统一为8位数的数码编号,写在表的右上角,前6数字均印在表上,后留2个空格,检查验收时填写检验批的顺序号。其编号规则为:

前边2个数字是分部工程的代码,01~09。地基与基础为01,主体结构为02,建筑装饰装修为03,建筑层面为04,建筑给排水及采暖为05,建筑电气为06,智能建筑为07,通风与空调为08,电梯为09。

第3、4位数字是子分部工程的代码。

第5、6位数字是分项工程的代码。

其顺序号见GB 50300—2001附录B,表B.0.1—建筑工程分部(子分部)、分项工程划分。

第7、8位数字是各分项工程检验批验收的顺序号。如:检验批表号为010101,那么第一检验批编号为0101 [0][1]。

十四、分项工程质量验收记录表

分项工程验收由监理工程师组织项目专业技术负责人等进行验收。分项工程是在检验批验收合格的基础上进行,通常起一个归纳整理作用,是一个统计表,没有实质性验收内容。只要注意三点就可以了,一是检验批是否将整个工程覆盖了,有没有漏掉的部位;二是检查有混凝土、砂浆强度要求的检验批,到龄期后能否达到规范规定;三是将检验批的资料统一。依次进行登记整理,方便管理。

十五、分部(子分部)工程验收记录表

分部(子分部)工程的验收,是质量控制的一个重点,由于单位工程数量的增大、复杂程序的增加,专业施工单位的增多,为了分清责任,及时整修等,分部(子部分)工程的验收就显得较重要,以往一些单位工程验收的内容,移到了分部(子分部)工程。除了分项工程的核查外,还有质量控制资料核查;安全、功能项目的检测;观感质量的验收等。

分部(子分部)工程应由施工单位将自行检查评定合格的表填写好后,由项目经理交监理单位或建设单位验收。由总监理工程师组织施工项目经理及有关勘察(地基与基础部分)、设计(地基与基础及主体结构等)单位项目负责人进行验收,并按表的要求进行记录。

十六、单位(子单位)工程质量竣工验收记录表

单位(子单位)工程质量验收由五部分内容组成,每一项内容都有自己的专门验收记录表,而单位(子单位)工程质量验收表(GB 50300—2001表G0.1.1)是一个综合性的表,是各项

目验收合格后填写的。

单位(子单位)工程由建设单位(项目)负责人组织施工(含分包单位)、设计单位、监理等单位(项目)负责人进行验收。单位(子单位)工程验收表中的表由参加验收单位盖公章,并由负责人签字。同时还由施工单位项目经理和总监理工程师(建设单位项目负责人)签字。

第二节　主体工程施工阶段

主体工程资料与基础工程资料整理方式一样,其形成的资料有:

(1)原材料、成品、半成品、构配件出厂质量证明和质量试(检)验报告;

(2)施工试验记录;

(3)施工记录;

(4)预检记录;

(5)隐蔽工程验收记录;

(6)分部(子分部)工程验收、所需资料及子分部与分项工程相互关系汇总;

(7)主体结构验收记录;

(8)技术交底记录;

(9)设计变更;

(10)工程施工质量验收记录。

第三节　建筑层面工程施工阶段

建筑层面工程施工阶段与基础工程资料整理方式一样,其形成的资料有:

(1)原材料、成品、半成品、构配件出厂质量证明和质量试(检)验报告;

(2)隐蔽工程验收记录;

(3)技术交底记录;

(4)分部(子分部)工程验收、所需资料及子分部与分项工程相互关系汇总;

(5)工程施工质量验收记录;

(6)设计变更、洽商记录。

第四节　建筑装饰装修阶段

建筑装饰装修阶段,形成的资料有:

(1)原材料、成品、半成品、构配件出厂质量证明和质量试(检)验报告;

(2)施工试验记录;

(3)施工记录;

(4)隐蔽工程检查记录;

(5)技术交底记录;

(6)子分部与分项工程相互关系汇总及分部(子分部)工程施工质量验收所需资料;

(7)施工质量验收记录;

(8)设计变更、洽商记录。

第五节　建筑给、排水及采暖工程施工形成的资料

(1)技术交底记录；
(2)设计变更、洽商记录；
(3)主要材料出厂合格证、质量证明书和检测验报告；
(4)隐蔽工程检查记录；
(5)预检记录；
(6)施工试验记录；
(7)子分部与分项工程相互关系汇总及分部(子分部)工程施工质量验收所需资料；
(8)工程施工质量验收记录。

第六节　建筑电气工程施工形成的资料

(1)技术交底记录；
(2)设计变更、洽商记录；
(3)主要材料出厂合格证、质量证明书和检测验报告；
(4)施工记录；
(5)施工试验；
(6)子分部与分项工程相互关系汇总及建筑电气工程验收所需资料；
(7)工程施工质量验收记录。

第七节　通风与空调工程形成的资料

(1)技术交底记录；
(2)设计变更、洽商记录；
(3)主要材料新产品、设备出厂合格证、质量证明书和检测验报告；
(4)材料、产品、设备进场检验、验收和试验；
(5)隐检记录；
(6)施工试验；
(7)子分部与分项工程相互关系汇总及建筑电气工程验收所需资料。

第八节　智能建筑形成的资料

(1)技术交底记录；
(2)设计变更、洽商记录；
(3)主要材料、设备出厂合格证；
(4)隐检记录；

(5)施工试验；
(6)工程质量验收记录。

第九节　电梯安装工程形成的资料

(1)技术交底记录；
(2)随机文件；
(3)隐检记录；
(4)预检记录；
(5)设备开箱检查记录；
(6)接地电阻测试记录；
(7)绝缘电阻测试记录；
(8)自检、互检报告；
(9)施工检查及施工试验记录；
(10)工程施工质量验收记录；

第十节　竣工组卷阶段

(1)施工资料分类；
(2)施工资料竣工图组卷；
(3)施工资料交城建档案馆存档内容与组卷表(略)(参见铁道部办档〔2002〕08号文或参见当地档案馆的要求)；
(4)竣工验收资料；
(5)竣工图；
(6)施工资料编制与组卷要求；
(7)施工资料的验收与移交。

第四章　项目档案的验收

项目档案的验收是建设项目竣工验收的重要组成部分，也是项目竣工验收和质量保证的重要依据之一。在 1988 年国家档案局、国家计委就已经规定："各级建设的主管部门、档案行政管理部门要负责监督、检查和指导本部门、本地区建设项目的档案资料工作。档案行政管理部门应参加重点建设项目档案材料的检查验收。没有完整、准确的基建项目档案，工程不算完工，不能交付使用。"由于建设项目规模大、档案数理多，因此，为了做好验收工作，各参建单位应根据国家和铁道部的有关规定组织验收工程建设项目档案。

验收前，承担铁路建设项目工程的施工单位一定要按照承包合同要求做好全部竣工文件资料的准备工作，向建设单位报送《专业工程验收申请表》（铁验表—1）或《子系统（专业）验收申请表》（铁客专验表—1）及竣工决算有关资料。

各分包单位应保证其合同范围内施工技术资料的真实性、准确性、完整性。工程完工后，应按照合同约定的时限、套数和标准要求，及时将竣工文件移交给总包单位。总包单位有权对分包单位提交的竣工文件进行审核检查，不合格的应限期整改。分包单位要自行组织人员对竣工文件、资料进行自检，当自检达到验收的条件后，如总包单位没有事先约定时，分包单位应在工程竣工验收前，将其负责的竣工文件、资料移交给总包单位，不得影响工程的竣工验收。

第一节　铁路建设项目竣工验收交接办法

一、竣工验收依据和条件

1. 铁路大中型建设项目竣工验收分为静态验收、动态验收、初步验收、安全评估和正式验收等五个阶段。改建项目、简单建设项目和小型建设项目可适当合并简化验收阶段。

建设项目一般按整个项目进行验收。在确保运输安全的前提下，经批准后可分期、分段，并按批准的阶段组织验收，工程全部完工后，再办理整个项目的验收。

2. 竣工验收的依据

（1）国家有关法律、法规以及国家颁布的建设标准；

（2）国家和铁道部颁布的设计规范、工程施工质量验收标准；

（3）经批准的项目建议书、可行性研究报告；

（4）经批准的初步设计文件（含批准的修改初步设计）；

（5）审核合格的施工图（包括经批准的变更设计文件）；

（6）设备技术说明书（从国外引进新技术或成套设备的，还应包括外方提供的设计文件和新技术或成套设备的国家标准等）；

（7）经铁道部批准的相关补充标准、技术条件、暂行规范等，以及建设单位补充且经铁道部认可的相关技术标准等。

后　记

多年来,铁路建设项目工程一直受到各界人士的高度重视,由于铁路贯通全国,四通八方,它牵涉到全国人民的利益。特别是青藏铁路的通车,更是体现了党中央、国务院对西藏工作的高度重视和对西藏人民的特殊关怀,它必将进一步增强西藏各族人民维护祖国统一、增进民族团结、反对民族分裂的自觉性,必将极大地促进西藏的跨越式发展和长治久安,必将极大地推动西藏社会的全面进步。

铁路的通车,铁路的建设是我国社会主义现代化建设取得的一次又一次的重大成果,它改善了沿线各族群众生活、加强民族团结、共同实现全面建设小康社会的宏伟目标。因此,为了进一步发挥铁路建设项目档案的作用,我们档案专业人员有责任做好这项工作,它对铁路的建设是具有十分重要的意义。

目前,从事工程项目档案、资料的工作人员更迭平凡,到岗的人员又未经过档案系统的培训,致使有些项目文件和资料收集不够完整、齐全,未达到质量标准要求。为了进一步使这些人员能有效系统的了解和学习,我们将项目上所形成的档案类别进行了分类解说和示例,希望能够帮助从事该项工作人员尽快完成和解决项目文件资料的整理工作。同时也是起到一个岗前培训学习的辅导作用。就因为这个原因和对档案工作的一份责任,促使我去编写此书。本书在编写过程中参考了国家档案局、铁道部、铁路工程技术标准所和中国铁道建筑股份有限公司的档案管理资料而编。本书的出版得到了中国铁道出版社、石家庄铁道学院、铁路工程技术标准所、中国铁建股份有限公司档案馆、广铁集团公司档案馆和中铁十二局档案室的大力支持与帮助,在此一并表示谢意。由于水平所限,加上编写时间较为仓促,书中不足之处在所难免,敬请读者批评指正。

编　者

2008 年 9 月

3. 验收条件

(1)静态验收应具备的条件：

① 主体工程及其配套工程(包括外部配套工程及设备安装)已按设计文件建成；

② 环境保护设施、水土保持设施与主体工程同步建成；

③ 劳动、安全、卫生及消防设施与主体工程同步建成；

④ 承包人按有关规范、标准对工程质量和系统功能自检合格；

⑤ 监理单位及咨询单位(如果有)对工程质量评定合格；

⑥ 除领取《国有土地使用证》外的其他征地工作基本完成；

⑦ 竣工文件编制已按规定的内容和标准基本完成。

(2)动态验收应具备的条件：

① 静态验收合格；

②《动态验收实施方案》已经批准；

③ 动态检测准备工作完成。

(3)初步验收应具备的条件：

① 静态验收、动态验收合格,工程质量和系统功能满足有关标准要求；

② 静态验收及动态验收遗留问题整改完毕；

③ 环境保护设施、水土保持设施、土地复垦工作经相关主管部门检查合格；

④ 劳动、安全、卫生及消防设施经相关部门检查合格；

⑤ 通过试运行,达到临管运营的条件；

⑥ 申请领取《国有土地使用证》的准备工作基本完成；

⑦ 竣工文件按规定编制完成,施工过程中的管理文件和招标投标文件等整理完毕,达到档案验收标准。

(4)安全评估应具备的条件：

①初步验收中存在的影响运营安全的问题全部得到解决；

②临管运营的各项准备工作已经完成。

(5)正式验收应具备的条件：

① 初步验收一年后；

② 临管运营情况良好,经检测各项指标已达到建设目标；

③《国有土地使用证》、《无线电台站执照》已经全部领取；

④ 环境保护设施、水土保持设施、建设项目档案经相应行政主管部门验收合格；

⑤ 竣工财务决算已经编制完成,并通过审查；

⑥ 建设资金已按工程进度全部到位,收尾配套工程已全部完成,除质量保证金外与建设工程各方按合同完成资金结算,结余资金已全额上交。

二、竣工验收任务和内容

1. 竣工验收的主要任务：

(1)对项目建设执行国家法律、法规和铁道部规章情况进行检查；

(2)对项目的建设规模、建设标准、建设内容、工程质量、资金使用等情况进行全面检查；

(3)对建设项目形成的资产进行审核;

(4)对建设项目能否按规定交付临管运营或正式运营作出评价。

2. 铁路建设项目竣工验收主要内容:

(1)检查工程是否按铁路技术管理规程、设计规范、批准的设计文件(包括批准的修改初步设计、变更设计)建成,配套辅助项目是否与主体工程同步建成;

(2)检查工程质量是否符合国家和铁道部颁布的工程施工质量验收标准;

(3)检查建设程序执行情况和变更设计管理情况;

(4)检查工程设备配套及设备安装、调试情况,主要设备联调联试及试运转情况,以及国外引进设备合同完成情况;

(5)检查概算执行情况,材料、设备购置是否合理,工程其他支出是否符合规定;审查财务竣工决算;

(6)检查动态检测、试运行情况,是否具备临管运营或运营条件;

(7)检查环保、水保、劳动、安全、卫生、消防等设施是否按批准的设计文件建成并合格,地质灾害整治及建筑抗震设防是否符合规定;

(8)检查工程竣工文件编制完成情况,建设项目批准文件、设计文件:施工过程管理文件及招投标文件、监理文件、竣工文件等资料是否齐全、准确,并按规定归档;

(9)检查建设用地权属来源是否合法,面积是否准确,界址是否清楚,手续是否齐全;

(10)审计、检查、监察等发现问题的整改情况。

三、验收组织机构

1. 竣工验收采用建设单位组织专家检查、政府验收的方式。

建设单位或由委托的单位组成验收工作组进行静态验收和动态验收;安全机构进行评估,政府验收包括初步验收和正式验收。

2. 建设单位验收工作在铁道部建设、运输主管部门指导下实施。

建设单位在工程基本完工前,应向铁道部建设主管部门提出申请验收报告,申请报告包括工程完成情况、验收建议计划、验收工作组组成建议等。验收工作组一般由建设单位、使用接管单位以及专家组成。

建设单位依据批准的申请验收报告成立验收工作组具体负责静态验收和动态验收工作,落实初步验收和正式验收条件,提出初步验收和正式验收的实施建议。验收工作组人员名单报铁道部建设管理司和运输局核备。

3. 初步验收由铁道部或铁道部委托的单位组织实施。验收单位在收到初验申请并确认项目达到初验条件一个月内,成立初步验收委员会进行初步验收。初步验收委员会由有关业务部门、接管使用单位、验收工作组正副组长及部分专家,以及勘察设计单位负责人组成。

委托初步验收的,验收委员会名单、初步验收报告报铁道部建设管理司和运输局核备。

4. 正式验收一般由项目审批部门组织,国家审批项目由国家主管部门(或委托铁道部)组织正式验收,铁道部审批项目由铁道部(或委托铁路管理机构)组织正式验收。铁道部建设管理司在收到正式验收申请并确定项目达到正式验收条件一个月内,提出验收方案报铁道部。

负责验收的部门按相关规定成立正式验收委员会,具体负责正式验收工作。

5. 验收委员会职责

(1)贯彻国家法律法规和铁道部规章制度、验收标准和规定;

(2)制订验收计划和工作安排;

(3)组织审查竣工验收相关资料;

(4)必要时组织现场检查;

(5)明确验收结论;

(6)初验委员会提出初验报告,正式验收委员会签发正式验收证书。

6. 铁道部或国家主管部门组织验收的铁路建设项目,工程质量安全监督机构应先期对现场验收情况进行检查,抽检工点,向验收委员会提交工程质量安全监督报告,并参加工程验收工作。

铁道部委托铁路管理机构组织验收的铁路建设项目,工程质量安全监督机构负责对验收过程进行监督,并向铁道部提交工程验收监督报告。

四、验收程序

项目工程竣工验收有静态验收、动态验收、初步验收及安全评估、正式验收。

(一)静态验收

静态验收是指由建设单位(或委托单位)组织验收工作组,对建设项目进行检查,确认工程是否按设计完成且质量合格:系统设备是否已安装并调试完毕。

1. 静态验收程序

(1)承包单位按照设计文件和合同约定完成全部工程和设备安装、调试并经自检合格后,向建设单位申请专业工程验收,报送《专业工程验收申请表》(参见铁建设〔2008〕23 号文附件1)并签署意见;

(2)验收工作组研究确认达到专业工程验收条件后,并组织验收工作组分专业进行现场验收;

(3)验收工作组应在 30 个工作日内完成检查,对存在问题提出处理意见、整改期限、复检时间等,对整改问题进行复查,合格后填写《专业工程验收记录表》(参见铁建设〔2008〕23 号文附件 1)并签署验收意见;

(4)专业工程验收合格后,承包单位向建设单位申请静态综合系统验收并报送。《静态综合系统验收申请表》(参见铁建设〔2008〕23 号文附件 1);

(5)验收工作组确认达到静态综合系统验收条件后,在综合调试具备条件的基础上进行静态综合系统验收;

(6)验收工作组对存在的问题提出处理意见、整改期限、复检时间等,对整改问题复查合格后填写《静态综合系统验收记录表》(参见铁建设〔2008〕23 号文附件 1)并签署意见。

2. 完成专业工程验收和静态综合系统验收后,建设单位应编写《静态验收报告》。《静态验收报告》应包括项目专业工程验收以及静态综合系统验收过程、存在问题及整改情况、验收结论等内容,并附相关数据和试验报告。

《静态验收报告》报铁道部建设管理司和运输局核备。

(二)动态验收

动态验收是指铁路建设项目静态验收合格后,由建设单位(或委托单位)组织整个系统验证性综合调试,并委托专业机构进行动态检测,验收工作组对工程安全运行状态进行的全面检查和验收。动态验收内容执行铁道部相关规定。

建设项目综合调试和模拟试运行的主要原则执行铁道部有关规定,实车运行条件下动态检测执行铁道部动态检测相关标准。

1. 动态验收程序

(1)建设单位(或委托单位)应在静态验收完成20日前拟定详细的《动态验收实施方案》,报初步验收单位批准。《动态验收实施方案》应包括动态验收组织形式、综合调试计划、试运行和动态检测方案、拟投入主要设备仪器、安全保证措施等内容。

(2)建设单位(或委托单位)按照批复的《动态验收实施方案》组织动态验收。

(3)建设单位(或委托单位)组织专业机构按。批复的《动态验收实施方案》进行动态检测,并形成动态检测报告。动态检测工作由铁道部批准的专门机构负责。

(4)验收工作组按《动态验收实施方案》进行检查,对动态检测中发现的问题进行研究并提出整改意见,整改问题复查合格后,填写《动态验收记录表》(附件1)并签署意见。

2. 动态验收过程中,建设项目所在铁路局及相关部门应积极配合建设单位,按照铁道部规定做好综合调试和模拟试运行工作。

3. 动态验收合格后,建设单位(或委托单位)组织编写《动态验收报告》,其中应包括动态验收组织及人员、动态检测过程及结果、试运行过程及结果、存在问题及整改情况、验收结论等内容,并附相关数据和试验报告。

《动态验收报告》报铁道部建设管理司和运输局核备。

4. 动态验收工作在铁道部建设、运输部门指导下实施;动态验收的试运行工作在铁道部运输、建设部门指导下实施,接管使用单位参与。

(三)初步验收及安全评估

初步验收是指建设项目动态验收合格后,由初步验收单位对静态验收、动态验收结果进行检查和确认。

1. 初步验收程序

(1)建设单位完成动态验收工作后,应及时向初步验收单位报送《初步验收申请表》(附件1)、《动态验收报告》、初步验收申请报告。

(2)初步验收单位在收到《初步验收申请表》、《动态验收报告》、初步验收申请报告,以及《质量安全监督报告》(政府组织验收)附后,确认是否符合初步验收条件。符合初步验收条件的,成立初步验收委员会。

(3)初步验收委员会组织召开初步验收会议,必要时组织现场检查,提出《初步验收报告》,明确验收结论。

2. 初步验收合格后,由铁路安全监察部门组织或委托具有资质的第三方机构进行安全评语,就建设项目临管运营提出安全评价意见,并责成建设单位、接管使用单位完善安全措施。

3. 建设项目安全评估合格并经批准后进行临管运营。建设单位及接管使用单位在临管运营期间必须进一步做好观测、测试工作。

4. 初步验收合格后，建设单位应在3个月内按规定完成竣工财务决算的编制工作，并上报铁道部相关部门；铁道部相关部门组织审查。

（四）正式验收

正式验收是指铁路建设项目初步验收一年后，由项目审批部门对铁路建设项目进行整体验收和综合评价。

1. 正式验收程序

（1）对具备正式验收条件的铁路建设项目，建设单位应向铁道部建设管理司提出申请，上报《正式验收申请表》（参见铁建设〔2008〕23号文）和正式验收申请报告，报请正式验收。

（2）铁道部建设管理司在收到《正式验收申请表》、正式验收申请报告，以及《质量安全监督报告》后，会同有关部门进行确认，经确认申报项目符合正式验收条件的，提出正式验收建议报铁道部，由铁道部安排验收。

（3）正式验收委员会组织召开验收会议，必要时组织现场检查，对建设项目工程质量、线路运行状况、环境协调性等建设成果以及初步验收结论进行整体评价，形成《正式验收证书》明确验收结论。

2. 分期、分段组织竣工验收的，比照上述规定或按批准的申请验收报告进行验收，初步验收合格后由接管使用单位接管并负责维修养护，全部工程竣工后按本办法规定办理竣工验收手续。

第二节　铁路客运专线竣工验收办法

一、竣工验收的依据、条件

（一）铁路客运专线竣工验收分为静态验收、动态验收、初步验收、安全评估和国家验收等五个阶段。

（二）竣工验收的依据：

1. 国家有关法律、法规以及国家颁布的建设标准；

2. 国家和铁道部颁布的设计规范、工程施工质量验收标准；

3. 经批准的项目建议书、可行性研究报告；

4. 经批准的初步设计文件（含批准的修改初步设计）；

5. 审核合格的施工图（包括经批准的变更设计文件）；

6. 设备技术说明书；从国外引进新技术或成套设备的，外方提供的设计文件和新技术或成套设备的国家标准等；

7. 经铁道部批准的相关补充标准、技术条件、暂行规范等，以及建设单位补充且经铁道部认可的相关技术标准等。

（三）验收条件

1. 静态验收应具备的条件：

（1）主体工程及其配套工程（包括外部配套工程及设备安装）已按设计文件建成；

（2）环境保护设施、水土保持设施与主体工程同步建成；

(3)劳动、安全、卫生及消防设施与主体工程同步建成;

(4)承包商按有关规范、标准对工程质量和系统功能自检合格;

(5)监理单位及咨询单位(如果有)对工程质量评定合格;

(6)竣工文件已按规定的内容和标准基本完成。

2. 动态验收应具备的条件:

(1)静态验收合格;

(2)《动态验收实施方案》已经批准;

(3)动态检测准备工作完成。

3. 初步验收应具备的条件:

(1)静态验收、动态验收合格,工程质量和系统功能满足有关标准要求;

(2)静态验收及动态验收遗留问题整改完毕;

(3) 环境保护设施、水土保持设施经相应行政主管部门验收;

(4)劳动、安全、卫生及消防设施经相关部门验收合格;

(5)通过试运行,达到试运营的条件;

(6) 咨询单位(如果有)已提交对整个系统可否按照设计速度安全运行的咨询报告;

(7)建设用地取证工作基本完成;

(8)竣工文件按规定编制完成,施工过程中的管理文件和招标投标文件等整理完毕,达到档案验收标准。

4. 安全评估应具备的条件

(1)初步验收中存在的影响运营的问题全部得到解决;

(2)试运营的各项准备工作已经完成。

5. 国家验收应具备的条件:

(1)初步验收一年后;

(2)试运营情况良好,经检测各项指标已达到建设目标;

(3)建设用地取证工作已经完成;

(4)环境保护设施、水土保持设施经相应行政主管部门验收合格;

(5)竣工决算已经编制完成,并经过铁道部组织的审计;

(6)建设资金已全部到位,除质量保修金外与建设工程各方按合同完成资金结算。

二、竣工验收任务和内容

(一)竣工验收的主要任务:

1. 对铁路客运专线的建设规模、建设标准、建设内容、建设质量、资金使用等情况进行全面审查;

2. 对铁路客运专线建设执行国家法律、法规和铁道部规章、规范性文件情况进行检查;

3. 对铁路客运专线形成的资产进行审核;

4. 对铁路客运专线能否安全交付试运营或正式运营作出评价。

(二)铁路客运专线竣工验收主要内容:

1. 检查工程是否按铁路技术管理规程、设计规范、批准的设计文件(包括批准的修改初步

设计、变更设计)建成,配套辅助项目是否与主体工程同步建成;

2. 检查工程质量是否符合国家和铁道部颁布的工程施工质量验收标准;

3. 检查建设程序执行情况和设计变更管理情况;

4. 检查工程设备配套及设备安装、调试情况;主要设备联调联试及试运转情况;国外引进设备合同完成情况;

5. 检查概算执行情况,材料、设备购置是否合理,工程其它支出是否符合规定,检查财务竣工决算;

6. 检查动态检测、试运行情况,是否具备试运营或运营条件;

7. 检查铁路客运专线技术引进、吸收、创新情况;

8. 检查环保、水保、劳动、安全、卫生、消防等设施是否按批准的设计文件建成,是否合格;地质灾害整治及建筑抗震设防是否符合规定;

9. 检查工程竣工文件编制完成情况,建设项目批准文件、设计文件、施工过程管理文件及招投标文件、监理文件、竣工文件等资料是否齐全、准确,并按规定归档;

10. 检查建设用地权属是否符合界址,手续是否齐全;

11. 检查运营投产准备情况,运营生产组织管理机构、岗位人员培训、物资准备、外部协作条件是否已经落实;

12. 落实审计、检查、监察等发现问题的整改情况。

三、验收组织机构

(一)客运专线竣工验收采用建设单位自验、专家检查、政府验收的方式。

(二)静态验收和动态验收工作由客运专线公司组织,在工程管理中心(客专办)和运输局客专技术部指导下进行。

客运专线公司在子系统(专业)基本完工前,成立由客运专线公司负责人为组长,接管使用单位负责人为副组长,监理、勘察设计、咨询单位(如果有)负责人参加的竣工验收工作组,具体负责静态验收和动态验收工作。

(三)在子系统(专业)基本完工前,由工程管理中心(客专办)商运输局客专技术部组建专家组,对验收全过程进行咨询,对检测结果进行检查,对验收过程中存在的问题进行研究并提出解决意见,提出初步验收和正式验收实施建议。

专家组由专家和铁道部相关部门人员组成。工程管理中心(客专办)和运输局客专技术部领导分别任专家组正副组长。

专家组人员名单报铁道部建设管理司核备。

(四)初步验收由铁道部组织。铁道部在客运专线动态验收合格后一个月内成立初步验收委员会,负责初步验收工作。初步验收委员会由铁道部有关业务部门、接管使用单位、其他投资方、客运专线公司人员,专家组正副组长,以及勘察设计、咨询(如果有)单位人员组成,在专家组检查的基础上进行初步验收。

(五)国家验收由国家主管部门或委托铁道部组织,在铁道部提出国家验收申请一个月内,按相关规定成立国家验收委员会,具体负责国家验收工作。验收委员会组成由铁道部提出方案报国家主管部门批准。

四、静态验收

(一)静态验收是指由客运专线公司组织接管使用单位、监理单位以及参建单位对建设项目进行检查,确认工程是否按设计完成且质量合格,系统设备是否已安装并调试完毕。静态验收包括子系统(专业)验收和综合系统验收。

子系统(专业)验收是承包商按照合同约定完成施工和设备安装工作并自检合格后,由客运专线竣工验收工作组按照项目系统构成组织的分专业、分系统现场检查和验收。铁路客运专线子系统可分为基础工程、通信、信号、牵引供电、运营调度、客运服务等,运营调度和客运服务子系统验收可根据需要在动态验收完成前单独进行。

综合系统验收是在客运专线子系统(专业)验收合格后,对项目按照系统集成理念通过综合调试进行的检查验收工作。

(二)静态子系统(专业)验收程序:

1. 承包商按照设计文件和合同约定完成全部工程和设备安装、调试并经自检合格后,向客运专线公司申请子系统(专业)验收,并报送《子系统(专业)验收申请表》(附件1)。

2. 客运专线公司经检查确认达到子系统(专业)验收条件后,组织竣工验收工作组对子系统(专业)进行验收。

3. 竣工验收工作组应在30个工作日内完成检查,对存在问题提出处理意见、整改期限、复检时间等,经专家组确认后组织实施;对整改问题复查合格后填写《子系统(专业)验收记录表》(附件1)。

4. 专家组对验收情况进行检查,对竣工验收工作组验收意见进行确认。

5. 子系统(专业)验收合格后,竣工验收工作组和专家组在《子系统(专业)验收记录表》上签署验收意见。

(三)综合系统验收程序:

1. 子系统(专业)验收合格后,承包单位向客运专线公司申请综合系统验收并报送《综合系统验收申请表》(附件1)。

2. 客运专线公司经检查确认达到综合系统验收条件后,组织竣工验收工作组对综合系统进行验收。

3. 竣工验收工作组对综合系统进行验收,对存在的问题提出处理意见、整改期限、复检时间等,经专家组确认后组织实施;对整改问题复查合格后填写《综合系统验收记录表》(附件1)。

4. 专家组对验收情况进行检查,对竣工验收工作组验收意见进行确认。

5. 综合系统验收合格后,竣工验收工作组和专家组在《综合系统验收记录表》上签署验收意见。

(四)客运专线公司应在完成子系统(专业)验收和综合系统验收后编写《静态验收报告》。《静态验收报告》应包括项目子系统(专业)验收以及综合系统验收过程、验收人员组成、验收程序、存在问题及整改情况、专家组审查意见、验收结论等内容,并附相关数据和试验报告。

《静态验收报告》报铁道部工程管理中心和铁道部运输局客专技术部审查。铁道部工程管理中心和运输局客专技术部及时将《静态验收报告》及审查意见报铁道部核备。

（五）静态验收工作在铁道部建设、运输部门指导下实施。

五、动态验收

（一）动态验收是在铁路客运专线静态验收合格并经铁道部确认后，由客运专线公司在铁道部工程管理中心和运输局客专技术部组织下进行综合调试，并委托专业机构进行动态检测，对工程质量和系统集成安全运行状态进行全面检查和验收。

（二）客运专线综合调试和模拟试运行的主要原则由铁道部确定，实车运行条件下动态检测执行铁道部动态检测相关标准。

（三）动态验收程序：

1. 客运专线公司应在静态验收完成20日前拟定详细的《动态验收实施方案》，经铁道部工程管理中心和运输局客专技术部审查后报铁道部批准。《动态验收实施方案》应包括动态验收组织形式，综合调试计划、试运行和动态检测方案，拟投入主要设备仪器，安全保证措施等内容。

2. 客运专线公司应按照批复的《动态验收实施方案》组织动态验收。

3. 客运专线公司组织专业机构按批复的《动态验收实施方案》进行动态检测，并形成动态检测报告。动态检测工作由铁道部批准的专门机构负责。

4. 竣工验收工作组就动态检测中发现的问题进行研究并提出整改意见，整改意见送专家组审查，按专家组审查意见组织整改；对整改问题复查合格后，填写《动态验收记录表》（附件1）。

5. 专家组对验收情况进行检查，对竣工验收工作组验收意见进行确认。

6. 动态验收合格后，竣工验收工作组和专家组在《动态验收记录表》上签署意见。

（四）动态验收过程中，铁路客运专线所在铁路局及相关部门应积极配合客运专线公司，按照铁道部规定做好综合调试和模拟试运营工作。

（五）客运专线公司完成综合调试、试运行和测试等动态验收工作后编写《动态验收报告》，《动态验收报告》应包括动态验收组织及人员、动态检测过程及结果、试运行过程及结果、存在问题及整改情况、专家组审查意见、验收结论等内容，并附相关数据和试验报告。

《动态验收报告》报铁道部工程管理中心和铁道部运输局客专技术部审查；铁道部工程管理中心和铁道部运输局客专技术部应及时将《动态验收报告》及审查意见报铁道部。

（六）动态验收工作在铁道部建设、运输部门指导下实施；动态验收的试运行工作在运输、建设部门指导下实施，接管运输部门参与。

六、初步验收及安全评估

（一）初步验收是在客运专线动态验收合格后，由铁道部对铁路客运专线静态验收、动态验收结果进行检查和确认的工作。

（二）初步验收程序：

1. 客运专线公司完成动态验收工作后，应及时向铁道部建设管理司报送《初步验收申请表》（附件1）。

2. 专家组向铁道部报送前一阶段验收工作情况和组织初步验收的建议。

3. 铁道部建设管理司在收到《初步验收申请表》、《安全质量监督报告》和专家组关于组织初步验收的建议后，确认符合初步验收条件的，报请铁道部成立初步验收委员会。

4. 初步验收委员会组织召开初步验收会议，必要时组织现场检查，提出《初步验收报告》，明确验收结论。

（三）初步验收合格后，由铁道部安全监察部门组织安全评估，就客运专线试运营提出安全评价意见，责成客运专线公司和接管运输单位完善安全措施，完成安全评估工作。

（四）铁路客运专线安全评估合格并经铁道部批准后投入试运营。客运专线公司及接管运输单位在试运营期间必须进一步做好观测、测试工作。

（五）初步验收合格后，客运专线公司应在3个月内完成竣工决算的编制工作，并提交铁道部审计部门审计。

七、国家验收

（一）国家验收是指铁路客运专线初步验收一年后，由国家主管部门或委托铁道部组织对铁路客运专线进行整体验收和综合评价。

（二）国家验收程序：

1. 对具备国家验收条件的铁路客运专线，客运专线公司应向铁道部建设管理司提出申请，上报《国家验收申请表》（附件1），报请国家验收。

2. 专家组向铁道部报送试运营检查情况和组织国家验收的建议。

3. 铁道部建设管理司在收到《国家验收申请表》和专家组关于组织国家验收的建议后，经确认申报项目符合国家验收条件的，提出国家验收建议报铁道部，经铁道部同意后按程序报请国家主管部门组织验收。

4. 国家验收委员会组织召开国家验收会议，必要时组织现场检查，对客运专线工程质量、线路运行状况、环境协调性等建设成果以及初步验收结论进行整体评价，形成《国家验收证书》，明确验收结论。

八、竣工决算和竣工文件的编制

（一）铁路客运专线国家验收前，客运专线公司应按国家和铁道部有关规定组织编制完成竣工决算。

（二）竣工文件的编制工作由客运专线公司负责组织，施工单位负责编制，接管使用单位档案部门协助指导。客运专线公司要督促各参建单位按档案部门要求做好文件材料形成积累工作，竣工验收前将文件图纸按专业和单项工程进行汇总整理。由客运专线公司组织各有关参建单位编制竣工文件并向有关单位移交。

（三）竣工文件要如实反映铁路客运专线施工技术状况和工程竣工的现状。如发现竣工文件与实际不符者，应追究原施工单位和监理人员的责任。

竣工文件内容及提交份数执行铁道部相关规定。

（四）国家验收前，客运专线公司应按照《铁路土地管理办法》（国土建字〔1992〕144号）有关规定，组织施工单位会同接管单位（部门）向地方县级以上人民政府统一办理国有土地使用证书。

应该注意的事项：

1. 客运专线公司应当自铁路客运专线通过初步验收之日起15日内，将《初步验收报告》

和消防、环保、档案等部门出具的认可文件或者准许使用文件报铁道部有关部门备案。

2. 客运专线公司应按国家规定将竣工文件等送有关档案管理部门归档。

第三节　客运专线铁路工程施工质量验收标准

一、工程文件资料验收单元的划分

工程验收单元的划分有四个程序:单位工程、分部工程、分项工程、检验批。文件资料的收集也依顺序进行。如:单位工程→分部工程→分项工程→检验批。

(一)单位工程

单位工程划分原则:单位工程是按一个完整工程或一个相当规模的施工范围来划分的。各项验标都遵循了这一原则,并给出了推荐的单位工程划分原则。

应该强调的是:一个单位工程必须是由一个承包单位施工完成的,不管其规模大小、工程数量多少、所含分部工程和分项工程是否齐全。不同承包单位施工完成的工程,不论规模大小、关联情况如何,都不能划归为一个单位工程进行验收,这是划分单位工程的首要原则。

所谓一个完整工程划分的单位工程:是指一个完整构筑物、一个独立系统。如一座大桥、一座隧道、一个给水站、一个变电所、一个监控系统等可以作为一个单位工程。

所谓一个相当规模的施工范围,包括两方面的情况:一个单位工程是一个完整工程中的一部分,如一个承包单位施工的一段路基、轨道等;另外,一个单位工程可以由几个完整工程组成,如几个涵洞组成的一个涵洞单位工程,由地道、天桥、站台、雨棚等组成的站场构筑物单位工程,当站场路基、站场道路、站场构筑物的规模较小时,也可由三者组成一个站场单位工程。

(二)分部工程

分部工程是按一个单位工程中的完整部位、主要结构、施工阶段或功能相对独立的组成部分来划分的。一个分部工程应类型相同或材料相同或施工方法相同。

一个桥梁单位工程,可以划分为地基与基础、墩台、梁部、附属设施等几个分部工程。

一个隧道单位工程,可以划分为洞口工程、洞身开挖、支护、衬砌、辅助坑道及附属洞室、明洞工程、缓冲结构、防水和排水、附属设施等几个分部工程。

需要注意的是:如果一座桥的基础既有明挖基础又有钻孔桩基础,则明挖基础和钻孔桩基础就应该划分为两个分部工程。关于分部工程的划分和名称,每本专业验标都规定的很明确。注意不要随意分割或合并。应该按名称划分,不要按类别划分。

(三)分项工程

分项工程按工种、工序、材料、设备和施工工艺等划分。

站前工程的分项工程主要按工种、工序划分,也有按材料和施工工艺划分的,如模板、钢筋、混凝土、开挖、填筑、铺轨、整道、顶推架设、涂装等分项工程。

站后工程的分项工程主要按设备、系统、工序划分,如信号机、转辙机、光缆通道、变压器、杆塔组立、导线架设、系统功能测试等分项工程。

同一个分项工程:

(1)施工条件基本相同;

(2)所用原材料基本相同;

(3)质量要求基本相同。能取得完整质量数据并有利于检查验收。

(四)检验批

(1)检验批是分项工程的组成部分。

(2)根据施工质量控制和验收的需要,把一个分项工程划分成若干个检验批。

(3)特殊情况下一个分项工程仅含一个检验批。

(4)检验批是施工质量验收的基本单元。

① 检验批很好地解决了一次验收的规模和范围的大小问题。

② 以前的验标规定分项工程是验收的基本单元,但往往由于一些分项工程的规模过大、分布零散、施工期较长而不可能一次验收。但对多大规模和范围的分项工程进行一次验收,并没有给出任何具体的规定,造成分项工程验收各行其是,规模大小相差悬殊,质量数据可比性差,实际操作出现了一定的混乱。

例如1:原来桥涵验标的混凝土墩身是个分项工程,特别是对一些高墩,需要多次模板支立、多次钢筋绑扎、多次混凝土浇筑,多大范围做一次质量检验评定,验标没有给出具体规定,现场的实际操作就多种多样了。为了统一操作,每本验标都明确了检验批的规模数量。

例如2:混凝土墩身就分为模板、钢筋、混凝土3个分项工程。如模板分项工程的检验批是一个安装段、钢筋分项工程的检验批是一个安装段、混凝土分项工程的检验批是一个浇筑段。实际上,划分检验批的目的:就是为了做一段验收一段,随工验收,及时验收。

又如:路基本体、基床表层和底层的检验批:同一压实工作班的单个压实区段的每一检测层。

(1)需要特别说明的是,检验批是针对工程实体划分的。

(2)验标中有关材料、构配件和设备进场验收的批量,是根据相关产品标准的抽样方案和工程施工特点制订的,与检验批没有联系。

(3)一次进场验收的材料可能用于多个检验批,也可能一个检验批所用的材料经过了多次进场验收。

检验批的质量验收应包括如下内容:

(1)实物检查,按下列方式进行:

① 对原材料、构配件和设备等的检验,应按进场的批次和本暂行标准规定的抽样检验方案执行;

② 对混凝土性能指标的检验,应按国家现行有关标准和本暂行标准规定的抽样检验方案执行。

(2)资料检查,包括原材料、构配件和设备等的质量证明文件(质量合格证、规格、型号及性能检测报告等)和检验报告、施工过程中重要工序的自检和交接检验记录、平行检验报告、见证取样检测报告等。

二、客运专线铁路工程施工质量验收标准的程序和组织

(一)验收程序

验收的程序是先进行检验批验收,其后是分项工程验收,再是分部工程验收,最后是单位

工程验收。如:检验批→分项工程→分部工程→单位工程。

(二)验收组织

(1)检验批由监理单位组织验收。

(2) 分项工程由监理单位组织验收。

(3)分部工程由监理单位组织验收。

(4)单位工程由建设单位组织验收。

(三)验收标准

1. 检验批验收

检验批的验收项目:主控项目 + 一般项目

主控项目的质量经抽样检验合格,要特别注意的是主控项目中有允许偏差的抽检点,其实测值必须在允许偏差范围内,不允许超差。

一般项目的质量经抽样检验合格,当采用计数检验时,除有专门要求外,对于一般项目中有允许偏差的抽检点,合格点率应达到80% 及以上,且其中不合格点的最大偏差不得大于规定允许偏差的1.5 倍。

主控项目主要包括以下三个方面的内容:

(1)主要材料、构配件和设备的材质、规格、数量等,如钢筋、水泥、电缆的质量,路基填料的质量,设备的质量,检查出厂合格证及有关质量证明文件,并对重要的性能指标进行检验或试验,安装数量要符合设计要求。

(2)结构的强度、刚度、耐久性、稳定性及系统的工作性能等,如混凝土强度、路基压实质量、电气绝缘性能、防雷接地性能、系统运转试验等。

(3)工程实体的关键几何尺寸,如涉及限界的结构外形、设备安装位置,以及有允许偏差但必须控制在允许偏差限值之内而不能超差的项目,如轨道整理作业后的轨距、轨向、水平、高低等静态几何尺寸。

一般项目是除主控项目以外的检验项目

进制项目虽然不像主控项目那样对工程质量起决定性作用,指标可以放宽一些,但对结构安全、使用功能和工程外观等有较大影响,同样要求全部达到合格标准。但对于有允许偏差的一般项目,当采用计数检验时,除有专门要求外,合格点率应达到80% 及以上,且不合格点的最大偏差不得超过规定允许偏差的1.5 倍。

有允许偏差的一般项目有下列两种情况:

(1)给定允许偏差值的项目:如结构或构件的截面几何尺寸允许偏差 ±20 mm、与设计中心线允许偏差10 mm、表面平整度5 mm 等,要求合格点率应在80% 及以上,且不合格点的偏差值不能大于允许偏差值的1.5 倍。原验标对最大偏差值是没有限制的,这次验标修订给出了最大限值,对工程质量的要求有所提高。如果规定所有点的偏差值均不得超出允许偏差值,那么该项目就不是一般项目而是主控项目。

(2)要求大于或小于某一数值的项目:即给定了一个最低或最高值,而在一个方向不控制,要求80% 及以上测点的数据大于或小于给定的数据值。如碎石桩桩径允许偏差为 -50 mm,就是要求80% 及以上测点的桩径不允许比设计值小50 mm,允许有20% 的桩比设计值小50 mm,但最大不允许小75 mm。实际桩径比设计值大的则不控制。

2. 分项工程验收

分项工程质量验收合格的规定：

(1)分项工程所含的检验批均应符合合格质量的规定；

(2)分项工程所含的检验批的质量验收记录应完整。

分项工程质量验收是对其所含检验批质量的统计汇总，主要是检查核对检验批是否覆盖了分项工程范围、检验批验收记录的内容及签字是否齐全正确。特别要注意的是，一些项目不一定出现在每个检验批中，可能几个检验批才出现一次，如实体的高程、垂直度等，应注意检查，不能缺漏。

3. 分部工程验收

分部工程质量验收包括以下三个方面的内容：

(1)分部工程所含分项工程的质量均应验收合格。这也是一项统计汇总工作，应注意核对有没有缺漏的分项工程，各分项工程验收是否正确等。

(2)质量控制资料应完整。这也是一项统计汇总工作，主要是检查检验批验收资料、施工操作依据、质量记录是否完整配套，是否全面反映质量状况。

(3)有关结构安全及使用功能的检验和抽样检测项目是否有缺漏、检测记录是否符合要求，检测结果是否符合验标的规定和设计要求。

4. 单位工程验收

单位工程质量的验收是建设活动各方对施工质量控制的最后一关。包括4方面内容：

(1)单位工程所含分部工程的质量均应验收合格。主要是检查分部工程验收是否正确，有无缺漏。

(2)质量控制资料应完整。何谓质量控制资料的完整，实际上是一个相对的概念，应视工程特点和已有的资料情况而定，重点是看其是否反映了结构安全和使用功能，是否达到了设计要求。

(3)实体质量和主要功能核查结果应符合有关标准规范的规定。有的项目的检测是在分部工程完成后即进行，单位工程验收时不再重复；有的是在单位工程全部完成后才能进行。

(4)观感质量验收应符合要求。观感质量验收是一项重要的评价工作，是实地对工程质量进行的一次全面检查。特别是在检验批验收时不能检查的或者是当时检查不出来的内容，以及后来又发生质量变化的项目，很有必要。首先明确观感质量验收绝不是单纯的外观检查，也不是在单位工程完成后对涉及外观质量的项目进行重新检查，更不是引导施工单位在工程外观上做片面的过大投入，重点是不要出现影响结构安全和使用功能的项目。观感质量验收的目的就是直观地从宏观上核实工程的安全可靠性能和使用功能，促进施工过程质量控制。内容要关键，方法要简便，不可复杂化和片面化。观感质量检查项目的标准是合格，达不到合格的就是差，对于差的项目要进行返修。另外，并非所有工程都要进行观感质量检查，这方面各专业验标均有相应规定。

工程施工质量不符合要求时的处理情况：

① 对于返工重做、更换构配件或设备的检验批，应该重新进行验收。当重新检查后，检验项目合格的，应判定该检验批合格。

② 个别检验批试块试件的强度不能满足要求的情况，包括试块试件失去代表性、试块试

件丢失或缺少、试验报告有缺陷或对试验报告有怀疑等。这种情况下，应按规定程序由有资质的检测单位进行检验测试。如果测试结果证明该检验批的质量能够达到原设计要求，则该检验批予以合格验收。

应该说以上两种情况的处理，没有造成永久缺陷，没有降低工程的质量标准，不会影响结构安全和使用功能，还是属于正常验收的范围。

虽然以上两种情况的检验批质量经处理或检测鉴定后达到了原设计要求，符合验标的规定，予以合格验收，但毕竟说明施工单位的质量控制过程存在缺陷，应该引起高度重视，采取有力措施，最大限度减少甚至消除这类返工、检测鉴定项目。

对于其他不合格的现象，因情况复杂，验标不能给出明确的处理方案，只能由各方根据具体情况按规定程序协商处理。当采取返修或加固处理等其他措施后，施工质量仍然存在严重缺陷，不能满足结构安全和使用功能的，属于不合格工程，严禁验收。通常还有下述两种情况，并没有列入验标正式条文：

① 经有资质的检测单位检测鉴定达不到原设计要求，但经建设单位组织设计等单位验算，能满足结构安全和使用功能要求，可不进行加固补强的检验批。是指质量指标虽然不能满足原设计要求，但与原设计要求指标差距不是很大，经设计单位验算尚能满足有关标准规范对结构安全和使用功能要求。如桥墩墩身混凝土设计强度等级是C25，经鉴定仅达C20，没有达到设计要求，按规定属不合格。但经过原设计单位验算，混凝土强度等级C20尚能满足结构安全和使用功能。

② 经返修或加固处理的分项、分部工程，改变外形尺寸但仍能满足结构安全和使用功能要求。如墩身混凝土强度不足需要加大截面尺寸的，桩基础出现断桩而需补桩的，类似的加固补强，解决了结构性能方面的问题，其本质并未达到原设计要求。

出现上述两种情况的验收是有条件的，是为避免不必要的经济损失和资源浪费而考虑的。一般是进行协商解决，按规定程序由设计单位出具正式的验算认可证明、技术处理方案。实际上，施工质量还是符合设计要求，只不过不是原设计的要求。

对上述两种情况，国家标准《建筑工程施工质量验收统一标准》（GB 50300—2001）列入了条文中。考虑到铁路工程与建筑工程的差别，从严要求，没有作出可以验收的硬性规定。

对于其他不合格的现象，因情况复杂，验标不能给出明确的处理方案，只能由各方根据具体情况按规定程序协商处理。应当采取返修或加固处理等其他措施后，施工质量仍然存在严重缺陷，不能满足结构安全和使用功能的，属于不合格工程，严禁验收。

三、验收资料的整理验标规定的表格

工程施工质量验收工作应按新验标的规定填写有关表格。质量数据、质量状况描述、检验评定和验收结论、责任单位和责任人都反映在有关表格上。如验标规定的表格共有8种，分别是施工现场质量管理检查记录表、混凝土（结构外观和尺寸偏差）检验批质量验收记录表（Ⅲ）、混凝土分项工程质量验收记录表、混凝土分项工程质量验收记录表、单位工程质量控制资料核查表、安全和功能检验资料核查及主要功能抽查记录表（单位工程实体质量和主要功能核查记录表）、单位工程观感质量检查记录表和单位工程质量验收记录表，见表4—1～表4—8。

表 4—1 施工现场质量管理检查记录表

单位工程名称	×××5 号大桥(DK168 +988)			开工日期	2004.05.18
建设单位	×××铁路建设总指挥部			项目负责人	赵甲方
设计单位	×××勘测设计研究院			项目负责人	钱设季
监理单位	×××工程建设监理公司			总监理工程师	孙坚礼
施工单位	×××道桥工程公司	项目负责人	李实功	项目技术负责人	周纪树

序号	项　目	内　容
1	开工报告	有开工报告。编号:第××号
2	现场质量管理制度	有施工调查、施工测量、施工图复核、技术交底、施工组织设计编制、质量计划等制度 10 项
3	质量责任制	《部门及人员质量管理职责》、《层层质量责任制》
4	工程质量检验制度	《工程质量试验检验管理办法》
5	施工技术标准	有钢筋、混凝土、桥涵施工规范、规程、细则等共计 18 种
6	施工图现场核对情况	施工图现场核对工作已进行,有记录。编号:第 05 号
7	地质勘察资料	地质资料在施工图上
8	交接桩、施工复测及测量控制网资料	资料齐全,共计 5 份
9	施工组织设计、施工方案和环境保护方案及审批	施工组织设计及各类方案齐全,已按程序审批
10	分包方资质及对分包方单位管理制度	
11	主要专业工种操作上岗证书	钢筋工、混凝土工、架子工、焊工、起重工、电工等有证
12	施工检测设备及计量器具设置	设置合理,有管理制度,有校验和精度控制措施
13	材料、设备管理制度	《工程物资管理、使用、运输、贮存工作细则》、《机械设备管理办法》

检查结论:

现场质量管理检查合格。

总监理工程师

孙坚礼

2004 年 05 月 10 日

表 4—2　混凝土(结构外观和尺寸偏差)检验批质量验收记录表(Ⅲ)

03011003 0 2 6

单位工程名称	×××5 号大桥(DK168 +988)		
分部工程名称	墩台(0 号台、1 ~6 号墩、7 号台)		
分项工程名称	混凝土	验收部位	6 号墩
施 工 单 位	×××道桥工程公司	项目负责人	李实功
施工质量验收标准名称及编号	[A]:《铁路混凝土与砌体工程施工质量验收标准》TB 10424—2003 [B]:《铁路桥涵工程施工质量验收标准》TB 10415—2003		

施工质量验收标准的规定					施工单位检查评定记录					监理单位验收记录
主控项目	1	混凝土表面裂缝宽度		不大于 0.2mm	表面有少量宽度不大于 0.1mm 的收缩裂缝，不贯通。符合规定。					合　格
一般项目	1	桥台顶道碴槽面排水坡		[B]第 8.2.10 条	/					合　格
	2	结构外形尺寸允许偏差	边缘距中心线	±20mm	15	10	5	−3	8	
			滑模施工　边缘距中心线	±30mm	/					
			滑模施工　平面扭角	2°	/					
			表面平整度	5mm	3	3	3	4	6	
			空心墩壁厚	±5mm	/					
			支承垫石顶面高程	$^{0}_{-15}$mm	−3	−2	−3	−5		
			支承垫石顶面中心位置	15mm	10	8	8	12		
			每片梁一端两支承垫石顶面高差	3mm	/					
			每孔梁一端两支承垫石顶面高差	5mm	1	2				
			无支座垫石顶面高差	5mm	/					
			同一墩顶支承垫石顶面高差	5mm	2	1	3	0		
	3	预埋件和预留孔位置		5mm	5	1	3	3	2	
	4	预留孔洞尺寸		$^{+10}_{0}$mm	8	10	5	5	6	
	5	混凝土外观质量		[A]第 6.4.8 条	表面密实平整、颜色均匀,无露筋、蜂窝、孔洞、疏松、麻面和缺棱掉角等缺陷。符合规定					
施工单位检查评定结果	检查评定合格。 专职质量检查员　吴志亮　2004 年 07 月 28 日 分项工程技术负责人　郑富宗　2004 年 07 月 28 日 分项工程负责人　王兑章　2004 年 07 月 28 日									
监理单位验收结论	同意验收。 监理工程师　冯勋仕　2004 年 07 月 28 日									

表 4—3　混凝土分项工程质量验收记录表

<table>
<tr><td>单位工程名称</td><td colspan="4">×××5 号大桥(DK168 +988)</td></tr>
<tr><td>分部工程名称</td><td colspan="2">墩台(0 号台、1 ~6 号墩、7 号台)</td><td>检验批数</td><td>30</td></tr>
<tr><td>施 工 单 位</td><td colspan="2">×××道桥工程公司</td><td>项目负责人</td><td>李实功</td></tr>
<tr><td>序号</td><td>检验批部位</td><td>施工单位检查评定结果</td><td colspan="2">监理单位验收结论</td></tr>
<tr><td>1</td><td>0 号台:3 个检验批</td><td>符合要求</td><td colspan="2">合　格</td></tr>
<tr><td>2</td><td>1 号墩:4 个检验批</td><td>符合要求</td><td colspan="2">合　格</td></tr>
<tr><td>3</td><td>2 号墩:4 个检验批</td><td>符合要求</td><td colspan="2">合　格</td></tr>
<tr><td>4</td><td>3 号墩:4 个检验批</td><td>符合要求</td><td colspan="2">合　格</td></tr>
<tr><td>5</td><td>4 号墩:4 个检验批</td><td>符合要求</td><td colspan="2">合　格</td></tr>
<tr><td>6</td><td>5 号墩:4 个检验批</td><td>符合要求</td><td colspan="2">合　格</td></tr>
<tr><td>7</td><td>6 号墩:3 个检验批</td><td>符合要求</td><td colspan="2">合　格</td></tr>
<tr><td>8</td><td>7 号台:3 个检验批</td><td>符合要求</td><td colspan="2">合　格</td></tr>
<tr><td>9</td><td></td><td></td><td colspan="2"></td></tr>
<tr><td>10</td><td></td><td></td><td colspan="2"></td></tr>
<tr><td colspan="5">说明:混凝土强度等级符合设计要求。
试验报告编号:试报 10 - 0912 ~0919,共 8 份。</td></tr>
<tr><td>施工单位检查
评定结果</td><td colspan="4">质量合格。

分项工程技术负责人
郑富宗
2004 年 08 月 20 日</td></tr>
<tr><td>监理单位验收结论</td><td colspan="4">同意验收。

监理工程师
冯勋仕
2004 年 08 月 20 日</td></tr>
</table>

表4—4 地基及基础分部工程质量验收记录表

<table>
<tr><td>单位工程名称</td><td colspan="5">×××5号大桥(DK168+988)</td></tr>
<tr><td>施 工 单 位</td><td colspan="5">×××道桥工程公司</td></tr>
<tr><td>项目负责人</td><td>李实功</td><td>项目技术负责人</td><td>周纪树</td><td>项目质量负责人</td><td>陈致良</td></tr>
<tr><td>序号</td><td>分项工程名称</td><td>检验批数</td><td colspan="2">施工单位检查评定结果</td><td>监理单位验收结论</td></tr>
<tr><td>1</td><td>基 坑</td><td>8</td><td colspan="2">符合要求</td><td>同意验收</td></tr>
<tr><td>2</td><td>钻 孔</td><td>36</td><td colspan="2">符合要求</td><td>同意验收</td></tr>
<tr><td>3</td><td>模板及支架</td><td>30</td><td colspan="2">符合要求</td><td>同意验收</td></tr>
<tr><td>4</td><td>钢 筋</td><td>30</td><td colspan="2">符合要求</td><td>同意验收</td></tr>
<tr><td>5</td><td>混 凝 土</td><td>30</td><td colspan="2">符合要求</td><td>同意验收</td></tr>
<tr><td>6</td><td></td><td></td><td colspan="2"></td><td></td></tr>
<tr><td>7</td><td></td><td></td><td colspan="2"></td><td></td></tr>
<tr><td>8</td><td></td><td></td><td colspan="2"></td><td></td></tr>
<tr><td>9</td><td></td><td></td><td colspan="2"></td><td></td></tr>
<tr><td colspan="3">质量控制资料</td><td colspan="2">共12项,符合要求。</td><td>符合要求</td></tr>
<tr><td colspan="3">安全和功能检验(检测)报告</td><td colspan="2">共2份桩基承载力试验报告,编号:第051~052号;共36份桩基无损检测报告,编号:第061~096号。结果合格</td><td>合 格</td></tr>
<tr><td rowspan="3">验收单位</td><td>施工单位</td><td colspan="4">质量合格。
项目负责人 李实功 2004年08月20日</td></tr>
<tr><td>勘察设计单位</td><td colspan="4">同意该分部工程验收。
项目负责人 钱设季 2004年08月20日</td></tr>
<tr><td>监理单位</td><td colspan="4">同意验收。
监理工程师 冯勋仕 2004年08月20日</td></tr>
</table>

注:勘察设计单位参加桥梁的地基及基础和特殊结构的墩台、梁部等分部工程验收。

表4—5　单位工程质量控制资料核查表

单位工程名称	×××5号大桥(DK 168 +988)			
施工单位	×××道桥工程公司			
序号	资料名称	份数	核查意见	核查人
1	图纸会审、设计变更、洽商记录	4	符合要求	付宗坚
2	工程定位测量、放线记录	5	符合要求	付宗坚
3	原材料出厂合格证及进场检(试)验报告	25	符合要求	付宗坚
4	施工试验报告	35	符合要求	付宗坚
5	成品及半成品出厂合格证或试验报告	9	符合要求	付宗坚
6	隐蔽工程验收记录	37	符合要求	付宗坚
7	施工记录	31	符合要求	付宗坚
8	工程质量事故及事故调查处理资料			
9	施工现场质量管理检查记录	1	符合要求	付宗坚
10	分项、分部工程质量验收记录	44	符合要求	付宗坚
11	新材料、新工艺施工记录			
12				

结论:齐全完整。

施工单位项目负责人　　　　总监理工程师

李实功　　　　孙坚礼

2004年09月25日　　　　2004年09月25日

注:核查人为验收组的监理单位人员。

表4—6　安全和功能检验资料核查及主要功能抽查记录表

（单位工程实体质量和主要功能核查记录表）

单位工程名称	×××5号大桥（DK168 +988）			
施 工 单 位	×××道桥工程公司			
序号	核查、抽核查项目	份数	核查、抽查意见	核查、抽查人
1	地基承载力试验记录	2	符合要求	付宗坚
2	桩基无损检测记录	36	符合要求	付宗坚
3	桩的钻芯取样检测记录	/	/	/
4	墩台、梁部混凝土 护试件抗压强度试验记录	10	符合要求	付宗坚
5	斜拉索张拉力振动频率试验记录	/	/	/
6	桥梁的动、静载试验记录	/	/	/
7	桥涵竣工测量资料	1	符合要求	付宗坚
8	渡槽和倒虹吸通水试验记录	/	/	/
9				
10				
11				

结论：符合要求。

施工单位项目负责人	总监理工程师	建设单位项目负责人
李实功	孙坚礼	赵甲方
2004年09月25日	2004年09月25日	2004年09月25日

注：① 核查、抽查项目由验收组协商确定；

② 核查、抽查人为验收组的监理单位人员。

表 4—7　单位工程观感质量检查记录表

单位工程名称	×××5 号大桥(DK168 +988)			
施 工 单 位	×××道桥工程公司			
序号	项 目 名 称	质 量 状 况	质量评定	
			合格	差
1	墩、台、塔	墩台身混凝土表面平整,色泽均匀,外形整体轮廓清晰,线角顺直	√	
2	混凝土梁	梁体表面平整,色泽均匀,无明显表面缺陷。泄水管畅通。全桥整体基本平顺,梁缝基本均匀	√	
3	钢梁涂装	/		
4	明桥面	/		
5	拱部	/		
6	斜腿刚构	/		
7	斜拉索	/		
8	检查设施	配件齐全,联结牢固,涂装合格	√	
9	人行道和避车台	步行板平整,无明显损伤,排列均匀,铺装平稳,嵌缝密实。栏杆、扶手无明显缺陷,安装牢固,涂装合格,扶手基本顺直。配件齐全	√	
10	锥体护砌	砌体选料得当,坡度顺直,勾缝无明显缺陷,泄水孔畅通	√	
11				
12				

检查结论：合格。

施工单位项目负责人	总监理工程师	建设单位项目负责人
李实功	孙坚礼	赵甲方
2004 年 09 月 25 日	2004 年 09 月 25 日	2004 年 09 月 25 日

表4—8　单位工程质量验收记录表

<table>
<tr><td colspan="2">单位工程名称</td><td colspan="6">×××5号大桥(DK168+988)</td></tr>
<tr><td colspan="2">开工日期</td><td colspan="3">2004.05.18</td><td colspan="2">竣工日期</td><td>2004.09.20</td></tr>
<tr><td colspan="2">施工单位</td><td colspan="6">×××道桥工程公司</td></tr>
<tr><td colspan="2">项目负责人</td><td>李实功</td><td>项目技术负责人</td><td>周纪树</td><td colspan="2">项目质量负责人</td><td>陈致良</td></tr>
<tr><td>序号</td><td colspan="2">项　目</td><td colspan="4">验收记录</td><td>验收结论</td></tr>
<tr><td>1</td><td colspan="2">分部工程</td><td colspan="4">共4分部经查,符合标准规定及设计要求4分部</td><td>同意验收</td></tr>
<tr><td>2</td><td colspan="2">质量控制资料核查</td><td colspan="4">共9项经查符合要求9项不符合要求0项</td><td>齐全完整</td></tr>
<tr><td>3</td><td colspan="2">安全和主要使用功能核查及抽查结果</td><td colspan="4">共核查、抽查4项符合要求4项不符合要求0项</td><td>符合要求</td></tr>
<tr><td>4</td><td colspan="2">观感质量验收</td><td colspan="4">共检查5项评定为合格的5项评定为差的0项</td><td>合　格</td></tr>
<tr><td>5</td><td colspan="2">综合验收结论</td><td colspan="5">通过验收</td></tr>
<tr><td rowspan="2">验收单位</td><td colspan="2">施工单位</td><td colspan="2">监理单位</td><td colspan="2">勘察设计单位</td><td>建设单位</td></tr>
<tr><td colspan="2">×××道桥
工程公司
(公章)
单位负责人
李实功
2004年09月25日</td><td colspan="2">×××工程
建设监理公司
(公章)
总监理工程师
孙坚礼
2004年09月25日</td><td colspan="2">×××勘测
设计研究院
(公章)
项目负责人
钱设季
2004年09月25日</td><td>×××铁路建设
总指挥部
(公章)
项目负责人
赵甲方
2004年09月25日</td></tr>
</table>

四、关于检验批表格

实际的工程施工质量验收工作，都要按验标规定的表格来填写，质量验收结果和结论均应反映在各类表格上。检验批质量验收记录表是各分项工程分批验收的专用表格，其中的检验项目（主控项目、一般项目）要按各验标所规定的全部项目数量列全，做到一一对应，防止漏项。验标中规定的质量指标和质量控制要求，也应该简要地反映在检验批质量验收记录表格上，便于与实际检查验收结果进行对照，直观地进行合格与否的判定。

检验批质量验收记录表是验标规定的各种表格中最基本、最具有实质性内容、最能反映质量状况的一个重要表格，是各阶段质量验收的基础，应该予以充分重视。只有经过实际检验填入检验批质量验收记录表，且由各方签字认可的检验项目和质量数据，才是质量验收的有效依据。

五、客运专线铁路工程施工质量验收标准应用过程中需要注意的几个问题

1. 验标与施工规范（技术指南）对质量要求不一致的情况

（1）当验标与施工规范（技术指南）对质量要求不一致时，应以验标为准进行验收。当施工规范对质量的要求高于验标时，应按施工规范进行施工操作。在2003年以前，铁道行业的施工规范和验标同属强制性标准，对于保证工程施工质量而言，施工规范面向过程控制，验标着重于最终检验。两者共同发挥作用，具有同样的重要性。

（2）从2004年开始，新的铁路工程建设标准体系，已经明确验标是建设活动各方都必须遵守的强制性标准，工程质量合格与否的判定标准是验标，验标中也强化了过程控制的要求，验标变成了一个既有过程控制，又有最终检验的综合标准。

2. 从标准管理角度，施工规范（技术指南）应逐步弱化，逐步演化为行业推荐性标准及企业标准。但是，根据我国铁路工程施工企业的现状，绝大多数企业还没有自己的企业标准，要在较短的时间内完成配套的施工技术和施工工艺操作标准难度很大，特别是要完成客运专线铁路配套的施工技术和施工工艺操作标准难度更大。如果立即废止施工规范，必然对铁路建设造成不利影响。另外，实践证明，通过标准的形式进行新技术、新工艺的推广，是最为直接和有效的途径。铁路实施跨越式发展，建设一流的客运专线，如果没有统一的工艺技术保证，工程质量则很难想象。所以，在以往部颁施工规范尚未及时修订调整的情况下，考虑到实际需要，又组织编制了客运专线各专业的施工技术指南。当前，铁路建设的形势发展很快，尤其是客运专线建设过程中，一些新技术、新结构、新设备、新材料、新方法会不断采用，在实际验收工作中，现行验标的内容可能会出现一些不足，当涉及结构安全和系统功能的部分设计规范条文和设计文件对质量的要求与验标不一致时，应以标准高者为准。

3. 混凝土强度同条件养护试件检测往往被忽视

（1）《铁路混凝土与砌体工程施工质量验收标准》（TB 10424—2003）和《铁路混凝土工程施工质量验收补充标准》（铁建设〔2005〕160号）对于桥梁梁部和墩台、隧道衬砌的混凝土抗压强度的检测，都规定除用标准条件养护试件检测外，还要用同条件养护试件进行检测。由于同条件养护试件采用了与结构实体相同的养护条件，能够比较真实地反映结构实体的强度。就是对于桥梁梁部和墩台、隧道衬砌这些比较重要的结构，混凝土强度检测实行双控。但从现场实际执行情况看不够理想，在检查验收中应予以注意。

（2）同条件养护试件的逐日累积温度：在《铁路工程结构混凝土强度检测规程》（TB 10426）中，标准条件养护法试件的龄期只有28 d一种，其同条件养护法试件的逐日累积温度规定是600℃·d。对标准条件养护法试件的龄期采用56 d的混凝土，应有对应的逐日累积温度，采用1 200℃·d。如墩台、现浇梁混凝土，隧道衬砌混凝土。

4. 关于水下混凝土标准养护试件强度评定问题

（1）《客运专线铁路桥涵工程施工质量验收暂行标准》第6.5.16规定：钻孔桩水下混凝土标准养护试件强度必须符合设计强度等级的1.15倍。

由于水下混凝土检查试件的浇筑、成型、凝结硬化环境完全不同于水下混凝土本体，混凝土本体抗压强度一般较试件强度低10%～20%，为确保水下混凝土本体强度达到设计强度等级，需要提高10%～20%作为保证值，取中值15%。所以规定用标准养护检查试件的评定结果要达到设计强度等级的1.15倍。实际检验过程中，有人直接理解为每个试件的抗压强度要达到设计强度等级的1.15倍。这是不全面的。

（2）应该是按《铁路混凝土强度检验评定标准》（TB 10425—94）规定的方法评定出来的，而不是说每个试件的抗压强度达到设计强度等级的1.15倍就可以。若按《铁路混凝土强度检验评定标准》（TB 10425—94）规定的标准差已知方法：（用标准差未知方法、小样本法，结果相同）。

$$m_1 f_{cu} \geqslant f_{cu},k + 0.8\sigma 0 \qquad f_{1cu},\ \min \geqslant f_{cu},k - 0.85\sigma 0$$

如果每个试件的抗压强度刚好达到设计强度等级的1.15倍，评定的结果则为不合格。

如果用钻芯试件评定，则不用乘以1.15，就是设计强度等级。

5. 关于粉喷桩桩身无侧限抗压强度试件取样范围问题

（1）现行验收标准关于试件取样范围的规定

《客运专线铁路桥涵工程施工质量验收暂行标准》第4.8.6条规定：桩顶以下0.5 m、1.0 m、1.5 m各截取1个；也可在桩径方向1/4处、桩头至2/3桩长范围内垂直钻芯取3个。

《客运专线铁路路基工程施工质量验收暂行标准》第4.10.8条规定：在桩径方向1/4处、桩长范围内垂直钻孔取芯，取不同深度的3个。

（2）关于试件取样范围的分析说明

粉喷桩的桩身无侧限抗压强度试验，各行业对试件取样方法的规定不很统一，有的行业标准甚至没有对试件取样方法作出明确规定。

目前的做法主要有两种：一种是从桩体上截取试件，一种是通过钻芯取得试件。

（3）从桩体上截取试件，需要挖开地面，截断柱体，试验后还要采取措施予以恢复。由于工作量大，取样位置不宜太深，一般是在桩顶往下0.5 m、1.0 m、1.5 m处各截取一个柱体原样，再进行试件加工。此方法用的较少。

通过钻芯取得试件，方法简便，采用的比较多。各行业标准对钻芯位置的规定是一致的，即在桩径方向1/4处而不是桩中心处，是由于粉喷桩桩体中心是钻杆，喷粉较少，成桩后中心部位强度较低，易造成桩体强度偏小的假象。

（4）但沿桩长的钻芯取样范围规定略有出入，主要有五种说法：

① 桩全长范围；

② 桩顶1 m以下范围；

③ 桩顶至2/3桩长范围；

④ 桩全长再往下加 50 cm 范围；

⑤ 桩顶往下 0.5 m、1.0 m、1.5 m 处。

前三种说法，在实际操作中是比较接近的，区别不大。因为粉喷桩的桩底段和顶段是两个薄弱部位，不宜取样。桩底段由于土压力较大，喷粉压力不稳定，喷粉量往往偏少，造成成桩质量差；桩顶段由于上面覆土很少，土压力较小，也影响成桩质量，不容易达到设计要求的地基处理效果。根据经验，桩底段及顶段的试件试验结果离散性大，无论具体说法如何，取样时一般都避开两端部位。第四种说法实际上是增加了两个检测目的，检测成桩长度、检验桩底土性状，但强度试件的实际取样方法还是与前三种说法一致的。第五种说法机械照搬了从桩体上截取试件的办法，不可取。

目前，路基、桥涵验标中关于粉喷桩桩身无侧限抗压强度试验的取样范围规定已基本表达清楚。明确为"桩全长范围"也不能理解为从严要求。

另外，需要说明的是，无侧限抗压强度试验是检测粉喷桩质量的一个方面，而复合地基承载力试验是粉喷桩质量判定的最终依据。在路基、桥涵验标中，复合地基承载力试验均是主控项目。

6. 框构桥、框架桥、框构涵、框架涵、钢结构等如何验收、填表

框构桥、框架桥、框构涵、框架涵、钢结构等如何验收、填表？这些叫法较杂，不很统一。目前的铁路桥涵施工规范和验标将其列入涵洞中，所以，这类结构工程的验收按"就地制作涵洞"处理。

7. 半填半挖段的路基如何填表

半填半挖路基，填的部分按路堤填表，挖的部分按路堑填表。需要填两个表。

8. 地基系数 K30 检测数据如何填表？

由于压实系数 *K*、孔隙率 *n* 是按每压实层检测、填表，而地基系数 *K*30 是按每填高约 90 cm 为一个检测层，*K*30 是几个压实层的数据。如果按在哪一层检测，就把数据填在哪一层的检验批表中，有的检验批表中就没有 *K*30 数据，这是允许的，没有关系。

9. 检验批表的编号重复如何处理

对于一个单位工程来说，检验批表是不可能出现重复编号的。即使对于一个隧道的两个洞口，也不会出现重复编号。如隧道单位工程编号 0401，洞口分部工程编号 01，开挖分项工程编号 01，一个洞口为一个检验批，则一个口检验批的顺序号为 001，另一个为 002。两个洞口的开挖分项工程检验批表的编号为：04010101001、04010101002。

检验批表的编号不能出现重复，但可以不连续。如上述两个洞口的开挖分项工程检验批表的编号也可以编为：0401 01 01 003、0401 01 01 005。另外，根据一般工程的规模数量，检验批的顺序号按三位预留能够满足需要。当一个分项工程的规模特别大时，如果三位顺序号确实不够，可以再加一位，用 001—1、001—2、001—3……，也可以用 0001、0002……。

10. 关于站场路基检验批长度的确定

关于站场路基检验批的确定，在《铁路站场工程施工质量验收标准》中规定，须按股道数折合为单线长度。

例如对于路堤填筑，《铁路路基工程施工质量验收标准》规定的检验批是单线 300 m。

对于 5 股道的站场路基，填筑压实检验批长度应掌握在 60 m 左右。

11. 预制梁能否划分为单位工程

梁由梁场制造，而桥梁的其它工程由别的施工单位施工。按照单位工程划分的首要原则，由不同的施工单位施工的不能划为一个单位工程，但梁场的不能划分为一个单位工程。桥梁单位工程不包括预制梁。只是在“架设”分项工程中，检查梁体是否有质量证明文件，是否合格。

12. 验收资料是否必须手工填写？

除责任人签名外，没有必要要求其他资料手写，机打更清楚。

13. 桥梁桩基沉渣问题

在《客运专线铁路桥涵工程施工质量验收暂行标准》第46页6.5.5条“浇注水下混凝土前要清底，孔底沉渣应清除干净，满足客运专线铁路相关设计规范级设计文件提出的沉降要求。”

有的理解为沉渣厚度控制为零.；即使不能控制为零，填写检验批相关资料时也要求填写为零；这种理解是机械的。

(1) 关于孔底沉渣厚度，铁路标准一直规定：柱桩不大于100 mm，摩擦桩不大于300 mm。(见《铁路桥涵工程施工质量验收标准》(TB 10415—2003))。

(2) 在制定《客运专线铁路桥涵工程施工质量验收暂行标准》时，考虑到客运专线的行车平稳性对基础沉降的要求，拟提出一个较为严格的控制值。但到底这个值是多大？没有实践经验，不能确定出一个统一的数值。从而提出“满足客运专线铁路相关设计规范及设计文件提出的沉降要求”。即沉渣厚度由各条线的设计单位提出。

(3)《客运专线铁路桥涵工程施工技术指南》第27页第11行，“浇注水下混凝土前孔底沉渣厚度，柱桩不大于5 cm，摩擦桩不大于20 cm。严禁采用加深钻孔深度的方法代替清孔”。

此处的要求仅仅作为参考.

(4)“沉渣应清除干净”的目的也是“满足客运专线铁路相关设计规范及设计文件提出的沉降要求”。但“沉渣应清除干净”的原意不是“零”，“零沉渣”不可能做到。质量验收资料上填写“零沉渣”，不能让人信服。还是应该与监理单位协商找设计单位提出个数值为好。

14. 钻孔桩地质核实问题

客运专线桥涵工程质量验收标准规定：桥梁钻孔桩达到设计深度后，必须核实地质情况。检验数量：施工单位、监理单位全部检查，勘察设计单位对有代表性的桩进行现场确认。

关于要求设计单位对有代表性桩的地质情况进行确认问题，因具体工程情况不一，验收标准无法给出量化要求，只能原则性要求，由建设各方根据工程具体情况协商确定。但应注意以下几点：

(1)地质情况与设计相符与否，是设计单位的质量职责。验收标准编写的原意是让设计单位100%确认。

(2) 考虑到设计单位在勘察设计阶段已经做了大量工作，且现场配合人员相对较少的实际情况，验收标准给出了设计单位对有代表性的桩进行地质情况确认的要求。所谓有代表性，目的是减少一些设计单位的现场工作量。但质量责任并不减免。

(3)当确定有代表性的桩时，一定要明确所代表的范围，并留有记录。

(4)一般情况下，一个墩台应确认一次；对于钻探资料详细、地质情况变化不大、桩长相近的桩，可以几个墩台确认一次，但范围不能太宽。

15. 工程技术资料的填写

资料的填写是做好项目工程原始记录的保障，是工程项目的依据，因此，我们必须要做好这项工作：

(1) 及时性。及时性是做好工程技术资料的前提。不及时必然出现造表现象，造表必然出错。

(2)真实性。真实性是好工程技术资料的灵魂。不真实的东西必然出现漏洞。

(3)准确性。准确性是做好工程技术资料的核心。准确性依赖于对技术内容的理解。

(4)完整性。完整性是做好工程技术资料的基础。要特别注意记录的闭合性。

第四节　铁路客运专线交工验收内容

一、总体技术要求

1. 路基变形是影响列车运行速度的重要因素之一，控制沉降和纵向刚度的变化是高速铁路路基设计、施工的关键问题。

2. 桥梁结构设计强调结构的耐久性和良好的动力特性，严格控制桥梁结构的纵横向刚度、基频和铺轨后的残余(工后)沉降，满足高速列车安全运行和旅客乘坐舒适度的要求。

3. 隧道设计考虑空气动力学效应，隧道有效断面积拟采用 100 m^2，必要时洞口可设缓冲结构。

4. 轨道结构的可靠性、稳定性和高平顺性是高速铁路安全可靠、平稳舒适、经济耐久运行的关键。主要设计特点是采用一次铺设跨区间无缝线路，推广采用少维修的无砟轨道，转线地段采用大号码高速道岔。

5. 信息系统集成了列车运行控制、车站计算机联锁和综合调度，实现通信、信号和计算机技术的一体化，充分发挥通信、信号系统的整体综合效能，使其成为一个集行车控制、调度指挥、信息管理和设备监测于一体的综合自动化系统。

6. 引供电系统的技术特点在于供变电系统的安全、可靠性高和高度自动化，接触网系统的高平顺性和良好的受流特性，高速铁路牵引供电系统拟采用 AT 供电方式、简单链型悬挂和基于网络化、分层化管理的电力调度系统。

7. 高速列车拟采用当今世界上最先进的 300 ~ 350 km/h 动力分散型动车组。列车具有运行速度高、安全可靠、车内布置宽敞舒适、车体轻量化、外观流线型、大功率、低能耗、加速快、爬坡能力强等技术特点，同时具备兼容既有线信号制式、多制动方式、自动诊断等功能。

8. 防灾安全监控系统由风监测、雨量及洪水监测、地震监测、轨温监测、火灾监测、突发事故、异物侵限及非法侵入防护等系统组成。

9. 高速铁路按环保型绿色通道设计，采取设置声屏障等综合治理措施。

二、检查情况

1. 检查合同执行情况；

2. 检查施工自检报告、施工总结报告及施工资料；

3. 检查监理单位独立抽检资料、监理工作报告及质量评定资料；
4. 检查工程实体，审查有关资料，包括主要产品质量的抽（检）测报告；
5. 核查工程完工数量是否与批准的设计文件相符，是否与工程计量数量一致；
6. 检查建设过程中发生的Ⅰ类设计变更，是否按规定办理设计变更审批手续；
7. 检查概算、预算执行情况和建设资金的使用；
8. 检查工程竣工文件编制完成情况；
9. 对工程质量是否合格做出结论。

三、基础设施子系统

1. 线路、路基、桥涵、隧道、轨道等结构物实体质量；
2. 施工过程验收及交工验收及交工验收相关资料；
3. 路基工后沉降、无砟轨道铺设、桥梁结构变形、变位和自振频率、隧道衬砌等重要部位检查

四、通信信号子系统

1. 通信系统、客运自动化系统、信号系统安装质量；
2. 通信系统、客运自动化系统、信号系统过程资料；
3. 对信号机、轨道电路、道岔、室内控制台、电源屏的检查测试，确保联锁关系正常。
4. 自动闭塞检查：无绝缘轨道电路，带速度监督的机车信号、信号机、室内接收和发送设备的特性检查、测试和调整。

五、牵引供电子系统

1. 电气化、电力系统安装工程质量；
2. 电气化、电力系统过程验收及交工验收资料。

六、动车组子系统

1. 动力学和拖车的动力学性能；
2. 动车组的制动性能；
3. 动车组牵引性能；
4. 动车组噪声和照度测试；
5. 高速运行条件下空气动力学性能；
6. 运营线路的动力响应；
7. 车载信号设备与地面信号的配合。

七、运输调度子系统

1. 铁路信号运营；
2. 铁路运输调度指挥系统；
3. 铁路编组站驼峰调车与指挥系统；
4. 铁路车站计算机联锁；

5. 铁路枢纽车流组织与优化。

八、客运服务子系统

1. 客运设备管理；
2. 客运站及客票管理；
3. 列车工作组织；
4. 环境保护和列车卫生；
5. 驾驶员从业安全。

九、全线静态验收

1. 路基与桥梁连接接口平顺性要求；
2. 路基稳定性与无砟轨道铺设的接口要求；
3. 桥梁变形与轨道接口要求；
4. 轨道精度和可靠性与动车组系统的接口要求；
5. 无砟轨道电路参数与信号传输接口要求；
6. 动车组对线间距、隧道断面的接口要求；
7. 动车组对牵引制动性能的接口要求；
8. 动车组对列车控制系统的接口要求；
9. 在客运专线调度集中系统、列控系统、车站联锁系统、局域网系统、集中监测系统全部安装完毕并完成单系统调试，通信光缆及信号广域网调试完成后，进行系统联调。

验证各系统之间网络接口协议的可行性；验证各系统之间数据传输的逻辑、正确性和可靠性。

动态验收是在静态验收合格基础上，为确保整个系统能够按照设计速度运行而满足各项设计要求而进行的动态测试工作。

十、测试方式包括检测车检查和运行列车测试资料

1. 轨道几何状态检查；
2. 采用轨检车测试高低、轨向、水平、扭 曲和振动等参数；
3. 接触网检测；
4. 无线列调场强测试；
5. 信号显示确认。

十一、结构物观测、试验路基

1. 基床表面的动应力、动位移。

2. 轨道：不同缓和曲线与曲线超高以及竖、圆曲线重叠条件下的轨道动力性能测试；桥上无碴轨道的动力性能测试；道岔及转换设备的动力性能测试；跨区间无缝线路关键参数的测试；噪声及振动测试站台及规侧安全退避距离测试。

3. 桥梁：行车安全性；乘坐舒适性；桥跨结构的动力性能；桥墩的动力性能；桥梁支座的动力性能。

4. 牵引供电:接触网安全参数测试;接触网－受电弓系统受流性能试验;接触导线动态抬升量测试;接触导线弯曲应力和振动加速度测试;接触网支柱稳定性试验;高速机车负荷特性及对牵引供电系统影响试验;牵引变电所安全监控及综合自动化成套技术试验;高速电力机车电磁辐射特性试验。

十二、安全评估资料

1. 列车运行集中管理控制系统;
2. 列车运行自动控制系统;
3. 列车状态及设备自诊断系统;
4. 保持轨道高平顺性的科学管理系统;
5. 自然灾害监测系统;
6. 严防异物侵入限界监测及防护系统;
7. 事故应急处理系统;
8. 安全管理系统和人员技术培训。

十三、试运行和正式验收资料

1. 以设计速度的110%试验运行,通过安全评估,可以试运行;
2. 试运行一年,空载和载人试运行;
3. 试运行期间仍然需要进行动态监测和进一步安全评估;
4. 通过国家正式验收后,正式运营。

第五节　建设项目档案验收考核评分标准

档案验收考评是推动企业档案工作发展的重要手段,根据国家档案局文件(档发字〔1996〕9号),国家档案局、国家发展和改革委员会文件(档发〔2006〕2号),以及上级文件的精神,应结合本公司科技档案工作制度,进一步加强科技档案规范化管理,有效促进企业档案工作整体水平的提高,为本公司的建设项目服务。各单位可根据文件精神拟订内部验收考核评分标准进行考评。采取自检评分的形式,由本级档案部门对案卷质量进行复检后办理档案移交和归档。重大建设项目档案的归档必须报上一级管理部门,统一组织档案验收专家小组进行验收,各单位(项目部)必须将自检情况报本级单位档案管理部门,由本级档案管理部门向上级档案管理部门上交申请验收报告,上级接到申请报告一个内月,无特殊情况下必须组织专家进行复查,案卷质量单项达到满分的,给予通报表扬。对重大建设项目档案验收综合评分达到优良和优秀的,专家组将形成验收结果,以书面形式通知各单位(项目部),各施工单位必须根据《档案法》给予奖励,验收不合格的,由验收组提出整改意见,对存在的问题限期整改,并将整改情况报上级管理部门,上级部门组织复查。复查后仍不合格的,不得进行竣工验收和档案归档工作,并由项目档案验收组提请有关部门对项目施工单位负责人通报批评。造成档案损失的,依法追究有关单位及有关人员的责任。

重大建设项目档案的得分≥95为优秀;90≤得分<95为优良;85≤得分<90为良好;75≤得分<85为合格;得分<75为不合格。见表4—9和表4—10。

表4—9　中铁二十五局集团有限公司建设项目档案验收考核标准评分表

序号	项目内容	验收标准	标准分	自评分	评定分	扣分原因
1	组织管理		30			
1.1	制度体制	建立了项目档案工作各项规章制度，以及岗位责任制(3分)，建立了行之有效的项目档案工作的管理体制和工作程序(1分)，形成了项目档案管理网络图(1分)，没有建立的不得分，建立了但没有履行职责的扣0.5分；如做到“三纳入”、“四参加”2分。	5			
1.2	同步开展	项目建设单位(主要负责人)应对项目档案工作实行统一管理，对本单位参建项目的单位进行有效的监督指导(2分)；自觉接受有关部门对项目档案工作的检查监督和指导，对检查中发现的问题能及时整改(0.5分)，按规定及时填报《国家重点建设档案管理登记表》(0.5分)；做到项目档案工作与项目建设同步进行(1分)。	4			
1.3	责任考核	项目档案工作实行领导负责制(0.5分)，确定了负责档案工作的归口部门及领导(0.5分)，实行了各部门和有关人员档案工作责任制(1分)，并采取了有效的考核措施。	4			
1.4	人员配备	配备了专人管理科技档案，适应工作需要的人员(2分)，经过档案专业岗位培训(2分)。培训率未达到指标的扣1分。	4			
1.5	合同管理	项目文件材料的收集、整理和归档纳入合同管理(1分)，要求明确(2分)，控制措施有力(2分)。	5			
1.6	办公设备	保证档案工作所需经费(2分)，配备了计算机(0.5分)、复印机及声像器材等必备的办公设备(1分)，且性能优良(0.5)，满足工作需要。	4			
1.7	信息化	采用了中铁二十五局统一的档案管理软件，实现项目档案与本级档案部门的档案信息接轨。基础设施(1分)、资源建设(2分)、应用效果(1分)三方面考核。其中，全套项目档案同时编制有纸质和电子目录的0.5分；全套档案目录和竣工图已数字化的1.5分；全套项目档案(施工原始记录除外)已数字化的得2分。	4			
2	案卷质量	验收标准	50			
2.1	形成质量		35			
2.1.1	齐全完整	按照《中铁二十五局集团有限公司科技档案管理归档范围和保管期限表》所列内容，参考应交各单位的规定，重要文件归档无遗漏。每缺1张(份)竣工图纸(含修改通知单)或征地图、重要合同、协议书等重要文件，扣0.5分，其余应归档文件少一份扣0.1分。没有按归档时间归档的扣1分；归档率达100%的1分，在95%以下的不得分，其间的扣0.5分。完整率98%，95%以下不得分，其间各扣0.5分。	14			
2.1.2	真实准确	所有归档文件真实，内容准确，签署手续完备。若归档材料不真实或内容不准确、签署手续不完备，弄虚作假，每发现一处扣0.5分。准确率达100%满分，95%以下不得分，其间各扣0.5分。	7			
		竣工图编制准确，修改到位，签署手续不完备，能真实反映项目竣工时的实际情况。若竣工图内容与施工图、设计变更、洽商、材料变更、施工及质检记录不相符的，每发现一处扣0.5分。	7			

续上表

序号	项目内容	验收标准	标准分	自评分	评定分	扣分原因
2.1.3	耐久有效	归档纸质材料字迹清楚，图样清晰，页面整洁，格式规范，符合耐久要求（5分）；录音文件应保证载体的有效性（1分）；长期存储的电子文件使用不可擦除型光盘（1分）。有圆珠笔、铅笔字迹的扣0.5分；纸张质量不符合要求的扣0.5分。	7			
2.2	整理质量		15			
2.2.1	排列系统	分类清楚，组卷合理，排列系统、有序。项目档案案卷与卷内文件的排列符合国家或专业主管部门的有关标准规范。	3			
2.2.2	封面脊背	格式规范统一，字迹清晰美观，填写完整准确 。	1			
2.2.3	案卷题名	案卷题名规范，简明扼要，能准确揭示卷内文件材料的主要内容和特征。	4			
2.2.4	卷内目录	卷内目录与卷内文件材料实物相符，无错漏；著录格式符合规范要求，字迹清晰。若抽查重要文件卷内目录有错漏，每发现一条扣0.1分。	4			
2.2.5	卷内备考	卷内备考表要标明卷内文件的件数、页数。不同载体文件的数量，说明组卷情况，如组卷单位负责人、立卷人、职务，立卷时间等。	1			
2.2.6	纸张折叠	案卷内不同幅面的科技文件材料要折叠或裱贴为统一幅面，破损的要先修复。幅面一般采用国际标准A4型或国家通用16开型。图样折叠时标题栏露在右下角。	1			
2.2.7	案卷装订	文字材料可采用整卷装订与单份文件装订两种形式；图纸可不装订，但同一项目应统一。整卷装订的案卷要整齐、牢固，单份文件装订的案卷要在卷内每份文件首页左上方加盖归档章 。	1			
3	档案安全		10			
3.1	用房设施	各单位档案装具（柜）与档案阅览、办公用房实行三分开，各项目部可采用档案装具（柜）、档案阅览、档案人员办公的专门用房（2分）。档案用房必须配置有防火、防盗、防光、防潮、防高温、防虫、防尘、防有害生物（2分）和温湿度调控（1分）等设施。	5			
3.2	档案装具	档案柜架、卷盒、卷皮等档案装具符合国家标准要求。	3			
3.3	安排措施	采取有效措施保证档案实体和信息安全。	2			
4	开发利用		10			
4.1	检索工具	没有总目录、分类目录的各扣0.5分。	1			
4.2	提供利用	没有档案借阅登记本的扣1分。档案人员熟悉所管范围档案及相关业务的1分，查全率、查准率达98%的1分，95%以下的不得分。	3			
4.3	开发工作	有工程项目简介、科研成果简介、专题介绍1分，有实用价值编研成果2分，利用实例用《科技档案所创经济效益计算方法的规定》计算经济效益的2分，得到有关部门认可的加1分。	6			
合计			100			

表 4—10　建设项目档案整改通知

单位名称	
整改期限	
整改内容：	
整改详细情况（措施、效果，不够附页）： 单位（盖章） 年　月　日	

第五章　合同档案管理

第一节　合同档案内容与分类

一、合同档案的内容

合同档案是指有保存价值的各种合同及其有关文件材料。内容应包括:立档单位对外工程施工承包、分包,技术经济合作,物资、设备采购,运输、保险、贷款、经营性租赁、委托、代理、劳动、房屋买卖、购销合同等,以及其他涉外经济合同和具有合同性质的各种不同形式和载体的合同文件材料。如:合同订立过程中形成的项目建设书、可行性研究报告、章程、达成协议的与合同有关的重要来往文书,如对方营业执照及资质证书复印件;对方法定代表人的身份证明书复印件;对方法定代表人签署的委托书;对方的资信资料;谈判纪要;双方往来信函、电报电传及其他一切有关的书面材料、封存样品,声像资料;意向书或合同草本及审批手续;合同正本及合同订明的全部附件;合同履行、变更、解除情况;合同纠纷的解决及合同仲裁、终止等方面的文件材料,以及其他资料。

二、合同档案的分类

1. 工程承包、分包;
2. 技术经济合作;
3. 运输;
4. 保险;
5. 贷款、借款、经营性租赁;
6. 保管、委托、代理;
7. 房屋买卖、购销;
8. 担保、投资;
9. 劳动、劳务;
10. 其他类。

第二节　铁路项目工程总承包招标通用合同条款

1. 一般约定

1.1　词语定义

通用合同条款、专用合同条款中的下列词语应具有本款所赋予的含义。

1.1.1　合同

1.1.1.1　合同文件(或称合同):指合同协议书、中标通知书、投标函及投标函附录、专用合同条款、通用合同条款、技术标准和要求、图纸、已标价工程量清单,以及其他合同文件。

I. 1. 1. 2　合同协议书:指第 1. 5 款所指的合同协议书。

1. 1. 1. 3　中标通知书:指发包人通知承包人中标的函件。

1. 1. 1. 4　投标函:指构成合同文件组成部分的由承包人填写并签署的投标函。

1. 1. 1. 5　投标函附录:指附在投标函后构成合同文件的投标函附录。

1. 1. 1. 6　技术标准和要求:指构成合同文件组成部份的名为技术标准和要求的文件,包括合同当事人双方约定对其所作的修改或补充。

1. 1. 1. 7　图纸:指包含在合同中的工程图纸,以及由发包人按合同约定提供的任何补充和修改的图纸,包括配套的说明。

1. 1. 1. 8　已标价工程量清单:指构成合同文件组成部分的由承包人按照规定的格式和要求填写并标明价格的工程量清单。

1. 1. 1. 9　其他合同文件:指经合同当事人双方确认构成合同文件的其他文件。

1. 1. 2　合同当事人和人员

1. 1. 2. 1　合同当事人:指发包人和(或)承包人。

1. 1. 2. 2　发包人:指专用合同条款中指明并与承包人在合同协议书中签字的当事人。

1. 1. 2. 3　承包人:指与发包人签订合同协议书的当事人。

1. 1. 2. 4　承包人项目经理:指承包人派驻施工场地的全权负责人。

1. 1. 2. 5　分包人:指从承包人处分包合同中某一部分工程,并与其签订分包合同的分包人。

1. 1. 2. 6　监理人:指在专用合同条款中指明的,受发包人委托对合同履行实施管理的法人或其他组织。

1. 1. 2. 7　总监理工程师(总监):指由监理人委派常驻施工场地对合同履行实施管理的全权负责人。

1. 1. 3　工程和设备

1. 1. 3. 1　工程:指永久工程和(或)临时工程。

1. 1. 3. 2　永久工程:指按合同约定建造并移交给发包人的工程,包括工程设备。

1. 1. 3. 3　临时工程:指为完成合同约定的永久工程所应修建的各类临时性工程,不包括施工设备。

1. 1. 3. 4　单位工程:指专用合同条款中指明特定范围的永久工程。

1. 1. 3. 5　工程设备:指构成或计划构成永久工程一部分的机电设备、金属结构设备、仪器装置及其他类似的设备和装置。

1. 1. 3. 6　施工设备:指为完成合同约定的各项工作所需的设备、器具和其他物品,不包括临时工程和材料。

1. 1. 3. 7　临时设施:指为完成合同约定的各项工作所服务的临时性生产和生活设施。

1. 1. 3. 8　承包人设备:指承包人自带的施工设备。

1. 1. 3. 9　施工场地(或称工地、现场):指用于合同工程施工的场所,以及在合同中指定作为施工场地组分的其他场所,包括永久占地和临时占地。

1. 1. 3. 10　永久占地:指专用合同条款中指明为实施合同工程需永久占用的土地。

1. 1. 3. 11　临时占地:指专用合同条款中指明为实施合同工程需临时占用的土地。

1.1.4　日期

1.1.4.1　开工通知：指监理人按第11.1款通知承包人开工的函件。

1.1.4.2　开工日期：指监理人按第11.1款发出的开工通知中写明的开工日期。

1.1.4.3　工期：指承包人在投标函中承诺的完成合同工程所需要的期限，包括按第11.3款、第11.4款11.6款约定所作的变更。

1.1.4.4　竣工日期：指第1.1.4.3目约定工期届满时的工期。实际竣工日期以在工程接收证书中写明的日期为准。

1.1.4.5　缺陷责任期：指履行第19.2款约定的缺陷责任的期限，具体期限由专用合同条款约定，包括根据第19.3款约定所作的延长。

1.1.4.6　基准日期：指投标截止时间前28天的日期。

1.1.4.7　天：除特别指明外，指日历天。合同中按天计算时间的，开始当天不计入，从次日开始计算。期限最后一天的截止时间为当天24:00时。

1.1.5　合同价格和费用

1.1.5.1　签约合同价：指签订合同时合同协议书中写明的，包括了暂列金额、暂估价的合同总金额。

1.1.5.2　合同价格：指承包人按合同约定完成了包括缺陷责任期内的全部承包工作后，发包人应付给承包的金额，包括在履行合同过程中按合同约定进行的变更和调整。

1.1.5.3　费用：指为履行合同所发生的或将要发生的所有合理开支，包括管理费和应分摊的其他费用，但不包括利润。

1.1.5.4　暂列金额：指已标价工程量清单中所列的暂列金额，用于在签订协议书时尚未确定或不可预见变更的施工及其所需材料、工程设备、服务等的金额，包括以计日工方式支付的金额。

1.1.5.5　暂估价：指发包人在工程量清单中给定的用于支付必然发生但暂时不能确定价格的材料、设备以及专业工程的金额。

1.1.5.6　计日工：指对零星工作采取的一种计价方式，按合同中的计日工子目及其单价计价付款。

1.1.5.7　质量保证金（或称保留金）：指按第17.4.1项约定用于保证在缺陷责任期内履行缺陷修复义的金额。

1.1.6　其他

1.1.6.1　书面形式：指合同文件、信函、电报、传真等可以有形地表现所载内容的形式。

1.2　语言文字

除专用术语外，合同使用的语言文字为中文。必要时专用术语应附有中文注释。

1.3　法律

适用于合同的法律包括中华人民共和国法律、行政法规、部门规章，以及工程所在地的地方法规、自治条例、单行条例和地方政府规章。

1.4　合同文件的优先顺序

组成合同的各项文件应互相解释，互为说明。除专用合同条款另有约定外，解释合同文件的优先顺序如下：

（1）合同协议书；

(2)中标通知书;
(3)投标函及投标函附录;
(4)专用合同条款;
(5)通用合同条款;
(6)技术标准和要求;
(7)图纸;
(8)已标价工程量清单;
(9)其他合同文件。

1.5　合同协议书

承包人按中标通知书规定的时间与发包人签订合同协议书。除法律另有规定或合同另有约定外,发包人和承包人的法定代表人或其委托代理人在合同协议书上签字并盖单位章后,合同生效。

1.6　图纸和承包人文件

1.6.1　图纸的提供

除专用合同条款另有约定外,图纸应在合理的期限内按照合同约定的数量提供给承包人。由于发包我未按时提供图纸造成工期延误的,按第11.3款的约定办理。

1.6.2　承包人提供的文件

按专用合同条款约定由承包人提供的图纸,包括部分工程的大样图、加工图等,承包人应按约定的数量和期限报送监理人。监理人应在专用合同条款约定的期限内批复。

1.6.3　图纸的修改

图纸需要修改和补充的,应由监理人取得发包人同意后,在该工程或工程相应部位施工前的合理期限内签发图纸修改图给承包人。具体签发期限在专用合同条款中约定。承包人应按修改后的图纸施工。

1.6.4　图纸的错误

承包人发现发包人提供的图纸存在明显错误或疏忽,应及时通知监理人。

1.6.5　图纸和承包人文件的保管

监理人和承包人均应在施工场地各保存一套完整的包含第1.6.1项、第1.6.2项、第1.6.3项约定内容的图纸和承包人文件。

1.7　联络

1.7.1　与合同有关的通知、批准、证明、证书、指示、要求、请求、同意、意见、确定和决定等,均应采用书面形式。

1.7.2　第1.7.1项中的通知、批准、证明、证书、指示、要求、请求、同意、意见、确定和决定,均应在合同约定的期限内送达指定地点和接收人,并办理签收手续。

1.8　转让

除合同另有约定外,未经对方当事人同意,一方当事人不得将合同权利全部或部分转让给第三人,也不得全部或部分转移合同义务。

1.9　严禁贿赂

合同当事人双方不得以贿赂或变相贿赂的方式,谋取不当利益或损害对方权益。因贿赂造成对方损失的,行为人应赔偿损失,并承担相应的法律责任。

1.10　化石、文物

1.10.1　在施工场地发掘的所有文物、古迹以及具有地质研究或考古价值的其他遗迹、化石、钱币或物品于国家所有。一旦发现上述文物，承包人应采取有效合理的保护措施，防止任何人员移动或损坏上述物品，并立即报告当地文物行政部门，同时通知监理人。发包人、监理人和承包人应按文物行政部门要求采取妥善保护措施，由此导致费用增加和(或)工期延误由发包人承担。

1.10.2　承包人发现文物后不及时报告或隐瞒不报，致使文物丢失或损坏的，应赔偿损失，并承担相应的法律责任。

1.11　专利技术

1.11.1　承包人在使用任何材料、承包人设备、工程设备或采用施工工艺时，因侵犯专利权或其他知识产权所引起的责任，由承包人承担，但由于遵照发包人提供的设计或技术标准和要求引起的除外。

1.11.2　承包人在投标文件中采用专利技术的，专利技术的使用费包含在投标报价内。

1.11.3　承包人的技术秘密和声明需要保密的资料和信息，发包人和监理人不得为合同以外的目的泄漏给他人。

1.12　图纸和文件的保密

1.12.1　发包人提供的图纸和文件，未经发包人同意，承包人不得为合同以外的目的泄露给他人或公开发表与引用。

1.12.2　承包人提供的文件，未经承包人同意，发包人和监理人不得为合同以外的目的泄露给他人或公开发表与引用。

2. 发包人义务

2.1　遵守法律

发包人在履行合同过程中应遵守法律，并保证承包人免于承担因发包人违反法律而引起的任何责任。

2.2　发出开工通知

发包人应委托监理人按第11.1款的约定向承包人发出开工通知

2.3　提供施工场地

发包人应按专用合同条款约定向承包人提供施工场地，以及施工场地内地下管线和地下设施等有关资料，并保证资料的真实、准确、完整。

2.4　协助承包人办理证件和批件

发包人应协助承包人办理法律规定的有关施工证件和批件。

2.5　组织设计交底

发包人应根据合同进度计划，组织设计单位向承包人进行设计交底

2.6　支付合同价款

发包人应按合同约定向承包人及时支付合同价款。

2.7　组织竣工验收

发包人应按合同约定及时组织竣工验收。

2.8　其他义务

发包人应履行合同约定的其他义务。

3. 监 理 人

3.1　监理人的职责和权力

3.1.1　监理人受发包人委托,享有合同约定的权力。监理人在行使某项权力前需要经发包人事先批准而通用合同条款没有指明的,应在专用合同条款中指明。

3.1.2　监理人发出的任何指示应视为已得到发包人的批准,但监理人无权免除或变更合同约定的发包人和承包人的权利、义务和责任。

3.1.3　合同约定应由承包人承担的义务和责任,不因监理人对承包人提交文件的审查或批准,对工程、材料和设备的检查和检验,以及为实施监理作出的指示等职务行为而减轻或解除。

3.2　总监理工程师

发包人应在发出开工通知前将总监理工程师的任命通知承包人。总监理工程师更换时,应在调离14天前通知承包人。总监理工程师短期离开施工场地的,应委派代表代行其职责,并通知承包人。

3.3　监理人员

3.3.1　总监理工程师可以授权其他监理人员负责执行其指派的一项或多项监理工作。总监理工程师应将被授权监理人员的姓名及其授权范围通知承包人。被授权的监理人员在授权范围内发出的指示视为已得到总监理工程师的同意,与总监理工程师发出的指示具有同等效力。总监理工程师撤销某项授权时,应将撤销授权的决定及时通知承包人。

3.3.2　监理人员对承包人的任何工作、工程或其采用的材料和工程设备未在约定的或合理的期限内提出否定意见的,视为已获批准,但不影响监理人在以后拒绝该项工作、工程、材料或工程设备的权利。

3.3.3　承包人对总监理工程师授权的监理人员发出的指示有疑问的,可向总监理工程师提出书面异议,总监理工程师应在48小时内对该指示予以确认、更改或撤销。

3.3.4　除专用合同条款另有约定外,总监理工程师不应将第3.5款约定应由总监理工程师作出确定的权力授权或委托给其他监理人员。

3.4　监理人的指示

3.4.1　监理人应按第3.1款的约定向承包人发出指示,监理人的指示应盖有监理人授权的施工场地机构章,并由总监理工程师或总监理工程师按第3.3.1项约定授权的监理人员签字。

3.4.2　承包人收到监理人按第3.4.1项作出的指示后应遵照执行。指示构成变更的,应按15条处理。

3.4.3　在紧急情况下,总监理工程师或被授权的监理人员可以当场签发临时书面指示,承包人应遵照执行。承包人应在收到上述临时书面指示后24小时内,向监理人发出书面确认函。监理人在收到书面确认函后24小时内未予答复的,该书面确认函应被视为监理人的正式指示。

3.4.4　除合同另有约定外,承包人只从总监理工程师或按第3.3.1项被授权的监理人员处取得指示。

3.4.5　由于监理人未能按合同约定发出指示、指示延误或指示错误而导致承包人费用增加和(或)工期延误的,由发包人承担赔偿责任。

3.5　商定或确定

3.5.1　合同约定总监理工程师应按照本款对任何事项进行商定或确定时,总监理工程师应与合同当事人协商,尽量达成一致。不能达成一致的,总监理工程师应认真研究后审慎确定。

3.5.2　总监理工程师应将商定或确定的事项通知合同当事人,并附详细依据。对总监理工程师的确定有异议的,构成争议,按照第24条的约定处理。在争议解决前,双方应暂按总监理工程师的确定执行,按照第24条的约定对总监理工程师的确定作出修改的,按修改后的结果执行。

4. 承 包 人

4.1　承包人的一般义务

4.1.1　遵守法律

承包人在履行合同过程中应遵守法律,并保证发包人免于承担因承包人违反法律而引起的任何责任。

4.1.2　依法纳税

承包人应按有关法律规定纳税,应缴纳的税金包括在合同价格内。

4.1.3　完成各项承包工作

承包人应按合同约定以及监理人根据第3.4款作出的指示,实施、完成全部工程,并修补工程中的任何缺陷。除专用合同条款另有约定外,承包人应提供为完成合同工作所需的劳务、材料、施工设备、工程设备和其他物品,并按合同约定负责临时设施的设计、建造、运行、维护、管理和拆除。

4.1.4　对施工作业和施工方法的完备性负责

承包人应按合同约定的工作内容和施工进度要求,编制施工组织设计和施工措施计划,并对所有施工作业和施工方法的完备性和安全可靠性负责。

4.1.5　保证工程施工和人员的安全

承包人应按第9.2款约定采取施工安全措施,确保工程及其人员、材料、设备和设施的安全,防止因工程施工造成的人身伤害和财产损失。

4.1.6　负责施工场地及其周边环境与生态的保护工作

承包人应按照第9.4款约定负责施工场地及其周边环境与生态的保护工作。

4.1.7　避免施工对公众与他人的利益造成损害

承包人在进行合同约定的各项工作时,不得侵害发包人与他人使用公用道路、水源、市政管网等公共设施的权利,避免对邻近的公共设施产生干扰。承包人占用或使用他人的施工场地,影响他人作业或生活的,承担相应责任。

4.1.8　为他人提供方便

承包人应按监理人的指示为他人在施工场地或附近实施与工程有关的其他各项工作提供可能的条件。除合同另有约定外,提供有关条件的内容和可能发生的费用,由监理人按第3.5

款商定或确定。

4.1.9 工程的维护和照管

工程接收证书颁发前，承包人应负责照管和维护工程。工程接收证书颁发时尚有部分未竣工工程的，承包人还应负责该未竣工工程的照管和维护工作，直至竣工后移交给发包人为止。

4.1.10 其他义务

承包人应履行合同约定的其他义务。

4.2 履约担保

承包人应保证其履约担保在发包人颁发工程接收证书前一直有效。发包人应在工程接收证书颁发后28天内把履约担保退还给承包人。

4.3 分包

4.3.1 承包人不得将其承包的全部工程转包给第三人，或将其承包的全部工程肢解后以分包的名义转包给第三人。

4.3.2 承包人不得将工程主体、关键性工作分包给第三人。除专用合同条款另有约定外，未经发包人同意，承包人不得将工程的其他部分或工作分包给第三人。

4.3.3 分包人的资格能力应与其分包工程的标准和规模相适应。

4.3.4 按投标函附录约定分包工程的，承包人应向发包人和监理人提交分包合同副本。

4.3.5 承包人应与分包人就分包工程向发包人承担连带责任。

4.4 联合体

4.4.1 联合体各方应共同与发包人签订合同协议书。联合体各方应为履行合同承担连带责任。

4.4.2 联合体协议经发包人确认后作为合同附件。在履行合同过程中，未经发包人同意，不得修改联合体协议。

4.4.3 联合体牵头人负责与发包人和监理人联系，并接受指示，负责组织联合体各成员全面履行合同。

4.5 承包人项目经理

4.5.1 承包人应按合同约定指派项目经理，并在约定的期限内到职。承包人更换项目经理应事先征得发包人同意，并应在更换14天前通知发包人和监理人。承包人项目经理短期离开施工场地，应事先征得监理人同意，并委派代表代行其职责。

4.5.2 承包人项目经理应按合同约定以及监理人按第3.4款作出的指示，负责组织合同工程的实施。在情况紧急且无法与监理人取得联系时，可采取保证工程和人员生命财产安全的紧急措施，并在采取后24小时内向监理人提交书面报告。

4.5.3 承包人为履行合同发出的一切函件均应盖有承包人授权的施工场地管理机构章，并由承包人项目经理或其授权代表签字。

4.5.4 承包人项目经理可以授权其下属人员履行其某项职责，但事先应将这些人员的姓名和授权范围通知监理人。

4.6 承包人人员的管理

4.6.1 承包人应在接到开工通知后28天内，向监理人提交承包人在施工场地的管理机构以及人员安排的报告,其内容应包括管理机构的设置、各主要岗位的技术和管理人员名单及其资格,以及各工种技术人员的安排状况。承包人应向监理人提交施工场地人员变动情况的报告。

4.6.2　为完成合同约定的各项工作,承包人应向施工场地派遣或雇佣足够数量的下列人员:

(1)具有相应资格的专业技工和合格的普工;

(2)具有相应施工经验的技术人员;

(3)具有相应岗位资格的各级管理人员。

4.6.3　承包人安排在施工场地的主要管理人员和技术骨干应相对稳定。承包人更换主要管理人员和技术骨干时,应取得监理人的同意。

4.6.4　特殊岗位的工作人员均应持有相应的资格证明,监理人有权随时检查。监理人认为有必要时,可进行现场考核。

4.7　撤换承包人项目经理和其他人员

承包人应对其项目经理和其他人员进行有效管理。监理人要求撤换不能胜任本职工作、行为不端或玩忽职守的承包人项目经理和其他人员的,承包人应予以撤换。

4.8　保障承包人人员的合法权益

4.8.1　承包人应与其雇佣的人员签订劳动合同,并按时发放工资。

4.8.2　承包人应按劳动法的规定安排工作时间,保证其雇佣人员享有休息和休假的权利。因工程施工的特殊需要占用休假日或延长工作时间的,应不超过法律规定的限度,并按法律规定给予补休或付酬。

4.8.3　承包人应为其雇佣人员提供必要的食宿条件,以及符合环境保护和卫生要求的生活环境,在远离城镇的施工场地,还应配备必要的伤病防治和急救的医务人员与医疗设施。

4.8.4　承包人应按国家有关劳动保护的规定,采取有效的防止粉尘、降低噪声、控制有害气体和保障高温、高寒、高空作业安全等劳动保护措施。其雇佣人员在施工中受到伤害的,承包人应立即采取有效措施进行抢救和治疗。

4.8.5　承包人应按有关法律规定和合同约定,为其雇佣人员办理保险。

4.8.6　承包人应负责处理其雇佣人员因工伤亡事故的善后事宜。

4.9　工程价款应专款专用

发包人按合同约定支付给承包人的各项价款应专用于合同工程。

4.10　承包人现场查勘

4.10.1　发包人应将其持有的现场地质勘探资料、水文气象资料提供给承包人,并对其准确性负责。但承包人应对其阅读上述有关资料后所作出的解释和推断负责。

4.10.2　承包人应对施工场地和周围环境进行查勘,并收集有关地质、水文、气象条件、交通条件、风俗习惯以及其他为完成合同工作有关的当地资料。在全部合同工作中,应视为承包人已充分估计了应承担的责任和风险。

4.11　不利物质条件

4.11.1　不利物质条件,除专用合同条款另有约定外,是指承包人在施工场地遇到的不可预见的自然物质条件、非自然的物质障碍和污染物,包括地下和水文条件,但不包括气候条件。

4.11.2　承包人遇到不利物质条件时,应采取适应不利物质条件的合理措施继续施工,并及时通知监理人。监理人应当及时发出指示，指示构成变更的，按第 15 条约定办理。监理人没有发出指示的，承包人因采取合理措施而增加的费用和（或）工期延误，由发包人承担。

5. 材料和工程设备

5.1　承包人提供的材料和工程设备

5.1.1　除专用合同条款另有约定外，承包人提供的材料和工程设备均由承包人负责采购、运输和保管。承包人应对其采购的材料和工程设备负责。

5.1.2　承包人应按专用合同条款的约定，将各项材料和工程设备的供货人及品种、规格、数量和供货时间等报送监理人审批。承包人应向监理人提交其负责提供的材料和工程设备的质量证明文件，并满足合同约定的质量标准。

5.1.3　对承包人提供的材料和工程设备，承包人应会同监理人进行检验和交货验收，查验材料合格证明和产品合格证书，并按合同约定和监理人指示，进行材料的抽样检验和工程设备的检验测试，检验和测试结果应提交监理人，所需费用由承包人承担。

5.2　发包人提供的材料和工程设备

5.2.1　发包人提供的材料和工程设备，应在专用合同条款中写明材料和工程设备的名称、规格、数量、价格、交货方式、交货地点和计划交货日期等。

5.2.2 承包人应根据合同进度计划的安排，向监理人报送要求发包人交货的日期计划。发包人应按照监理人与合同当事人双方商定的交货日期，向承包人提交材料和工程设备。

5.2.3　发包人应在材料和工程设备到货 7 天前通知承包人，承包人应会同监理人在约定的时间内，赴交货地点共同进行验收。除专用合同条款另有约定外，发包人提供的材料和工程设备验收后，由承包人负责接收、运输和保管。

5.2.4　发包人要求向承包人提前交货的，承包人不得拒绝，但发包人应承担承包人由此增加的费用。

5.2.5　承包人要求更改交货日期和地点的，应事先报请监理人批准。由于承包人要求更改交货时间和地点所增加的费用和（或）工期延误由承包人承担。

5.2.6　发包人提供的材料和工程设备的规格、数量或质量不符合合同要求，或由于发包人原因发生交货日期延误及交货地点变更等情况的，发包人应承担由此增加的费用和（或）工期延误，并向承包人支付合理利润。

5.3　材料和工程设备专用于合同工程

5.3.1　运入施工场地的材料、工程设备，包括备品备件、安装专用工器具与随机资料，必须专用于合同工程，未经监理人同意，承包人不得运出施工场地或挪作他用。

5.3.2　随同工程设备运入施工场地的备品备件、专用工器具与随机资料，应由承包人会同监理人按供货人的装箱单清点后共同封存，未经监理人同意不得启用。承包人因合同工作需要使用上述物品时，应向监理人提出申请。

5.4　禁止使用不合格的材料和工程设备

5.4.1　监理人有权拒绝承包人提供的不合格材料或工程设备，并要求承包人立即进行更换。监理人应在更换后再次进行检查和检验，由此增加的费用和（或）工期延误由承包人承担。

5.4.2　监理人发现承包人使用了不合格的材料和工程设备，应即时发出指示要求承包人立即改正，并禁止在工程中继续使用不合格的材料和工程设备。

5.4.3　发包人提供的材料或工程设备不符合合同要求的，承包人有权拒绝，并可要求发包人更换，由此增加的费用和（或）工期延误由发包人承担。

6. 施工设备和临时设施

6.1　承包人提供的施工设备和临时设施

6.1.1　承包人应按合同进度计划的要求，及时配置施工设备和修建临时设施。进入施工场地的承包人设备需经监理人核查后才能投入使用。承包人更换合同约定的承包人设备的，应报监理人批准。

6.1.2　除专用合同条款另有约定外，承包人应自行承担修建临时设施的费用，需要临时占地的，应由发包人办理申请手续并承担相应费用。

6.2　发包人提供的施工设备和临时设施

发包人提供的施工设备或临时设施在专用合同条款中约定。

6.3　要求承包人增加或更换施工设备

承包人使用的施工设备不能满足合同进度计划和（或）质量要求时，监理人有权要求承包人增加或更换施工设备，承包人应及时增加或更换，由此增加的费用和（或）工期延误由承包人承担。

6.4　施工设备和临时设施专用于合同工程

6.4.1　除合同另有约定外，运入施工场地的所有施工设备以及在施工场地建设的临时设施应专用合同工程。未经监理人同意，不得将上述施工设备和临时设施中的任何部分运出施工场地或挪作他用。

6.4.2　经监理人同意，承包人可根据合同进度计划撤走闲置的施工设备。

7. 交通运输

7.1　道路通行权和场外设施

除专用合同条款另有约定外，发包人应根据合同工程的施工需要，负责办理取得出入施工场地的专用和临时道路的通行权，以及取得为工程建设所需修建场外设施的权利，并承担有关费用。承包人应协助发包人办理上述手续。

7.2　场内施工道路

7.2.1　除专用合同条款另有约定外，承包人应负责修建、维修、养护和管理施工所需的临时道路和交通设施，包括维修、养护和管理发包人提供的道路和交通设施，并承担相应费用。

7.2.2　除专用合同条款另有约定外，承包人修建的临时道路和交通设施应免费提供发包人和监理人使用。

7.3　场外交通

7.3.1　承包人车辆外出行驶所需的场外公共道路的通行费、养路费和税款等由承包人承担。

7.3.2　承包人应遵守有关交通法规，严格按照道路和桥梁的限制荷重安全行驶，并服从交通管理部门的检查和监督。

7.4　超大件和超重件的运输

由承包人负责运输的超大件或超重件，应由承包人负责向交通管理部门办理申请手续，发包人给予协助。运输超大件或超重件所需的道路和桥梁临时加固改造费用和其他有关费用，由承包人承担，但专用合同条款另有约定除外。

7.5　道路和桥梁的损坏责任

因承包人运输造成施工场地内外公共道路和桥梁损坏的，由承包人承担修复损坏的全部费用和可能引起的索赔。

7.6　水路和航空运输

本条上述各款的内容适用于水路运输和航空运输，其中"道路"一词的涵义包括河道、航线、船闸、机场、码头、堤防以及水路或航空运输中其他相似结构物；"车辆"一词的涵义包括船舶和飞机等。

8. 测量放线

8.1　施工控制网

8.1.1　发包人应在专用合同条款约定的期限内，通过监理人向承包人提供测量基准点、基准线和水准点及其书面资料。除专用合同条款另有约定外，承包人应根据国家测绘基准、测绘系统和工程测量技术规范，按上述基准点（线）以及合同工程精度要求，测设施工控制网，并在专用合同条款约定的期限内，将施工控制资料报送监理人审批。

8.1.2　承包人应负责管理施工控制网点。施工控制网点丢失或损坏的，承包人应及时修复。承包人应承担施工控制网点的管理与修复费用，并在工程竣工后将施工控制网点移交发包人。

8.2　施工测量

8.2.1　承包人应负责施工过程中的全部施工测量放线工作，并配置合格的人员、仪器、设备和其他物品。

8.2.2　监理人可以指示承包人进行抽样复测，当复测中发现错误或出现超过合同约定的误差时，承包人按监理人指示进行修正或补测，并承担相应的复测费用。

8.3　基准资料错误的责任

发包人应对其提供的测量基准点、基准线和水准点及其书面资料的真实性、准确性和完整性负责。发包人提供上述基准资料错误导致承包人测量放线工作的返工或造成工程损失的，发包人应当承担由此增加费用和（或）工期延误，并向承包人支付合理利润。承包人发现发包人提供的上述基准资料存在明显错误疏忽的，应及时通知监理人。

8.4　监理人使用施工控制网

监理人需要使用施工控制网的，承包人应提供必要的协助，发包人不再为此支付费用。

9. 施工安全、治安保卫和环境保护

9.1　发包人的施工安全责任

9.1.1　发包人应按合同约定履行安全职责，授权监理人按合同约定的安全工作内容监督、检查承包人安全工作的实施，组织承包人和有关单位进行安全检查。

9.1.2　发包人应对其现场机构雇佣的全部人员的工伤事故承担责任，但由于承包人原因造成发包人员工伤的,应由承包人承担责任。

9.1.3　发包人应负责赔偿以下各种情况造成的第三者人身伤亡和财产损失:

(1)工程或工程的任何部分对土地的占用所造成的第三者财产损失;

(2)由于发包人原因在施工场地及其毗邻地带造成的第三者人身伤亡和财产损失。

9.2　承包人的施工安全责任

9.2.1　承包人应按合同约定履行安全职责,执行监理人有关安全工作的指示,并在专用合同条款约定的期限内,按合同约定的安全工作内容,编制施工安全措施计划报送监理人审批。

9.2.2　承包人应加强施工作业安全管理,特别应加强易燃、易爆材料、火工器材、有毒与腐蚀性材料和其他危险品的管理,以及对爆破作业和地下工程施工等危险作业的管理。

9.2.3　承包人应严格按照国家安全标准制定施工安全操作规程,配备必要的安全生产和劳动保护设施,加强对承包人人员的安全教育,并发放安全工作手册和劳动保护用具。

9.2.4　承包人应按监理人的指示制定应对灾害的紧急预案,报送发包人审批。承包人还应按预案做好安全检查,配置必要的救助物资和器材,切实保护好有关人员的人身和财产安全。

9.2.5　合同约定的安全作业环境及安全施工措施所需费用应遵守有关规定,并包括在相关工作的合同价格中。因采取合同未约定的安全作业环境及安全施工措施增加的费用,由监理人按第3.5款商定或确定。

9.2.6　承包人应对其履行合同所雇佣的全部人员,包括分包人人员的工伤事故承担责任,但由于发包人原因造成承包人人员工伤事故的,应由发包人承担责任。

9.2.7　由于承包人原因在施工场地内及其毗邻地带造成的第三者人员伤亡和财产损失,由承包人负责赔偿。

9.3　治安保卫

9.3.1　除合同另有约定外,发包人应与当地公安部门协商,在现场建立治安管理机构或联防组织,统一管理施工场地的治安保卫事项,履行合同工程的治安保卫职责。

9.3.2　发包人和承包人除应协助现场治安管理机构或联防组织维护施工场地的社会治安外,还应做好包括生活区在内的各自管辖区的治安保卫工作。

9.3.3　除合同另有约定外,发包人和承包人应在工程开工后,共同编制施工场地治安管理计划,并制定应对突发治安事件的紧急预案。在工程施工过程中,发生暴乱、爆炸等恐怖事件,以及群殴、械斗等群体性突发治安事件的,发包人和承包人应立即向当地政府报告。发包人和承包人应积极协助当地有关部门采取措施平息事态,防止事态扩大,尽量减少财产损失和避免人员伤亡。

9.4　环境保护

9.4.1　承包人在施工过程中,应遵守有关环境保护的法律,履行合同约定的环境保护义务,并对违反法律和合同约定义务所造成的环境破坏、人身伤害和财产损失负责。

9.4.2　承包人应按合同约定的环保工作内容,编制施工环保措施计划,报送监理人审批。

9.4.3　承包人应按照批准的施工环保措施计划有序地堆放和处理施工废弃物,避免对环境造成破坏。因承包人任意堆放或弃置施工废弃物造成妨碍公共交通、影响城镇居民生活、降低河流行洪能力、危及居民安全、破坏周边环境,或者影响其他承包人施工等后果的,承包人应承担责任。

9.4.4　承包人应按合同约定采取有效措施，对施工开挖的边坡及时进行支护，维护排水设施，并进行水土保护，避免因施工造成的地质灾害。

9.4.5　承包人应按国家饮用水管理标准定期对饮用水源进行监测，防止施工活动污染饮用水源。

9.4.6　承包人应按合同约定，加强对噪声、粉尘、废气、废水和废油的控制，努力降低噪声，控制粉尘和废气浓度，做好废水和废油的治理和排放。

9.5　事故处理

工程施工过程中发生事故的，承包人应立即通知监理人，监理人应立即通知发包人。发包人和承包人应立即组织人员和设备进行紧急抢救和抢修，减少人员伤亡和财产损失，防止事故扩大，并保护事故现场。需要移动现场物品时，应作出标记和书面记录，妥善保管有关证据。发包人和承包人应按国家有关规定，及时如实地向有关部门报告事故发生的情况，以及正在采取的紧急措施等。

10. 进度计划

10.1　合同进度计划

承包人应按专用合同条款约定的内容和期限，编制详细的施工进度计划和施工方案说明报送监理人。监理人应在专用合同条款约定的期限内批复或提出修改意见，否则该进度计划视为已得到批准。经监理人批准的施工进度计划称合同进度计划，是控制合同工程进度的依据。承包人还应根据合同进度计划，编制更为详细的分阶段或分项进度计划，报监理人审批。

10.2　合同进度计划的修订

不论何种原因造成工程的实际进度与第10.1款的合同进度计划不符时，承包人可以在专用合同条款约定的期限内向监理人提交修订合同进度计划的申请报告，并附有关措施和相关资料，报监理人审批；监理人也可以直接向承包人作出修订合同进度计划的指示，承包人应按该指示修订合同进度计划，报监理人审批。监理人应在专用合同条款约定的期限内批复。监理人在批复前应获得发包人同意。

11. 开工和竣工

11.1　开工

11.1.1　监理人应在开工日期7天前向承包人发出开工通知。监理人在发出开工通知前应获得发包人同意。工期自监理人发出的开工通知中载明的开工日期起计算。承包人应在开工日期后尽快施工。

11.1.2　承包人应按第10.1款约定的合同进度计划，向监理人提交工程开工报审表，经监理人审批后执行。开工报审表应详细说明按合同进度计划正常施工所需的施工道路、临时设施、材料设备、施工人员等施工组织措施的落实情况以及工程的进度安排。

11.2　竣工

承包人应在第1.1.4.3目约定的期限内完成合同工程。实际竣工日期在接收证书中写明。

11.3　发包人的工期延误

在履行合同过程中，由于发包人的下列原因造成工期延误的，承包人有权要求发包人延长工期和(或)增加费用,并支付合理利润。需要修订合同进度计划的,按照第10.2款的约定办理。

(1)增加合同工作内容;

(2)改变合同中任何一项工作的质量要求或其他特性;

(3)发包人迟延提供材料、工程设备或变更交货地点的;

(4)因发包人原因导致的暂停施工;

(5)提供图纸延误;

(6)未按合同约定及时支付预付款、进度款;

(7)发包人造成工期延误的其他原因。

11.4　异常恶劣的气候条件

由于出现专用合同条款规定的异常恶劣气候的条件导致工期延误的,承包人有权要求发包人延长工期。

11.5　承包人的工期延误

由于承包人原因,未能按合同进度计划完成工作,或监理人认为承包人施工进度不能满足合同工期要求的,承包人应采取措施加快进度,并承担加快进度所增加的费用。由于承包人原因造成工期延误,承包人应支付逾期竣工违约金。逾期竣工违约金的计算方法在专用合同条款中约定。承包人支付逾期竣工违约金,不免除承包人完成工程及修补缺陷的义务。

11.6　工期提前

发包人要求承包人提前竣工,或承包人提出提前竣工的建议能够给发包人带来效益的,应由监理人与承包人共同协商采取加快工程进度的措施和修订合同进度计划。发包人应承担承包人由此增加的费用,并向承包人支付专用合同条款约定的相应奖金。

12. 暂停施工

12.1　承包人暂停施工的责任

因下列暂停施工增加的费用和(或)工期延误由承包人承担:

(1)承包人违约引起的暂停施工;

(2)由于承包人原因为工程合理施工和安全保障所必需的暂停施工;

(3)承包人擅自暂停施工;

(4)承包人其他原因引起的暂停施工;

(5)专用合同条款约定由承包人承担的其他暂停施工。

12.2　发包人暂停施工的责任

由于发包人原因引起的暂停施工造成工期延误的,承包人有权要求发包人延长工期和(或)增加费用,并支付合理利润。

12.3　监理人暂停施工指示

12.3.1　监理人认为有必要时,可向承包人作出暂停施工的指示,承包人应按监理人指示暂停施工。不论由于何种原因引起的暂停施工,暂停施工期间承包人应负责妥善保护工程并提供安全保障。

12.3.2　由于发包人的原因发生暂停施工的紧急情况,且监理人未及时下达暂停施工指示的,承包人可先暂停施工,并及时向监理人提出暂停施工的书面请求。监理人应在接到书面请求后的24小时内予以答复,逾期未答复的,视为同意承包人的暂停施工请求。

12.4　暂停施工后的复工

12.4.1　暂停施工后,监理人应与发包人和承包人协商,采取有效措施积极消除暂停施工的影响。当工程具备复工条件时,监理人应立即向承包人发出复工通知。承包人收到复工通知后,应在监理人指定的期限内复工。

12.4.2　承包人无故拖延和拒绝复工的,由此增加的费用和工期延误由承包人承担;因发包人原因无法按时复工的,承包人有权要求发包人延长工期和(或)增加费用,并支付合理利润。

12.5　暂停施工持续56天以上

12.5.1　监理人发出暂停施工指示后56天内未向承包人发出复工通知,除了该项停工属于第12.1款的情况外,承包人可向监理人提交书面通知,要求监理人在收到书面通知后28天内准许已暂停施工的工程或其中一部分工程继续施工。如监理人逾期不予批准,则承包人可以通知监理人,将工程受影响的部分视为按第15.1(1)项的可取消工作。如暂停施工影响到整个工程,可视为发包人违约,应按第22.2款的规定办理。

12.5.2　由于承包人责任引起的暂停施工,如承包人在收到监理人暂停施工指示后56天内不认真采取有效的复工措施,造成工期延误,可视为承包人违约,应按第22.1款的规定办理。

13. 工程质量

13.1　工程质量要求

13.1.1　工程质量验收按合同约定验收标准执行。

13.1.2　因承包人原因造成工程质量达不到合同约定验收标准的,监理人有权要求承包人返工直至符合合同要求为止,由此造成的费用增加和(或)工期延误由承包人承担。

13.1.3　因发包人原因造成工程质量达不到合同约定验收标准的,发包人应承担由于承包人返工造成的费用增加和(或)工期延误,并支付承包人合理利润。

13.2　承包人的质量管理

13.2.1　承包人应在施工场地设置专门的质量检查机构,配备专职质量检查人员,建立完善的质量检查制度。承包人应在合同约定的期限内,提交工程质量保证措施文件,包括质量检查机构的组织和岗位责任、质检人员的组成、质量检查程序和实施细则等,报送监理人审批。

13.2.2　承包人应加强对施工人员的质量教育和技术培训,定期考核施工人员的劳动技能,严格执行规范和操作规程。

13.3　承包人的质量检查

承包人应按合同约定对材料、工程设备以及工程的所有部位及其施工工艺进行全过程的质量检查和检验,并作详细记录,编制工程质量报表,报送监理人审查。

13.4　监理人的质量检查

监理人有权对工程的所有部位及其施工工艺、材料和工程设备进行检查和检验。承包人应为监理人的检查和检验提供方便,包括监理人到施工场地,或制造、加工地点,或合同约定的其他地方进行察看和查阅施工原始记录。承包人还应按监理人指示,进行施工场地取样试验、工程复核测量和设备性能检测,提供试验样品、提交试验报告和测量成果以及监理人要求进行的其他工作。监理人的检查和检验,不免除承包人按合同约定应负的责任。

13.5　工程隐蔽部位覆盖前的检查

13.5.1　通知监理人检查

经承包人自检确认的工程隐蔽部位具备覆盖条件后,承包人应通知监理人在约定的期限内检查。承包人的通知应附有自检记录和必要的检查资料。监理人应按时到场检查。经监理人检查确认质量符合隐蔽要求,并在检查记录上签字后,承包人才能进行覆盖。监理人检查确认质量不合格的,承包人应在监理人指示的时间内修整返工后,由监理人重新检查。

13.5.2　监理人未到场检查

监理人未按第13.5.1项约定的时间进行检查的,除监理人另有指示外,承包人可自行完成覆盖工作,并相应记录报送监理人,监理人应签字确认。监理人事后对检查记录有疑问的,可按第13.5.3项的约定重新检查。

13.5.3　监理人重新检查

承包人按第13.5.1项或第13.5.2项覆盖工程隐蔽部位后,监理人对质量有疑问的,可要求承包人对已覆盖的部位进行钻孔探测或揭开重新检验,承包人应遵照执行,并在检验后重新覆盖恢复原状。经检验证明工程质量符合合同要求的,由发包人承担由此增加的费用和(或)工期延误,并支付承包人合理利润;经验证明工程质量不符合合同要求的,由此增加的费用和(或)工期延误由承包人承担。

13.5.4　承包人私自覆盖

承包人未通知监理人到场检查,私自将工程隐蔽部位覆盖的,监理人有权指示承包人钻孔探测或揭开检查,由此增加的费用和(或)工期延误由承包人承担。

13.6　清除不合格工程

13.6.1　承包人使用不合格材料、工程设备,或采用不适当的施工工艺,或施工不当,造成工程不合格的,监理人可以随时发出指示,要求承包人立即采取措施进行补救,直至达到合同要求的质量标准,由此增加的费用和(或)工期延误由承包人承担。

13.6.2　由于发包人提供的材料或工程设备不合格造成的工程不合格,需要承包人采取措施补救的,发包人应承担由此增加的费用和(或)工期延误,并支付承包人合理利润。

14. 试验和检验

14.1　材料、工程设备和工程的试验和检验

14.1.1　承包人应按合同约定进行材料、工程设备和工程的试验和检验,并为监理人对上述材料、工程设备和工程的质量检查提供必要的试验资料和原始记录。按合同约定应由监理人与承包人共同进行试验和检验的,由承包人负责提供必要的试验资料和原始记录。

14.1.2　监理人未按合同约定派员参加试验和检验的,除监理人另有指示外,承包人可自行试验和检验,并应立即将试验和检验结果报送监理人,监理人应签字确认。

14.1.3　监理人对承包人的试验和检验结果有疑问的,或为查清承包人试验和检验成果的可靠性要求承包人重新试验和检验的,可按合同约定由监理人与承包人共同进行。重新试验和检验的结果证明该项材料、工程设备或工程的质量不符合合同要求的,由此增加的费用和(或)工期延误由承包人承担;重新试验和检验结果证明该项材料、工程设备和工程符合合同要求,由发包人承担由此增加的费用和(或)工期延误,并支付承包人合理利润。

14.2 现场材料试验

14.2.1 承包人根据合同约定或监理人指示进行的现场材料试验，应由承包人提供试验场所、试验人员、试验设备器材以及其他必要的试验条件。

14.2.2 监理人在必要时可以使用承包人的试验场所、试验设备器材以及其他试验条件，进行以工程质量检查为目的的复核性材料试验，承包人应予以协助。

14.3 现场工艺试验

承包人应按合同约定或监理人指示进行现场工艺试验。对大型的现场工艺试验，监理人认为必要时，应由承包人根据监理人提出的工艺试验要求，编制工艺试验措施计划，报送监理人审批。

15. 变　更

15.1 变更的范围和内容

除专用合同条款另有约定外，在履行合同中发生以下情形之一，应按照本条规定进行变更：

(1)取消合同中任何一项工作，但被取消的工作不能转由发包人或其他人实施；

(2)改变合同中任何一项工作的质量或其他特性；

(3)改变合同工程的基线、标高、位置或尺寸；

(4)改变合同中任何一项工作的施工时间或改变已批准的施工工艺或顺序；

15.2 变更权

在履行合同过程中，经发包人同意，监理人可按第15.3款约定的变更程序向承包人作出变更指示，承包人应遵照执行。没有监理人的变更指示，承包人不得擅自变更。

15.3 变更程序

15.3.1 变更的提出

(1)在合同履行过程中，可能发生第15.1款约定情形的，监理人可向承包人发出变更意向书。变更意向书应说明变更的具体内容和发包人对变更的时间要求，并附必要的图纸和相关资料。变更意向书应要求承包人提交包括拟实施变更工作的计划、措施和竣工时间等内容的实施方案。发包人同意承包人根据变更意向书要求提交的变更实施方案的，由监理人按第15.3.3项约定作出变更指示。

(2)在合同履行过程中，发生第15.1款约定情形的，监理人应按照第15.3.3项约定向承包人发出变更指示。

(3)承包人收到监理人按合同约定发出的图纸和文件，经检查认为其中存在第15.1款约定情形的，可向监理人提出书面变更建议。变更建议应阐明要求变更的依据，并附必要的图纸和说明。监理人收到承包人书面建议后，应与发包人共同研究，确认存在变更的，应在收到承包人书面建议后的14天内作出变更指示。经研究后不同意作为变更的，应由监理人书面答复承包人。

(4)若承包人收到监理人的变更意向书后认为难以实施此项变更，应立即通知监理人并说明原因和附详细依据。监理人与承包人和发包人协商后确定撤销、改变或不改变原变更意向书。

15.3.2 变更估价

(1)除专用合同条款对期限另有约定外,承包人应在收到变更指示或变更意向书后的 14 天内,向监理人提交变更报价书,报价内容应根据第 15.4　款约定的估价原则,详细开列变更工作的价格组成及其依据,并附必要的施工方法说明和有关图纸。

(2)变更工作影响工期的,承包人应提出调整工期的具体细节。监理人认为有必要时,可要求承包人提交要求提前或延长工期的施工进度计划及相应施工措施等详细资料。

(3)除专用合同条款对期限另有约定外,监理人收到承包人变更报价书后的 14 天内,根据第 15.4 款约定的估价原则,按照第 3.5 款商定或确定变更价格。

15.3.3　变更指示

(1)变更指示只能由监理人发出。

(2)变更指示应说明变更的目的、范围、变更内容以及变更的工程量及其进度和技术要求,并附有关图纸和文件。承包人收到变更指示后,应按变更指示进行变更工作。

15.4　变更的估价原则

除专用合同条款另有约定外,因变更引起的价格调整按照本款约定处理。

15.4.1　已标价工程量清单中有适用于变更工作的子目的,采用该子目的单价。

15.4.2　已标价工程量清单中无适用于变更工作的子目,但有类似子目的,可在合理范围内参照类似子目的单价,由监理人按第 3.5 款商定或确定变更工作的单价。

15.4.3　已标价工程量清单中无适用或类似子目的单价,可按照成本加利润的原则,由监理人按第 3.5 款商定或确定变更工作的单价。

15.5　承包人的合理化建议

15.5.1　在履行合同过程中,承包人对发包人提供的图纸、技术要求以及其他方面提出的合理化建议,均应以书面形式提交监理人。合理化建议书的内容应包括建议工作的详细说明、进度计划和效益以及与其他工作的协调等,并附必要的设计文件。监理人应与发包人协商是否采纳建议。建议被采纳并构成变更的,应按第 15.3.3 项约定向承包人发出变更指示。

15.5.2　承包人提出的合理化建议降低了合同价格、缩短了工期或者提高了工程经济效益的,除专用合同条款另有约定外,发包人应按所节约成本或增加收益的 50% 的给予奖励。

15.6　暂列金额

暂列金额只能按照监理人的指示使用,并对合同价格进行相应调整。

15.7　计日工

15.7.1　发包人认为有必要时,由监理人通知承包人以计日工方式实施变更的零星工作。其价款按列入已标价工程量清单中的计日工计价子目及其单价进行计算。

15.7.2　采用计日工计价的任何一项变更工作,应从暂列金额中支付,承包人应在该项变更的实施过程中,每天提交以下报表和有关凭证报送监理人审批。

(1)工作名称、内容和数量;

(2)投入该工作所有人员的姓名、工种、级别和耗用工时;

(3)投入该工作的材料类别和数量;

(4)投入该工作的施工设备型号、台数和耗用台时;

(5)监理人要求提交的其他资料和凭证。

15.7.3　计日工由承包人汇总后,按第 17.3.2 项的约定列入进度付款申请单,由监理人复核并经发包人同意后列入进度付款。

15.8　暂估价

15.8.1　发包人在工程量清单中给定暂估价的材料、工程设备和专业工程属于依法必须招标的范围并达到规定的规模标准的，由发包人和承包人以招标的方式选择供应商或分包人。发包人和承包人的权利义务关系在专用合同条款中约定。中标金额与工程量清单中所列的暂估价的金额差以及相应的税金等其他费用列入合同价格。

15.8.2　发包人在工程量清单中给定暂估价的材料和工程设备不属于依法必须招标的范围或未达到规定的规模标准的，应由承包人按第5.1款的约定提供。经监理人确认的材料、工程设备的价格与工程量清单中所列的暂估价的金额差以及相应的税金等其他费用列入合同价格。

15.8.3　发包人在工程量清单中给定暂估价的专业工程不属于依法必须招标的范围或未达到规定的规模标准的，由监理人按照第15.4款进行估价，但专用合同条款另有约定的除外。经估价的专业工程与工程量清单中所列的暂估价的金额差以及相应的税金等其他费用列入合同价格。

16. 价格调整

16.1　物价波动引起的价格调整

除专用合同条款另有约定外，因物价波动引起的价格调整按照本款约定处理。

16.1.1　价格调整的差额计算

因人工、材料和设备等价格波动影响合同价格时，根据投标函附录中的价格指数和权重表约定的数据，按以下公式计算差额并调整合同价格。

$$\Delta P = Po[A + (B1 \times Ft1/Fo1 + B2 \times Ft2/Fo2 + B3 \times Ft3/Fo3 + \cdots + Bn \times Ftn/Fon) - 1)]$$

式中　ΔP——需调整的价格差额；

P0——第17.3.3项、第17.5.2项和第17.6.2项约定的付款证书中承包人应得到的已完成工程量的金额。此项金额应不包括价格调整、不计质量保证金的扣留和支付、预付款的支付和扣回。第15条约定的变更及其他金额已按现行价格计价的，也不计在内；

A——定值权重（即不调部分的权重）；

B1；B2；B3；…Bn——各可调因子的变值权重（即可调部分的权重）为各可调因子在投标函投标总报价中所占的比例；

Ft1；Ft2；Ft3；…Ftn——各可调因子的现行价格指数，指第17.3.3项、第17.5.2项和第17.6.2项约定的付款证书相关周期最后一天的前42天的各可调因子的价格指数；

F01；F02；F03…；Fon——各可调因子的基本价格指数，指基准日期的各可调因子的价格指数。

以上价格调整公式中的各可调因子、定值和变值权重，以及基本价格指数及其来源在投标函附录价格指数和权重表中约定。价格指数应首先采用国家或省、自治区、直辖市价格部门或统计部门提供的价格指数，缺乏上述价格指数时，可采用上述部门提供的价格代替。

16.1.2　暂时确定调整差额

在计算调整差额时得不到现行价格指数的，可暂用上一次价格指数计算，并在以后的付款中再按实际价格指数进行调整。

16.1.3　权重的调整

按第15.1款约定的变更导致原定合同中的权重不合理时:由监理人与承包人和发包人协商后进行调整。

16.1.4　承包人工期延误后的价格调整

由于承包人原因未在约定的工期内竣工的,则对原约定竣工日期后继续施工的工程,在使用第16.1.1项价格调整公式时,应采用原约定竣工日期与实际竣工日期的两个价格指数中较低的一个作为现行价格指数。

16.2　法律变化引起的价格调整

在基准日后,因法律变化导致承包人在合同履行中所需要的工程费用发生除第16.1款约定以外的增减时,监理人按第3.5款商定或确定需调整的合同金额。

17. 计量与支付

17.1　计量

17.1.1　计量单位计量采用国家法定的计量单位。

17.1.2　计量方法

工程量清单中各个子目的具体计量方法按合同约定执行。

17.1.3　计量周期

除专用合同条款另有约定外,单价子目已完成工程量按月计量,总价子目的计量周期按批准的支付分解报告确定。

17.1.4　单价子目的计量

(1)已标价工程量清单中的单价子目工程量为估算工程量。结算工程量是承包人实际完成的,并按合同约定的计量方法进行计量的工程量。

(2)承包人应按合同约定的计量方法,对已完成的工程进行计量,向监理人提交进度付款申请单、已完成工程量报表和有关计量资料。

(3)监理人对承包人提交的工程量报表进行复核,以确定实际完成的工程量。对数量有异议的,可要求承包人按第8.2款约定进行共同复核和抽样复测。承包人应协助监理人进行复核并按监理人要求提供补充计量资料。承包人未按监理人要求参加复核,监理人复核或修正的工程量视为承包人实际完成的工程量。

(4)监理人认为有必要时,可通知承包人共同进行联合测量、计量,承包人应遵照执行。

(5)承包人完成工程量清单中每个子目的工程量后,监理人应要求承包人派员共同对每个子目的历次计量报表进行汇总,以核实最终结算工程量。监理人可要求承包人提供补充计量资料,以确定最后一次进度付款的准确工程量。承包人未按监理人要求派员参加的,监理人最终核实的工程量视为承包人完成该子目的准确工程量。

17.1.5　总价子目的计量

除专用合同条款另有约定外,总价子目的分解和计量按照下述约定进行。

(1)总价子目的计量和支付应以总价为基础,不因第16.1款中的因素而进行调整。承包人实际完成的工程量,是进行工程目标管理和控制进度支付的依据。

(2)承包人在合同约定的每个计量周期内,对已完成的工程进行计量,并向监理人提交进度付款申请单、专用合同条款约定的合同总价支付分解表所表示的阶段性或分项计量的支持性资料，以及所达到工程形象目标或分阶段需完成的工程量和有关计量资料。

(3)监理人对承包人提交的上述资料进行复核，以确定分阶段实际完成的工程量和工程形象目标。对其有异议的，可要求承包人按第8.2款约定进行共同复核和抽样复测。

(4)除按照第15条约定的变更外，总价子目的工程量是承包人用于结算的最终工程量。

17.2 预付款

17.2.1 预付款

预付款用于承包人为合同工程施工购置材料、工程设备、施工设备、修建临时设施以及组织施工队伍进场等。预付款的额度和预付办法在专用合同条款中约定。预付款必须专用于合同工程。

17.2.2 预付款保函

除专用合同条款另有约定外，承包人应在收到预付款的同时向发包人提交预付款保函，预付款保函的担保金额应与预付款金额相同。保函的担保金额可根据预付款扣回的金额相应递减。

17.2.3 预付款的扣回与还清

预付款在进度付款中扣回，扣回办法在专用合同条款中约定。在颁发工程接收证书前，由于不可抗力或其他原因解除合同时，预付款尚未扣清的，尚未扣清的预付款余额应作为承包人的到期应付款。

17.3 工程进度付款

17.3.1 付款周期

付款周期同计量周期。

17.3.2 进度付款申请单

承包人应在每个付款周期末，按监理人批准的格式和专用合同条款约定的份数，向监理人提交进度付款申请单，并附相应的支持性证明文件。除专用合同条款另有约定外，进度付款申请单应包括下列内容：

(1)截至本次付款周末已实施工程的价款；

(2)根据第15条应增加和扣减的变更金额；

(3)根据23条应增加和扣减的索赔金额；

(4)根据第17.2款约定应支付的预付款和扣减的返还预付款；

(5)根据第17.4.1项约定应扣减的质量保证金；

(6)根据合同应增加和扣减的其他金额。

17.3.3 进度付款证书和支付时间

(1)监理人在收到承包人进度付款申请单以及相应的支持性证明文件后的14天内完成核查，提出发包人到期应支付给承包人的金额以及相应的支持性材料，经发包人审查同意后，由监理人向承包人出具经发包人签认的进度付款证书。监理人有权扣发承包人未能按照合同要求履行任何工作或义务的相应金额。

(2)发包人应在监理人收到进度付款申请单后的28天内，将进度应付款支付给承包人。发包人不按期支付的，按专用条款的约定支付逾期付款违约金。

(3)监理人出具进度付款证书，不应视为监理人已同意、批准或接受了承包人完成的该部分工作。

(4)进度付款涉及政府投资资金的,按照国库集中支付的规定和专用合同条款的约定办理。

17.3.4　工程进度付款的修正

对以往历次已签发的进度付款证书进行汇总和复核中发现错、漏或重复的,监理人有权予以修正,承包人也有权提出修正申请。经双方复核同意的修正,应在本次进度付款中支付或扣除。

17.4　质量保证金

17.4.1　监理人应从第一个付款周期开始,在承包人的进度付款中,按专用合同条款的约定扣留质量保证金,直至扣留的质量保证金总额达到专用合同条款约定的金额或比例为止。质量保证金的计算额度不包括预付款的支付、扣回以及价格调整的金额。

17.4.2　监理人应在第1.1.4.5目约定的缺陷责任期满时,提出发包人到期应支付给承包人剩余的质量保证金金额,经发包人审查同意后支付给承包人。

17.4.3　在第1.1.4.5目约定的缺陷责任期满时,承包人没有完成缺陷责任的,发包人有权扣留与未履行责任剩余工作所需金额相应的质量保证金余额,并有权根据第19.3款约定要求延长缺陷责任期。直至完成剩余工作为止。

17.5　竣工结算

17.5.1　竣工付款申请单

(1)工程接收证书颁发后,承包人应按专用合同条款约定的份数和期限向监理人提交竣工付款申请单,并提供相关证明材料。除专用合同条款另有约定外,竣工付款申请单应包括下列内容:竣工结算合同总价、发包人已支付承包人的工程价款、应扣留的质量保证金、应支付的竣工付款金额。

(2)监理人对竣工付款申请单有异议的,有权要求承包人进行修正和提供补充资料。经监理人和承包人协商后,由承包人向监理人提交修正后的竣工付款申请单。

17.5.2　竣工付款证书及支付时间

(1)监理人在收到承包人提交的竣工付款申请单后的14天内完成核查,提出发包人到期应支付给承包人的价款,经发包人审查同意后,由监理人向承包人出具经发包人签认的竣工付款证书。

(2)发包人应在监理人出具竣工付款证书后的14天内,将应支付款支付给承包人。发包人不按期支付的,按第17.3.3(2)目的约定,将逾期付款违约金加付给承包人。

(3)承包人对发包人签认的竣工付款证书有异议的,发包人可出具竣工付款申请单中承包人已同意部分的临时付款证书。存在争议的部分,按第24条的约定办理。

(4)竣工付款涉及政府投资资金的,按第17.3.3(4)目的约定办理。

17.6　最终结清

17.6.1　最终结清申请单

(1)缺陷责任期终止证书签发后,承包人可按专用合同条款约定的份数和期限向监理人提交最终结清申请单,并提供相关证明材料。

(2)发包人对最终结清申请单内容有异议的,有权要求承包人进行修正和提供补充资料,由承包人向监理人提交修正后的最终结清申请单。

17.6.2　最终结清证书和支付时间

(1)监理人收到承包人提交的最终结清申请单后的 14 天内,提出发包人应支付给承包人的价款,经发包人审查同意后,由监理人向承包人出具经发包人签认的最终结清证书。

(2)发包人应在监理人出具最终结清证书后的 14 天内,将应支付款支付给承包人。发包人不按期支付的,应按第 17. 3. 3(2)目的约定,将逾期付款违约金加付给承包人。

(3)承包人对发包人签认的最终结清证书有异议的,按第 24 条的约定办理。

(4)最终结清涉及政府投资资金的,按第 17. 3. 3(4)目的约定办理。

18. 竣工验收

18. 1　竣工验收的含义

18. 1. 1　竣工验收指承包人完成了全部合同工作后,发包人按合同要求进行的验收。

18. 1. 2　国家验收是国家有关部门根据法律、规范、规程和政策要求,针对发包人全面组织实施的整个工程正式交付投运前的验收。

18. 1. 3　需要进行国家验收的,竣工验收是国家验收的一部分。竣工验收所采用的各项验收和评定标准应符合国家验收标准。发包人和承包人为竣工验收提供的各项竣工验收资料应符合国家验收的要求。

18. 2　竣工验收申请报告

当工程具备以下条件时,承包人即可向监理人报送竣工验收申请报告:

(1)除监理人同意列入缺陷责任期内完成的尾工(甩项)工程和缺陷修补工作外,合同范围内的全部单位工程以及有关工作,包括合同要求的试验、试运行以及检验和验收均已完成,并符合合同要求;

(2)已按合同约定的内容和份数备齐了符合要求的竣工资料;

(3)已按监理人的要求编制了在缺陷责任期内完成的尾工(甩项)工程和缺陷修补工作清单以及相应施工计划;

(4)监理人要求在竣工验收前应完成的其他工作;

(5)监理人要求提交的竣工验收资料清单。

18. 3　验收

监理人收到承包人按第 18. 2 款约定提交的竣工验收申请报告后,应审查申请报告的各项内容,并按以下不同情况进行处理。

18. 3. 1　监理人审查后认为尚不具备竣工验收条件的,应在收到竣工验收申请报告后的 28 天内通知承包人,指出在颁发接收证书前承包人还需进行的工作内容。承包人完成监理人通知的全部工作内容后,应再次提交竣工验收申请报告,直至监理人同意为止。

18. 3. 2　监理人审查后认为已具备竣工验收条件的,应在收到竣工验收申请报告后的 28 天内提请发包人进行工程验收。

18. 3. 3　发包人经过验收后同意接受工程的,应在监理人收到竣工验收申请报告后的 56 天内,由监理人向承包人出具经发包人签认的工程接收证书。发包人验收后同意接收工程但提出整修和完善要求的,限期修好,并缓发工程接收证书。整修和完善工作完成后,监理人复查达到要求的,经发包人同意后,再向承包人出具工程接收证书。

18. 3. 4　发包人验收后不同意接收工程的,监理人应按照发包人的验收意见发出指示,要求承包人对不合格工程认真返工重作或进行补救处理,并承担由此产生的费用。承包人在完成不合格工程的返工重作或补救工作后，应重新提交竣工验收申请报告，按第18.3.1项、第18.3.2项和第18.3.3项的约定进行。

18.3.5　除专用合同条款另有约定外，经验收合格工程的实际竣工日期，以提交竣工验收申请报告的日期为准，并在工程接收证书中写明。

18.3.6　发包人在收到承包人竣工验收申请报告56天后未进行验收的，视为验收合格，实际竣工日期以提交竣工验收申请报告的日期为准，但发包人由于不可抗力不能进行验收的除外。

18.4　单位工程验收

18.4.1　发包人根据合同进度计划安排，在全部工程竣工前需要使用已经竣工的单位工程时，或承包人提出经发包人同意时，可进行单位工程验收。验收的程序可参照第18.2款与第18.3款的约定进行，验收合格后，由监理人向承包人出具经发包人签认的单位工程的验收证书。已签发单位工程接收证书的单位工程由发包人负责照管。单位工程的验收成果和结论作为全部工程竣工验收申请报告的附件。

18.4.2　发包人在全部工程竣工前，使用已接收的单位工程导致承包人费用增加的，发包人应承担由此增加的费用和（或）工期延误，并支付承包人合理利润。

18.5　施工期运行

18.5.1　施工期运行是指合同工程尚未全部竣工，其中某项或某几项单位工程或工程设备安装已竣工，根据专用合同条款约定，需要投入施工期运行的，经发包人按第18.4款的约定验收合格，证明能确保安全后，才能在施工期投入运行。

18.5.2　在施工期运行中发现工程或工程设备损坏或存在缺陷的，由承包人按第19.2款约定进行修复。

18.6　试运行

18.6.1　除专用合同条款另有约定外，承包人应按专用合同条款约定进行工程及工程设备试运行，负责提供试运行所需的人员、器材和必要的条件，并承担全部试运行费用。

18.6.2　由于承包人的原因导致试运行失败的，承包人应采取措施保证试运行合格，并承担相应费用。由于发包人原因导致试运行失败的，承包人应当采取措施保证试运行合格，发包人应承担由此产生的费用，并支付承包人合理利润。

18.7　竣工清场

18.7.1　除合同另有约定外，工程接收证书颁发后，承包人应按以下要求对施工场地进行清理，直至监理人检验合格为止。竣工清场费用由承包人承担。

（1）施工场地内残留的垃圾已全部清除出场；

（2）临时工程已拆除，场地已按合同要求进行清理、平整或复原；

（3）按合同约定应撤离的承包人设备和剩余的材料，包括废弃的施工设备和材料，已按计划撤离施工场地；

（4）工程建筑物周边及其附近道路、河道的施工堆积物，已按监理人指示全部清理；

（5）监理人指示的其他场地清理工作已全部完成。

18.7.2　承包人未按监理人的要求恢复临时占地，或者场地清理未达到合同约定的，发包人有权委托其他人恢复或清理，所发生的金额从拟支付给承包人的款项中扣除。

18.8　施工队伍的撤离

工程接收证书颁发后的56天内,除了经监理人同意需在缺陷责任期内继续工作和使用的人员、施工设备和临时工程外,其余的人员、施工设备和临时工程均应撤离施工场地或拆除。除合同另有约定外,缺陷责任期满时,承包人的人员和施工设备应全部撤离施工场地。

19. 缺陷责任与保修责任

19.1 缺陷责任期的起算时间

缺陷责任期自实际竣工日期起计算。在全部工程竣工验收前,已经发包人提前验收的单位工程,其缺陷责任期的起算日期相应提前。

19.2 缺陷责任

19.2.1 承包人应在缺陷责任期内对已交付使用的工程承担缺陷责任。

19.2.2 缺陷责任期内,发包人对已接收使用的工程负责日常维护工作。发包人在使用过程中,发现已接收的工程存在新的缺陷或已修复的缺陷部位或部件又遭损坏的,承包人应负责修复,直至检验合格为止。

19.2.3 监理人和承包人应共同查清缺陷和(或)损坏的原因。经查明属承包人原因造成的,应由承担修复和查验的费用。经查验属发包人原因造成的,发包人应承担修复和查验的费用,并支付承包人合理利润。

19.2.4 承包人不能在合理时间内修复缺陷的,发包人可自行修复或委托其他人修复,所需费用和利润的承担,按第19.2.3项约定办理。

19.3 缺陷责任期的延长

由于承包人原因造成某项缺陷或损坏使某项工程或工程设备不能按原定目标使用而需要再次检查、检验和修复的,发包人有权要求承包人相应延长缺陷责任期,但缺陷责任期最长不超过2年。

19.4 进一步试验和试运行

任何一项缺陷或损坏修复后,经检查证明其影响了工程或工程设备的使用性能,承包人应重新进行合同约定的试验和试运行,试验和试运行的全部费用应由责任方承担。

19.5 承包人的进入权

缺陷责任期内承包人为缺陷修复工作需要,有权进入工程现场,但应遵守发包人的保安和保密规定。

19.6 缺陷责任期终止证书

在第1.1.4.5目约定的缺陷责任期,包括根据第19.3款延长的期限终止后14天内,由监理人向承包人出具经发包人签认的缺陷责任期终止证书,并退还剩余的质量保证金。

19.7 保修责任

合同当事人根据有关法律规定,在专用合同条款中约定工程质量保修范围、期限和责任。保修期自实际竣工日期起计算。在全部工程竣工验收前,已经发包人提前验收的单位工程,其保修期的起算日期相应提前。

20. 保　　险

20.1 工程保险

除专用合同条款另有约定外,承包人应以发包人和承包人的共同名义向双方同意的保险人投保建筑工程一切险、安装工程一切险。其具体的投保内容、投保金额、保险费率、保险期限等有关内容在专用合同条款中约定。

20.2　人员工伤事故的保险

20.2.1　承包人员工伤事故的保险

承包人应依照有关法律规定参加工伤保险,为其履行合同所雇佣的全部人员,缴纳工伤保险费,并要求其分包人也进行此项保险。

20.2.2　发包人员工伤事故的保险

发包人应依照有关法律规定参加工伤保险,为其现场机构雇佣的全部人员,缴纳工伤保险费,并要求其监理人也进行此项保险。

20.3　人身意外伤害险

20.3.1　发包人应在整个施工期间为其现场机构雇用的全部人员,投保人身意外伤害险,缴纳保险费,并要求其监理人也进行此项保险。

20.3.2　承包人应在整个施工期间为其现场机构雇用的全部人员,投保人身意外伤害险,缴纳保险费,并要求其分包人也进行此项保险。

20.4　第三者责任险

20.4.1　第三者责任系指在保险期内,对因工程意外事故造成的、依法应由被保险人负责的工地上及毗邻地区的第三者人身伤亡、疾病或财产损失(本工程除外),以及被保险人因此而支付的诉讼费用和事先经保险人书面同意支付的其他费用等赔偿责任。

20.4.2　在缺陷责任期终止证书颁发前,承包人应以承包人和发包人的共同名义,投保第20.4.1项约定的第三者责任险,其保险费率、保险金额等有关内容在专用合同条款中约定。

20.5　其他保险

除专用合同条款另有约定外,承包人应为其施工设备、进场的材料和工程设备等办理保险。

20.6　对各项保险的一般要求

20.6.1　保险凭证

承包人应在专用合同条款约定的期限内向发包人提交各项保险生效的证据和保险单副本,保险单必须与专用合同条款约定的条件保持一致。

20.6.2　保险合同条款的变动

承包人需要变动保险合同条款时,应事先征得发包人同意,并通知监理人。保险人作出变动的,承包人应在收到保险人通知后立即通知发包人和监理人。

20.6.3　持续保险

承包人应与保险人保持联系,使保险人能够随时了解工程实施中的变动,并确保按保险合同条款要求持续保险。

20.6.4　保险金不足的补偿

保险金不足以补偿损失的,应由承包人和(或)发包人按合同约定负责补偿。

20.6.5　未按约定投保的补救

(1)由于负有投保义务的一方当事人未按合同约定办理保险,或未能使保险持续有效的,另一方当事人可代为办理,所需费用由对方当事人承担。

(2)由于负有投保义务的一方当事人未按合同约定办理某项保险,导致受益人未能得到保险人的赔偿,原应从该项保险得到的保险金应由负有投保义务的一方当事人支付。

21. 不可抗力

21.1　不可抗力的确认

21.1.1　不可抗力是指承包人和发包人在订立合同时不可预见,在工程施工过程中不可避免发生并不能克服的自然灾害和社会性突发事件。如地震、海啸、瘟疫、水灾、骚乱、暴动、战争和专用合同条款约定的其他情形。

21.1.2　不可抗力发生后,发包人和承包人应认真统计所造成的损失,收集不可抗力造成损失的证据。合同双方对是否属于不可抗力或其损失的意见不一致的,监理人按第3.5款商定或确定。发生争议时,按第24条的约定办理。

21.2　不可抗力的通知

21.2.1　合同一方当事人遇到不可抗力事件,使其履行合同义务受到阻碍时,应立即通知合同另一方当事人和监理人,书面说明不可抗力和受阻碍的详细情况,并提供必要的证明。

21.2.2　如不可抗力持续发生,合同一方当事人应及时向合同另一方当事人和监理人提交中间报告,说明不可抗力和履行合同受阻的情况,并于不可抗力事件结束后28天内提交最终报告及有关资料。

21.3　不可抗力后果及其处理

21.3.1　不可抗力造成损害的责任

除专用合同条款另有约定外,不可抗力导致的人员伤亡、财产损失、费用增加和(或)工期延误等后果,由合同双方按以下原则承担:

(1)永久工程,包括已运至施工场地的材料和工程设备的损害,以及因工程损害造成的第三者人员伤亡和财产损失由发包人承担;

(2)承包人设备的损坏由承包人承担;

(3)发包人和承包人各自承担其人员伤亡和其他财产损失及其相关费用;

(4)承包人的停工损失由承包人承担,但停工期间应监理人要求照管工程和清理、修复工程的金额由发包人承担;

(5)不能按期竣工的,应合理延长工期,承包人不需支付逾期竣工违约金。发包人要求赶工的,承包人应采取赶工措施,赶工费用由发包人承担。

21.3.2　延迟履行期间发生的不可抗力

合同一方当事人延迟履行,在延迟履行期间发生不可抗力的,不免除其责任。

21.3.3　避免和减少不可抗力损失

不可抗力发生后,发包人和承包人均应采取措施尽量避免和减少损失的扩大,任何一方没有采取有效措施导致损失扩大的,应对扩大的损失承担责任。

21.3.4　因不可抗力解除合同

合同一方当事人因不可抗力不能履行合同的,应当及时通知对方解除合同。合同解除后,承包人应按照第22.2.5项约定撤离施工场地。已经订货的材料、设备由订货方负责退货或解除订货合同,不能退还的货款和因退货、解除订货合同发生的费用,由发包人承担,因未及时退货造成的损失由责任方承担。合同解除后的付款,参照第22.2.4项约定,监理人按第3.5款商定或确定。

22. 违　　约

22.1　承包人违约

22.1.1　承包人违约的情形

在履行合同过程中发生的下列情况属承包人违约：

(1)承包人违反第1.8款或第4.3款的约定，私自将合同的全部或部分权利转让给其他人，或私自将合同的全部或部分义务转移给其他人；

(2)承包人违反第6.4款的约定，未经监理人批准，承包人私自将已按合同约定进入施工场地的施工设备、临时设施或材料撤离施工场地；

(3)承包人违反第5.4款的约定使用了不合格材料或工程设备，工程质量达不到标准要求，又拒绝清除不合格工程；

(4)承包人未能按合同进度计划及时完成合同约定的工作，已造成或预期造成工期延误；

(5)承包人在缺陷责任期内，未能对工程接收证书所列的缺陷清单的内容或缺陷责任期内发生的缺陷进行修复，而又拒绝按监理人指示再进行修补；

(6)承包人无法继续履行或明确表示不履行或实质上已停止履行合同；

(7)承包人不按合同约定履行义务的其他情况。

22.1.2　对承包人违约的处理

(1)承包人发生第22.1.1(6)目约定的违约情况时，发包人可通知承包人立即解除合同，并按有关法律处理。

(2)承包人发生除第22.1.1(6)目约定以外的其他违约情况时，监理人可向承包人发出整改通知，要求其在指定的期限内改正。承包人应承担其违约所引起的费用增加和(或)工期延误。

(3)经检查证明承包人已采取了有效措施纠正违约行为，具备复工条件的，可由监理人签发复工通知复工。

22.1.3　承包人违约解除合同

监理人发出整改通知28天后，承包人仍不纠正违约行为的，发包人可向承包人发出解除合同通知。合同解除后，发包人可派员进驻施工场地，另行组织人员或委托其他承包人施工。发包人因继续完成该工程的需要，有权扣留使用现场承包人的材料、设备和临时设施。但发包人的这一行动不免除承包人应承担的违约责任，也不影响发包人根据合同约定享有的索赔权利。

22.1.4　合同解除后的估价、付款和结清

(1)合同解除后，监理人按第3.5款商定或确定承包人实际完成工作的价值，以及承包人已提供的材料、施工设备、工程设备和临时工程等的价值。

(2)合同解除后，发包人应暂停对承包人的一切付款，查清各项付款和已扣款金额，包括承包人应支付的违约金。

(3)合同解除后，发包人应按第23.4款的约定向承包人索赔由于解除合同给发包人造成的损失。

(4)合同双方确认上述往来款项后，出具最终结清付款证书，结清全部合同款项。

(5)发包人和承包人未能就解除合同后的结清达成一致而形成争议的，按第24条的约定

办理。

22. 1. 5　协议利益的转让

因承包人违约解除合同的，发包人有权要求承包人将其为实施合同而签订的材料和设备的订货协议或任何服务协议利益转让给发包人，并在解除合同后的 14 天内，依法办理转让手续。

22. 1. 6　紧急情况下无能力或不愿进行抢救

在工程实施期间或缺陷责任期内发生危及工程安全的事件，监理人通知承包人进行抢救，承包人声明无能力或不愿立即执行的，发包人有权雇佣其他人员进行抢救。此类抢救按合同约定属于承包人义务的，由此发生的金额和（或）工期延误由承包人承担。

22. 2　发包人违约

22. 2. 1　发包人违约的情形

在履行合同过程中发生的下列情形，属发包人违约：

（1）发包人未能按合同约定支付预付款或合同价款，或拖延、拒绝批准付款申请和支付凭证，导致付款延误的；

（2）发包人原因造成停工的；

（3）监理人无正当理由没有在约定期限内发出复工指示，导致承包人无法复工的；

（4）发包人无法继续履行或明确表示不履行或实质上已停止履行合同的；

（5）发包人不履行合同约定其他义务的。

22. 2. 2　承包人有权暂停施工

发包人发生除第 22. 2. 1（4）目以外的违约情况时，承包人可向发包人发出通知，要求发包人采取有效措施纠正违约行为。发包人收到承包人通知后的 28 天内仍不履行合同义务，承包人有权暂停施工，并通知监理人，发包人应承担由此增加的费用和（或）工期延误，并支付承包人合理利润。

22. 2. 3　发包人违约解除合同

（1）发生第 22. 2. 1（4）目的违约情况时，承包人可书面通知发包人解除合同。

（2）承包人按 22. 2. 2 项暂停施工 28 天后，发包人仍不纠正违约行为的，承包人可向发包人发出解除合同通知。但承包人的这一行动不免除发包人承担的违约责任，也不影响承包人根据合同约定享有的索赔权利。

22. 2. 4　解除合同后的付款

因发包人违约解除合同的，发包人应在解除合同后 28 天内向承包人支付下列金额，承包人应在此期限内及时向发包人提交要求支付下列金额的有关资料和凭证：

（1）合同解除日以前所完成工作的价款；

（2）承包人为该工程施工订购并已付款的材料、工程设备和其他物品的金额。发包人付还后，该材料、工程设备和其他物品归发包人所有；

（3）承包人为完成工程所发生的，而发包人未支付的金额；

（4）承包人撤离施工场地以及遣散承包人人员的金额；

（5）由于解除合同应赔偿承包人的损失；

（6）按合同约定在合同解除日前应支付给承包人的其他金额。

发包人应按本项约定支付上述金额并退还质量保证金和履约担保，但有权要求承包人支付应偿还给发包人的各项金额。

22.2.5　解除合同后的承包人撤离

因发包人违约而解除合同后，承包人应妥善做好已竣工工程和已购材料、设备的保护和移交工作，按发包人要求将承包人设备和人员撤出施工场地。承包人撤出施工场地时应遵守第18.7.1项的约定，发包人应为承包人撤出提供必要条件。

22.3　第三人造成的违约

在履行合同过程中，一方当事人因第三人的原因造成违约的，应当向对方当事人承担违约责任。一方当事人和第三人之间的纠纷，依照法律规定或者按照约定解决。

23. 索　　赔

23.1　承包人索赔的提出

根据合同约定，承包人认为有权得到追加付款和（或）延长工期的，应按以下程序向发包人提出索赔：

（1）承包人应在知道或应当知道索赔事件发生后28天内，向监理人递交索赔意向通知书，并说明发生索赔事件的事由。承包人未在前述28天内发出索赔意向通知书的，丧失要求追加付款和（或）延长工期的权利。

（2）承包人应在发出索赔意向通知书后28天内，向监理人正式递交索赔通知书。索赔通知书应详细说明索赔理由以及要求追加的付款金额和（或）延长的工期，并附必要的记录和证明材料。

（3）索赔事件具有连续影响的，承包人应按合理时间间隔继续递交延续索赔通知，说明连续影响的实际情况和记录，列出累计的追加付款金额和（或）工期延长天数。

（4）在索赔事件影响结束后的28天内，承包人应向监理人递交最终索赔通知书，说明最终要求索赔的追加付款金额和延长的工期，并附必要的记录和证明材料。

23.2　承包人索赔处理程序

（1）监理人收到承包人提交的索赔通知书后，应及时审查索赔通知书的内容、查验承包人的记录和证明材料，必要时监理人可要求承包人提交全部原始记录副本。

（2）监理人应按第3.5款商定或确定追加的付款和（或）延长的工期，并在收到上述索赔通知书或有关索赔的进一步证明材料后的42天内，将索赔处理结果答复承包人。

（3）承包人接受索赔处理结果的，发包人应在作出索赔处理结果答复后28天内完成赔付。承包人不接受索赔处理结果的，按第24条的约定办理。

23.3　承包人提出索赔的期限

23.3.1　承包人按第17.5款的约定接受了竣工付款证书后，应被认为已无权再提出在合同工程接收证书颁发前所发生的任何索赔。

23.3.2　承包人按第17.6款的约定提交的最终结清申请单中，只限于提出工程接收证书颁发后发生的索赔。提出索赔的期限自接受最终结清证书时终止。

23.4　发包人的索赔

23.4.1　发生索赔事件后，监理人应及时书面通知承包人，详细说明发包人有权得到的索赔金额和（或）延长缺陷责任期的细节和依据。发包人提出索赔的期限和要求与第23.3款的约定相同，延长缺陷责任期的通知应在缺陷责任期届满前发出。

23.4.2　监理人按第3.5款商定或确定发包人从承包人处得到赔付的金额和(或)缺陷责任期的延长期。承包人应付给发包人的金额可从拟支付给承包人的合同价款中扣除,或由承包人以其他方式支付给发包人。

24. 争议的解决

24.1　争议的解决方式

发包人和承包人在履行合同中发生争议的,可以友好协商解决或者提请争议评审组评审。合同当事人友好协商解决不成、不愿提请争议评审或者不接受争议评审组意见的,可在专用合同条款中约定下列一种方式解决。

(1)向约定的仲裁委员会申请仲裁;

(2)向有管辖权的人民法院提起诉讼。

24.2　友好解决

在提请争议评审、仲裁或者诉讼前,以及在争议评审、仲裁或诉讼过程中,发包人和承包人均可共同努力友好协商解决争议。

24.3　争议评审

24.3.1　采用争议评审的,发包人和承包人应在开工日后的28天内或在争议发生后,协商成立争议评审组。争议评审组由有合同管理和工程实践经验的专家组成。

24.3.2　合同双方的争议,应首先由申请人向争议评审组提交一份详细的评审申请报告,并附必要的文件、图纸和证明材料,申请人还应将上述报告的副本同时提交给被申请人和监理人。

24.3.3　被申请人在收到申请人评审申请报告副本后的28天内,向争议评审组提交一份答辩报告,并附证明材料。被申请人应将答辩报告的副本同时提交给申请人和监理人。

24.3.4　除专用合同条款另有约定外,争议评审组在收到合同双方报告后的14天内,邀请双方代表和有关人员举行调查会,向双方调查争议细节;必要时争议评审组可要求双方进一步提供补充材料。

24.3.5　除专用合同条款另有约定外,在调查会结束后的14天内,争议评审组应在不受任何干扰的情况下进行独立、公正的评审,作出评审意见,并说明理由。在争议评审期间,争议双方暂按总监理工程师的确定执行。

24.3.6　发包人和承包人接受评审意见的,由监理人根据评审意见拟定执行协议,经争议双方签字后作为合同的补充文件,并遵照执行。

24.3.7　发包人或承包人不接受评审意见,并要求提交仲裁或提起诉讼的,应在收到评审意见后的14天内将仲裁或起诉意向书面通知另一方,并抄送监理人,但在仲裁或诉讼结束前应暂按总监理工程师的确定执行。

第三节　合同档案的归档移交

一、合同档案的归档和移交

施工承包合同一般情况下是与竣工文件一起整理组卷,但有些部门只负责合同管理,不负责竣工文件管理的情况下，应按下述要求整理归档。

1. 合同档案的整理立卷。工程承包、分包合同档案按工程项目（即工程项目与合同有关的重要文件材料，如：合同、补充合同，协议书、承诺书，与合同对应的中标通知书、招标文件，竣工验收报告、竣工文件、资料及图纸等）组成一卷或数卷，其他各类合同档案按项目性质、专业，结合地区、价值等特征分门别类，组成案卷。

2. 合同履行中，如发生合同纠纷，承办人员应将处理合同纠纷的文件（协议书、调解书、仲裁判决书、判决书等）在签字或生效后，及时向本单位档案室或本部门兼管档案工作人员移交归档，档案人员应将这些文件补充到相对应的合同档案里。

3. 合同档案移交时，应在文档电子管理系统中进行条目登记，并按条目目录进行清点交接，交接双方签名各存一份目录，以备待查。

4. 合同档案是各单位档案全宗的重要组成部分，必须由档案部门统一管理，任何部门和个人都不得擅自存放、保管、丢失、销毁合同档案。

二、合同档案的保管和利用

1. 合同档案实行按件归档的方式保管，即每份合同及其相关附件应作为一件归档，以每件作为一个条目在电子文档管理系统中进行登录。并将卷内各页按一定的方式对齐，去除一般金属物（特殊不锈钢钉除外）和塑料物，如没有页码的文件应在左下角编写页码，并将每件采用白乳胶、三孔一线或特殊不锈钢钉的方式装订，然后在整理好的文件右上角编写张号。

2. 合同档案按"年度—保管期限"来组卷、编号、排列，同一个年度、同一个保管期限卷内按时间顺序进行排列，同一个形成单位的合同档案按保管期限的室件流水号排列存放。

3. 合同档案的保管期限分为永久、定期（30、15 年）。凡反映本单位主要职能活动，对国家建设和历史研究有长远利用价值的合同档案，如：合资、联营、设立分支机构、征地等列为永久保存；凡对本单位在一定时期内有查考利用价值的合同档案，如：劳动、购销、房屋买卖、建设工程、大型设备引进、涉外合同等以及金额在 1 000 万元以上的合同列为永久，1 000 万元以下的列为定期保存。

4. 为了便于合同的统计和利用，合同档案实行实体不分类，信息分类的体系，即纸质合同排列按类排列，但在文档电子管理系统中必须标注合同档案的类别。

5. 在合同期内，签订合同的单位应尽量使用在本单位、本部门保管的合同正本；产生合同档案的部门，应妥善保管好合同档案，在合同期内一般情况下不得外借，特殊情况除外，并应设立合同档案登记借阅本以及兼职档案人员管理；除以上工程承包、分包合同在完工后立即整理移交到本公司档案馆（室）以外，其他合同档案应交到部门的兼职档案工作人员手中或在第二年的上半年内移交到单位档案部门统一集中保管。已移交到综合档案室的合同档案外借时必须由分管档案部门的领导批准，原件不得涂改、损坏。

三、合同档案的鉴定与销毁

1. 合同档案保管期满，需销毁时，必须由本单位的档案部门提出销毁意见，会同合同签订部门及合同审定部门共同鉴定，严格审查合同的期限，编制《合同档案销毁清册》，并报本单位合同档案主管领导批准后方可销毁。

2. 销毁合同档案时，应针对销毁清册认真清点核对，并实行监销制度，监销时必须由二人以上进行销毁，销毁清单向档案部门移交备查。

3. 合同销毁后，应在相应的电子条目上标注“已销毁”，同时应每年清理一次已达到保管期限的合同档案。

第六章　电子文件的管理

第一节　电子文件的作用和意义

一、电子文件

电子文件是指各地区、各部门通过由各单位统一配置的电子公文传输系统处理后形成的具有规范格式的公文的电子数据。

二、电子文件的作用和意义

1. 电子文件的作用

(1)电子文件的建立可以提高工作效率,可以为各级工程管理、技术人员在解决工程问题时,快速提供决策参考信息;

(2)电子文件的形成,还可以大大减少档案成本,如项目竣工后在形成了一套原件纸质档案的同时也形成了一套电子档案代替了原来需要复印多套的纸质档案;

(3)在运营养护管理中,电子档案能够快速地提供有关项目的第一手资料。如:项目工程结构发生变化时,可以立即使竣工图的变更得到快速修改形成新的竣工图。

(4)电子档案的建立,为新的建设项目提供参考信息。在新项目的建设过程中,能够快速的查阅或远程调用。如:机构重组,单位合并变化较大时,大量的纸质档案一时无法搬迁,远程查档很不方便,有了电子档案就解决了这一问题。

2. 电子文件的意义

为规范电子公文的归档,保证归档电子公文的完整与安全,国家档案局、中央档案馆根据《中华人民共和国档案法》和国务院办公厅发布的《电子公文归档管理暂行办法》,于2003 年7 月28 日以国家档案局第6 号令发布实施。同时王刚同志作了重要批示:电子公文的归档与管理、档案信息资源的保护与开发利用,是国家电子政务建设的重要内容和基础工作。在当前信息技术手段层出不穷和机读数据大量出现的形势下,电子公文的归档管理进行相应规范很有必要,这对于促进全国的办公自动化和档案信息化工作具有指导意义。

第二节　铁路建设项目电子文件形成与积累

建设项目经过招投标后,参建各单位从不同的地方汇聚到一起,来共同进行项目建设。在建设项目的计算机应用仍处在起步和发展阶段,各参建单位来自不同行业、不同的地方,在管理方法和业务操作上会有很大的差异,计算水平也存在高低不等。因此,在工程建设过程中,如何使参建单位的电子文件按统一的要求形成和积累,这就需要建设项目的组织单位——建设单位、施工单位从电子文件总体管理做好统筹规划,并制定相应的规则、制度和管理办法。在电子文件形成、积累、整理、归档等一系列过程中做好组织实施和落实。

一、电子文件形成与积累的组织保障

建设项目电子文件从形成到归档，涉及多单位、多部门，形成时间长、数量大，一个重点建设项目形成的纸质档案就达到几千乃至万卷，因此在电子文件的形成和积累的过程中，要做到真实性、完整性、完全性和可识别性。因为电子文件移交前是由形成部门负责，移交后由档案部门负责。电子公文的形成必须将有保管期限的电子公文与制成纸质的公文存储载体一同归档，内容必须与纸质的文件内容表现一致，处理无差错，还要做到从根本上保证电子文件的形成与各项归档工作同步进行。因此，电子文件就要进行合理地监控和管理。建立有效的组织机构和合理的人员配备，电子配备，电子文件的收集积累工作才能得以顺利进行，才能从根本上保证电子文件的形成与各项归档工作同步进行。

(1)建立电子档案管理机制。电子文件的形成、积累和归档既是各级人员职责范围内的工作，又是电子档案管理的基础。因此，应把建设项目电子文件形成积累工作列入工程管理的工作计划、纳入有关管理制度、纳入有关人员的职责范围。

(2)建设单位必须配备有一定的档案和工程管理经验和计算机操作使用基础的人员，作为档案专职管理人员，负责统一制定本建设项目电子档案的有关标准和管理办法，组织对各参建单位按工作计划进行现场检查、指导和考核，及时纠正档案管理过程中出现的各种问题。

(3)各参建单位必须配备二人以上的专职档案人员，负责指导、检查、协调本单位纸质文件和电子文件的形成和积累工作。

(4)提高各参建单位工程管理和技术人员的档案意识。在工程开始阶段，除了对档案专职人员进行档案专业知识培训以外，还应对工程管理和技术人员，就如何提高文件材料、电子文件的完整性和准确性进行指导性培训。

二、电子文件形成与积累的基本原则和要求

建设项目参建单位多，档案信息来源广、种类多、形式多样，建设单位是全套项目档案信息的接收和主要使用者，因此在电子文件形成与积累的过程中，根据电子文件的特点和管理要求，必须建立一个完整的管理体系，各参建单位遵循一定的规则和要求，进行电子文件的收集和积累，这样才能使不同来源的电子文件能够在同一计算机环境下进行统一管理。

(1)根据纸质档案的收集范围，结合档案利用频率，确定电子文件的收集范围。收集电子文件范围太广，会给形成积累工作增加难度，范围太小，会给查阅利用带来不便。因此在工程刚开始时，应针对各参建单位的具体工程情况，制定电子文件的收集范围、分类方案和存放形式。

(2)为了保证电子文件的准确性，对于需要人工录入的电子文件，应建立完备的核对机制，可采用人工核对或人工核对与软件系统核对相结合的检查方式，同时配合相应的检查、核对制度，为电子文件的准确性把好录入质量关。

(3)电子文件的编辑软件，必须是通用的、便于操作；电子档案管理软件，应具备按规则导出通用电子文件和导出通用案卷目录、卷内目录数据库的功能；业务应用系统软件，对结果性的、需归档的文件材料信息，应具备通用格式的导出功能。

(4)存放有电子文件的计算机，必须安装防病毒软件，设置实时检测病毒、定期或自动更新病毒代码库，避免计算机感染病毒而破坏电子文件。

(5)对形成的电子文件做好备份管理工作。制定备份制度,落实责任人,对形成的电子文件进行定期备份。

三、计算机环境下电子文件形成方法和档案管理软件的应用

建设项目电子文件分别由各单位的各业务部门形成,形成的方法各不相同,主要有:

(1)使用编辑软件形成电子文件,并打印出纸质文件材料。常用的有:用文字编辑软件WORD、WPS等进行文件材料的编辑、修改和打印;用表格编辑软件EXCL等进行文件报表的报表的编辑、计算和打印;用图纸编辑软件AUTOCAD等进行施工、变更和竣工图纸的编辑、修改和打印。

(2)使用扫描软件形成电子文件。主要是对参建单位以外的有关单位发来的文件材料以及手工形成的纸质材料,用扫描仪扫描形成通用的PDF、TIF、JPG、SIF等格式电子文件。

(3)软件的应用环境要适宜办公室、文书、档案、机要、保密、科技、信息、后勤、综合等各级部门使用。同时要充分利用计算机资源及Windows平台的优秀性质,实现从文件生成到档案销毁的全部流程管理,以文档一体化模式管理为目标,所设计的文档格式完全符合国家标准和行业标准要求。

(4)各单位业务应用软件形成电子文件。目前在铁路建设项目广为使用的业务软件有:办公自动化管理软件,主要形成各单位的管理性来往文件的电子文件;建设项目招投标管理软件,主要形成招投标相关电子文件;工程概预算软件,主要形成工程预算相关电子文件;工程项目建设管理软件,主要形成工程合同、工程量清单、工程变更、计量支付等相关文件材料和报表的电子文件;工程项目计划、进度管理软件,项目会计管理软件、主要形成与计划和进度相关的文件材料和报表的电子文件等。

由于建设项目参建单位多,计算机应用水平参差不齐,各单位分布在野外工地,因此,可以根据各项目情况,选择不同的方式,在计算机及网络系统的环境下进行电子档案的管理。以下介绍三种典型的电子档案管理方法供参考:

(1)项目档案管理软件版。符合各参建单位使用简单的档案管理软件,建立案卷和卷内目录数据库;使用通用编辑软件,按统一规则和要求形成与纸张文件材料相对应的电子文件,形成的电子文件按档案分类规则存放到分类文件夹中。

优点:① 对于一个建设期短或建设规模小的建设项目来讲不需要购买复杂、昂贵的档案管理软件,不需要配备专业的计算机维护人员;② 形成通用的数据库和电子文件,可直接交给运营单位和有关主管单位,也可起直接查阅或导入与本单位相适应的档案软件系统中无缝接轨共享利用信息;③ 不需要远程通讯,不受远程通讯条件限制。

缺点:① 向运营单位移交时,需要档案软件开发商提供通用导出功能。② 需要制订录入、检查管理制度和统一存放规则,以保证电子文件的真实性、完整性、系统性和安全性。

(2)档案管理软件单机和网络版。符合各参建单位分别使用相同的档案管理软件,进行目录和全文的统一管理。

优点:① 可利用网络权限和用户权限功能来进行真实性、完整性和安全性的辅助控制;② 电子文件组卷方便;③ 不需要远程通讯,不受远程通讯条件限制;④ 系统目录管理、原文管理兼备,并与Office无缝集成,支持Windows下任何格式的原文管理。

缺点:建设项目结束后,形成的档案信息不能直接给运营单位和相关主管单位,需要档案

软件开发商提供通用导出功能。

(3)档案互联网管理方式。各参建单位联网使用同一套档案管理软件进行目录和全文的统一管理,这是一种比较理想的方式,但由通讯条件限制,暂时尚难以全面推行,但随着通讯技术的发展,相信很快就能实现。

优点:① 可利用网络权限和用户权限功能来进行真实性、完整性和安全性的辅助控制;② 电子文件组卷方便;③ 在建设过程中各参建单位可以及时共享档案信息,使档案信息直接为工程服务。

缺点:① 建设项目结束后,形成的档案信息不能直接交给运营单位和相关主管单位,需要档案软件开发商提供通用导出功能;② 由于施工单位地处野外工地,通讯条件受当地电讯条件限制。

应注意的是:① 编辑软件和扫描软件形成的电子文件,应及时存放到相关的业务应用管理软件系统中或档案管理软件系统中。如果没有使用业务应用管理软件或档案管理软件,则应按上述第一种方法,根据电子文件存放规则要求,将形成的电子文件存放到规定的文件夹中。② 业务应用系统软件需要建立归档电子文件的导出功能,导出规则应符合电子文件存放规则;或者业务应用系统软件与档案管理软件之间建立归档电子文件的交换功能,以便形成的电子文件及时归档管理。

第三节　电子文件的整理和归档

一、统一规则的设定原则

(1)形成的案卷目录数据库、卷内目录数据库、电子文件,要方便直接查看。在计算机上查阅电子文件时,要能够类似纸质档案通过案卷目录、卷内目录到纸张文件一样,方便地直接查阅电子文件。不需要安装任何档案管理软件。

(2)形成的案卷目录数据库、卷内目录数据库和电子文件要能够方便地与其他档案管理软件之间进行导人、导出的转换。

二、统一规则设定方法

(1)文书档案数据库通用基本信息包括:

① 案卷目录:全宗号、全宗名称、档案所属年代、保管期限、进馆(室)年度、目录号、盒号、档号、立卷部门、总份数、总张数、起始室件号和结束室件号、整理人、整理日期、检查人、交接日期、存放地点、销毁类型、原因、份数、日期等。

② 卷内目录:机构类别、所属年度、承办部门、件号、室件号、责任者、文件字号、题名、文件日期、张数、密级、保密期限、文件受控号、附件题名、电子文件名、电子文件载体号、是否销毁、销毁日期、目录号、盒号、保管期限。

(2)科技档案包含:设备档案、房产档案、科研档案、基建档案数据库通用基本信息设定是一致的,主要包括:

① 案卷目录:单位代号、全宗名称、保管期限、种类、分类、属类、案卷目录号、案卷号、项目名称、案卷标题、软封面标题、案卷起止日期、归档年度、形成单位、施工里程、竣工里程、总张数、文字材料张数、蓝图张数、照片张数、其他张数、保管期限、组卷单位负责人、职务、组卷日

期、交接日期、接收人、密级、存放地点、说明、销毁类型、销毁原因、销毁文件份数、销毁图纸张数、销毁日期。

② 卷内目录：顺序号、图号或文件编号、名称、文件日期、张数、张次、形成年度、备注、是否销毁、销毁日期。

(3)会计档案数据库通用基本信息的案卷目录有：全宗号、全宗名称、单位简称、类别、案卷目录号、案卷号、档号、形成年度、形成月份、会计处理号、案卷标题、保管期限、张数、立卷部门、组卷人、检查人、组卷日期、交接日期、存放位置、密级、销毁类型、销毁原因、销毁份数、销毁日期、已保管期限、备注。

(4)声像档案数据库通用基本信息包括：

① 卷内目录：单位代号、全宗名称、种类、分类、属类、案卷目录号、案卷号、归档年度、保管期限、案卷标题、形成单位、起止年度、立卷人、职务、检查人、立卷日期、交接日期、存放地点、销毁类型。

② 照片目录：承办单位、照片号、底片、底片张数、事由、形成年度、摄制日期、摄制者、地点、参见号、期数、总期数、是否销毁、销毁日期。

③ 录像带目录卡：形成年度、承办部门、顺序号、摄制者姓名、录制日期、节目长度、是否销毁、销毁日期。

④ 录音带目录卡：形成年度、承办部门、顺序号、内容、录制日期、节目长度、是否销毁、销毁日期。

⑤ 软盘档案：承办部门、顺序号、题名、是否销毁、销毁日期。

⑥ 光盘档案：承办部门、顺序号、题名、是否销毁、销毁日期。

(5)实物档案数据库通用基本信息包括：全宗号、级别、实物目录号、案卷顺序号、档号、年度、保管期限、题名、归档部门、归档日期、颁发单位、接收单位、颁发或形成日期、存放地点。

三、电子文件的整理

电子文件的归档与纸质文件归档一样，电子档案的案卷目录和卷内目录应与纸质档案的案卷目录和卷内目录相对应，通过电子档案的查阅，同时可以查到纸质档案的存放地点。

建设项目的竣工电子档案最终应能提供给运营单位和上级主管部门（单位）方便地进行查阅利用。因此各参建单位，无论使用何种管理软件，最终都必须按统一规则转换，形成通用的案卷目录数据库、卷内目录数据库和电子文件存放到载体上，做到无缝接轨的连接到接收单位的软件系统中。

四、电子文件的归档

电子文件归档分两个部分：一是各单位指挥（项目）部将形成的电子文件要运用与本级档案部门相一致的档案管理软件，做到档案数据移交时无缝接轨，并且电子文件应在工程完毕后三个月内向上级和本级档案部门归档。二是各部门形成的非红头电子档案移交给档案室时，可以自行在本局域网内通过统一软件进行传输，如：红头文件可以由办公室打字人员统一调整格式和传输。项目部归档：先进入软件系统中责任成本部或工程项目部（自行设置）进入，各部门电子文件归档应选中本部门软件通道进入系统，在软件中新增档案盒目录（案卷目录），输入档案形成年度、保管期限、归档年度、盒号、档案号（自动成生）、档案总份数、总张数，起始室件号和结束室件号、状态栏中自动形成档案条目标识；然后再进入下一个归档目录（卷内目录）状态栏中，应设置好每一份文件的发文字号、文件标题、张数、发文时间，保管期限、移交人、整理日期和归档日期确认后，再进入新建电子文件状态，在公文模板中选中所需归档的电子文件格式和电子文件确认，卷内电子文件将自动生成，并标识电子文件已归入目录状态下。档案部门在接收时，必须一一核对，在检查人位置处签收（填写姓名）、档案接收日期、档案存放位置。归档后由档案部门打印档案移交清册一式二份，双方盖章各执一份保存。

非红头文件未经过电脑输出的，应进行扫描后按以上程序归档。

五、归档文件的质量要求

在建设项目电子文件归档前就对文件的质量进行严格的检查，除了要求技术鉴定工作检查的项目合格之外，归档文件还应达到以下一些质量要求：

（1）齐全完整。凡是在归档范围内的文件均需归档，尤其应注意相关电子文件的支持软件和管理数据收集的齐全、完整。如：用文字处理技术形成的电子文件，就同时收集文件存储格式、属性和文字处理平台的说明材料；用扫描仪等像电子文件，应转换成通用格式。若无法转换软件一并收集；用计算机辅助设计、施工等获得的图形电子文件，同时收集软硬件环境和相关数据；用视频设备获得的动态图像文件，同时收集非通用格式的压缩算法和相关软件；用音频设备获得的文件，同时收集其属性标识，参数和非解通用格式的相关软件；由计算机多媒体技术制作的文件，其中包含前面所说的两种以上信息形式的，收集时应保证参数准确、数据完整；通用软件产生的电子文件，应同时收集其软件型号、名称、版本号和相关参数手册、说明等。专用软件产生的电子文件，原则上应转换成通用型电子文件，如果不能转换则必须连同专用软件一并收集。本单位应开发的专用软件，同时收集软件设计过程中产生的纸质文件。如软件开发任务书、需求分析说明、系统设计说明书、程序框图、鉴定及验收报告等。

（2）真实有效。形成的电子档案应与纸质档案保持一致。归档的电子文件应按分类刻录到只读光盘，光盘应附有标签和目录。标签内容可包含：档号范围、套别、项目名称、编制单位、归档人签名、编制日期、密级等。目录内容可包括：光盘内的案卷目录清单，软、硬平台要求等。

（3）规范有序。电子文件须经过形成部门的编辑整理，划分保管期限后将有关事项一同登记归档。

（4）编制电子文件归档说明。建设、监理、设计、施工单位应对归档的电子文件分别编制归档说明。完整的归档说明内容有：项目名称、任务来源、完成任务情况、运行的软硬件环境、归档文件完整性、形成部门、负责人（参加人）、日期、密级、档号范围等。

第七章　档案工作标准化管理

一、档案工作标准化管理

《中华人民共和国标准管理条例》指出："标准化是组织现代化生产的重要手段,是科学管理的重要组成部分。"档案工作标准化作为组织、管理和档案工作的重要手段,其主要目的就是为了提高整个档案工作效益。将档案工作标准化纳入企业标准工作程序,是加快档案工作建设步伐,提高企业档案工作整体水平和企业经济效益的保障。

1. 档案工作标准

所谓档案工作标准,是以取得最佳效益为目的,依据档案科学技术和档案工作实践经验的综合成果,在充分协商的基础上,对档案工作中具有多样性、相关性特征的重复事物作出统一性的规定,并将其付诸实施的过程。

目前,企业新建、重组、并撤变化多端,因此,我们必须依据国家法律法规,科技档案遵循铁道行业标准、其他类别的档案应根据本系统的档案管理方法进行整理,也可以参考本指南采取以下措施。

(1)制订本企业《档案工作实施细则》,将档案管理贯穿到企业贯标程序,并对标准程序的实施进行指导、监督、检查;

(2)各职能部门、项目经理(指挥)部专(兼)职文件档案管理人员,做好文件的收集、整理、保管、归档、借阅、销毁工作;

(3)进一步规范档案管理标准,编制本企业系统内档案全宗号和单位代码、统一档案管理系统软件,做到档案整理、编目、保管、统计、检索统一管理;

(4)依据国家档案局印发的《企业档案工作目标管理考评标准》(档发字〔1996〕9号)文件进行对标检查;

(5)对查找的问题限期整改。

又因为档案工作是一项复杂的系统工程,其工作程序、工作方法非常细致,容易产生"繁琐"的现象;在同一职能或同一要求的工作中,文书档案应按照六大特征来组卷,也可以有多种多样的方案、措施,这些方案、措施中有简有繁;档案部门在不断受到档案数量迅速增长和档案内容及形式日趋复杂的冲击下,增加了档案工作的繁杂性。所以,我们在工作中如果抓不住要领,不但会造成人力、物力、财力的浪费,而且还会经常地延误档案的有效提供利用,严重影响档案工作效益的提高。控制这种繁杂的现象,使档案工作的构成精炼、合理,这是档案工作标准化的一个重要功能。例如:原来文书档案立卷方法"作者+问题+名称、年度+机构+问题"现已改为"年度+保管期限+机构"来立卷,原采用不超过50个汉字概括卷内所有文件内容的案卷标题拟写,现在不用拟写案卷标题,而是根据国家档案局的标准和要求改用以馆(室)件号来代替的做法,只需在脊背标注年度、全宗号、机构、室件号和卷号;同时,各门类档案的编号也采用了标准简称,减少了档案检索途径的复杂性;如文书档案号由"保管期限代号+全宗确立的代号+盒号",会计档案号由"部门标准简称+年度代号+案卷号"、科技、声像和实物档案号由“种类 + 分类 + 属类 + 案卷号”组成标准简称等等。使冗长复杂的文字变成简单方便的形式，易读、易记、易认、易于输入计算机，易于存贮和检索，大大减轻了档案人员的工作量，使档案工作由繁到简的管理方式走向了统一，提高了档案工作效率。

二、档案标准化使档案工作得到协调发展

协调是档案工作标准化的一项基本任务，它的目的是在标准系统中，使各个局部（子系统）的功能彼此协调，以实现整个系统的功能最佳。档案工作标准化的协调是针对档案工作标准系统的，它以系统的观点处理标准内部与标准之间的关系，也就是说，档案工作的标准对其所处的系统具有协调作用。

档案工作本身是一个庞大的系统，这个系统是多元的、多层次的，它由许多分系统组成，这些系统有独特地功能，但总的是为一个目标服务，那就是为企业的经济效益目标服务。

在档案工作这个大系统中，各单位档案室及其公司内部各部门，都自成系统，虽然它们有明确的分工，但也有密切的合作。为了使重组机构进一步发挥档案工作标准化的协调作用，就要统筹好，工作落实到位。如：中铁二十五局集团有限公司重组后马上成立了综合档案管理领导小组，组长由董事长和总经理担任，副组长由分管办公室的领导亲自抓，办公室领导具体抓，档案人员负责日常的管理，档案室对机关各部门、直属项目经理（指挥）部进行档案工作监督和指导，这一管理模式复制到了集团系统内各单位，使集团系统内做到了统一领导，统一制度，统一管理，加强了集团公司的档案管理网络，保证了档案收集、鉴定、整理、编目、保管、利用和统计整个系统有效地运转，从而达到档案部门与各部门相互联系、相互依赖、相互制约、相互作用的一个有机整体。又比如说：各职能部门、项目经理（指挥）部档案意识不强，不重视档案的收集，移交给档案室的档案不够完整和齐全，那么档案室也会相应地收集不到完整和齐全的档案，这样就会给今后的生产和工作带来极大的损失，所以说档案工作不是那一个部门，而是整个公司的基础管理工作，它需要大家的关心、支持和档案人员的责任，才能保证档案工作效益，才能稳定档案工作队伍，才能为企业产生更大的经济效益。

各单位档案室在接收各职能部门、直属机构和项目经理（指挥）部的案卷时，首先要对照移交目录清单验收档案，查看盒内档案是否完整无缺、内容是否齐全，盒内目录、卷内排列编号、案卷件数及张号、档号章、备考表等整理是否按照标准要求整理，各部门兼职档案人员在本部室接收档案时，也应按照档案管理制度操作，即：收集、鉴定、整理、编目、保管、利用，在本部室保管一年后，于第二年的上半年再向本公司档案室办理移交。由此可见，业务环节的标准化是使工作协调，紧密配合的关键，只有建立和谐合理的秩序工作标准，才能大大提高工作效率，产生显著的效益。为了使各部门的兼职档案人员增强档案意识，了解专业知识，重组企业必须要积极组织和举办档案管理学习班，不断提高档案专（兼）职人员的业务管理水平。

档案工作的基础设施、设备又是档案工作领域的独立系统，它主要由库房建筑、档案装具和档案保护技术设备三个部分组成，三者在量的方面有严格的比例关系，在质的方面有相关的性能要求，它们之间相互依存、相互补充，共同构成一个完整的系统。这个系统要正常发挥作用，必须使其内部因素协调平衡。档案工作的基础设施、设备的标准化是通过制订和贯彻协调配套的标准，是基础设施、设备容于一体，搭配得当，避免配合不灵而闲置所造成的财物浪费，而且要发挥设施、设备的作用，使工作得心应手提高工作效率，还要让档案延长使用寿命，减少档案损害等效果，这就要请档案专业人员配合施工技术人员按照国家档案局印发的《档案馆建筑设计规范》文件要求，根据本单位的实际情况来设计和施工，充分合理利用库房空间，给库房量身订做标准的档案装具，同时根据国家档案考核标准的内容(2.1.2)，配备空调、除湿、防火等设备，按档案工作的“八防”标准来保护好档案。因此，档案基础设施、设备的配备也是企业的关键问题，档案要为企业献计献策，就像一个战士出征打仗回来没有军营一样是不行的，所以，档案没有库房，没有设施、设备来保护也不能使档案延长使用寿命的道理。为了保证档案的归宿和安全，新建单位的领导必须要加大档案设施设备的投入，重组合并单位也要根据库房使用面积做适当调整，购买档案“八防”保护设备，使本公司的档案库房和工作环境达到国家标准。

三、标准化使档案工作实现最优化的操作

档案工作标准化始终贯穿“最优化”思想，最优化就是“按照特定的目标，在一定的限制下，对标准系统的构成因素及其关系进行选择、设计或调整，使之达到最理想效果。”

最优化与简化不同，虽然简化的目标也是整体功能最佳，但简化着眼于简炼，只是剔除某一方案的多余的、可替换的和低功能的形式，而最优化则着眼于整体设计，综合分析各家之优缺点。进而取长补短，全面调整，实现各因素的最理想的组合。所以，在制订档案工作任何标准时都要以档案工作实践经验和研究成果为基础，认真收集各地区、各单位的工作经验和成果，加以分析、比较、选择、综合，吸取成功的方面，剔除不良的因素，补充欠缺的要素，进行整体设计，把行之有效的经验成果和先进的技术手段纳入标准中去，并且规定该项工作所要达到的各项质量指标，形成最佳的方案，同时以标准的形式确定下来。例如：中铁二十五局为了实现最优化的操作，总结了过去单一的文书档案管理软件的开发经验和单机版的档案管理软件功能的操作，选择了中铁建版 V3.0 的文档一体化网络版系统软件，并在公司范围内推广应用，确保了集团公司档案信息管理的统一，为集团公司的档案管理发挥了积极的作用，使专职档案人员可以通过档案管理网络系统与兼职档案人员联系与沟通；同时各项目经理(指挥)部也都普及应用了《中国铁建项目部版》的档案管理软件，对加强项目部的档案管理，提高工作质量和管理水平，规范项目档案的接收、归档都具有重要意义和作用。因此，档案工作标准化是实现优化操作，提高档案现代化工作最佳方案和重要手段。

四、档案工作标准化建设是档案开发利用的保障

档案利用，也称“档案提供利用服务”，就是通过编制各种检索工具，介绍和报道馆(室)藏档案的内容和成分，采取各种服务方式为档案用户实际地提供信息，进行咨询服务。它是档案保管部门以收藏的企业档案文化财富为基础，通过一定的方式与方法，直接提供档案信息为企业各项生产工作服务的一项档案业务工作。利用服务的方式是多种多样，如有分发目录、电话调卷、开架阅览等，通过提供档案原件，满足有关档案利用者需要，因此，档案人员要对馆(室)藏所管范围的档案及相关业务要熟悉，并准确、迅速的调卷，如果档案人员更迭平凡，将会给档案工作带来不利的因素。

档案开发利用，是通过利用档案馆(室)藏的信息资源进行第二次的利用，经过深层次加工的通用性编研成果和实用价值编研成果，例如：编写大事记、组织沿革，科研成果、工程项目简介以及工作统计基础数字汇集等。同时还可以通过档案借阅登记、档案利用信息反馈记录的实例来计算企业创效情况。如：中铁二十五局经营开发中心在利用了集团公司档案室重组

前广铁工程(集团)档案室保存的国家工程建设质量奖审定委员会颁发的2000年获得的“京九铁路平湖南编组站工程金质奖章证书”参与贵州地区黄桐至织金铁路线工程的投标,为中标5.2亿元的工程任务提供了重要依据;同时利用重要会议纪要、重要文件追回多项工程欠款;为企业的权益和物业的管理赢得了经济效益;为企业工程投标提供先前的工程业绩,如工程中标通知书、施工合同、工程竣工验收报告,以及单位获奖的荣誉证明等,都是直接反映公司的经济实力和工作业绩的重要档案。所以说,公司的各类档案都是企业的宝贵财富。

第八章　案卷操作示例与案卷表格的使用

第一节　科技档案案卷操作示例

竣工文件都是按一个保管单位来组卷。由软封面、案卷目录、文件、资料、图纸、备考表组成，然后装入档案盒，同时拟写科技档案移交清册和目录。科技档案包括基建、科研、设备、房地产档案。组卷的表格基本一致。这里就基建档案举例。

一、基建档案

例如：新建渝怀铁路是铁道部重点工程，参加承建单位有中铁二十五局，为了进一步让新到岗人员尽快掌握组卷方法，现将其中一个项目工程为题讲解，如：渝怀线工程秀山至怀化段的工程由中铁二十五局柳州公司主要负责这段的桥梁、涵洞、隧道等工程，该工程竣工后在单位工程质量检验评定中被评为优质工程。其中，该段的桥梁为中桥，因此，该中桥与大桥一样按座组卷，由于施工资料、图纸较少，所以可以合并组卷（即资料和图纸装成一盒或装订成册（图纸是A4或A3的），如资料和图纸较多应分别组卷）。涵渠是按区间组卷，组卷方法与小桥相同。（资料、图纸多应分别组卷）。涵渠是按区间组卷，方法与小桥一样组卷，资料、图纸少可以合并组卷（资料、图纸多应分别组卷），隧道是按座组卷，资料、图纸少也可以合并组卷（资料、图纸多应分别组卷）。示图如下：

（一）竣工文件软封面

参见铁道部办公厅文件办档〔2002〕8号文附件7之1：竣工文件软封面。

单位代号　LZGS

种类代号　J

档　案　号J·YHU·5Q599.4—1

中华人民共和国铁道部

科学技术档案

案卷标题　渝化线王水场1号中桥竣工文件

施工里程　DK608+398

竣工里程　K599+491.4

形成单位　中铁二十五局柳州公司

形成日期　2005 年 9 月 20 日

保管期限　长　期

密　　级

(二)施工日志整理

参见铁道部办档〔2002〕8 号文附件 7 之 2:工程日志软封面式样。

档案号:

线

段

工　程　日　志　簿

工程名称:渝怀线张家溪中桥工程(DK601 +543.5)

形成单位:中铁二十五局柳州公司

形成日期:2001 年 6 月至 2002 年 8 月

保管期限:长期

密　　级:

第 1 册　共 1 册

(三)卷内目录

参见铁道部办公厅文件办档〔2002〕8 号文件附件 7 之 3 科技档案卷内目录式样。

卷　内　目　录

档案号:J·YHU·5Q599.4—1

顺序号	图号或文件编号	名　称	张　次	备　注
		渝怀线王水场 1 号中桥竣工文件及图		
1	铁程检——05	竣工验收交接记录表	1	
2	施——1	渝怀铁路单位工程开工申请报告单	3	
3		渝怀铁路单位工程开工申请报告单	4	
4		工程竣工数量表	8	
5	铁程检——03	单位工程质量检验评定表	10	
6	铁程检——13	检查桥梁架设情况	11	
7	铁程检——14	检查钢筋布置情况	14	
8	铁程检——16	检查建筑物防水层及泄水设备	25	
9	铁程检——17	检查建筑物工程地基	27	
10	质统——45	钻孔桩桩位检查表	29	
11	质统——46	钻孔桩成孔检查表	38	
12		后张法预应力混凝土铁路桥简支梁制造技术证明书	48	
13		水质化验报告	55	
14		K599 +491.4 王水场 1 号中桥竣工图	56 ~ 57	

卷　内　目　录

档案号:J·YHU·5Q599.5—2

顺序号	图号或文件编号	名　　称	张　次	备　注
	渝怀线王水场2号中桥竣工文件及图			
1	铁程检—05	竣工验收交接记录表	1	
2	施—1	渝怀铁路单位工程开工申请报告单	3	
3		施工小结	4	
4		工程竣工数量表	9	
5	铁程检—03	单位工程质量检验评定表	11	
6		变更设计通知单	12	
7	铁程检—13	检查桥梁架设情况	21	
8	铁程检—14	检查钢筋布置情况	24	
9	铁程检—16	检查建筑物防水层及泄水设备	35	
10	铁程检—17	检查建筑物工程地基	37	
11	质统—45	钻孔桩桩位检查表	39	
12	质统—46	钻孔桩成孔检查表	48	
13		后张法预应力混凝土铁路桥简支梁制造技术证明书	58	
14		水质化验报告	65	
15		K599+583.4王水场2号中桥竣工图	66~67	

卷　内　目　录

档案号:J·YHU·5Q599.7—3

顺序号	图号或文件编号	名　　称	张　次	备　注
	渝怀线王水场3号中桥竣工文件及图			
1	铁程检—05	竣工验收交接记录表	1	
2	施—1	渝怀铁路单位工程开工申请报告单	3	
3		施工小结	4	
4		工程竣工数量表	9	
5	铁程检—03	单位工程质量检验评定表	11	
6		变更设计通知单	12	
7	铁程检—09	检查桥梁涵洞基础完成情况	22	
8	铁程检—13	检查桥梁架设情况	26	
9	铁程检—14	检查钢筋布置情况	33	
10	铁程检—16	检查建筑物防水层及泄水设备	45	
11		后张法预应力混凝土铁路桥简支梁制造技术证明书	47	
12		水质化验报告	62	
13		K599+726.4王水场3号中桥竣工图	63~64	

卷 内 目 录

档案号:J·YHU·5HQ597/600—1

顺序号	图号或文件编号	名　　称	张　次	备　注
	渝怀线钢筋混凝土盖板箱涵竣工文件及图			
1		竣工验收交接记录表	1	
2	施—1	渝怀铁路单位工程开工申请报告单	3	
3		施工小结	4	
4	铁程检—03	单位工程质量检验评定表	6	
5		工程竣工数量表	7	
6	铁程检—09	工程检查证	9	
7	铁程检—14	工程检查证	11	
8	铁程检—16	工程检查证	12	
9	K597 +016.19　1 -2.5 m 钢筋混凝土盖板箱涵竣工图		13	
	渝怀线钢筋混凝土盖板箱涵竣工文件及图			
10		竣工验收交接记录表	14	
11	施—1	渝怀铁路单位工程开工申请报告单	16	
12		施工小结	17	
13	铁程检—03	单位工程质量检验评定表	19	
14		工程竣工数量表	20	
15		变更设计通知单	21	
16	铁程检—09	工程检查证	32	
17	铁程检—14	工程检查证	36	
18	铁程检—16	工程检查证	41	
19	K600 +339.6　1 -2.0 m 钢筋混凝土盖板箱涵竣工图		43—43	

注:文件、图纸少,可以合并放一盒,按涵洞里程由小到大排列。

卷 内 目 录

档案号:J·YHU·5S593.3—1

顺序号	图号或文件编号	名　　称	张　次	备　注
	渝怀线张家溪隧道竣工验收交接记录等文件(一)			
1		竣工验收交接记录表	1	
2		渝怀铁路单位工程开工申请报告单	3	
3		施工小结	5	
4		工程竣工数量表	21	
5	铁程检—03	单位工程质量检验评定表	22	
6	铁程检—09	检查基坑完成情况	23	
7	铁程检—14	检查钢筋布置情况	27	
8	铁程检—15	检查隧道衬砌过厚度防水层及背后填塞	66—66	

卷　内　目　录

档案号:J·YHU·5S593.3—2

顺序号	图号或文件编号	名　　称	张　次	备　注
	渝怀线张家溪隧道工程检查证竣工文件(二)			
1	铁程检—15	检查隧道衬砌过厚度防水层及背后填塞	1－81	

卷　内　目　录

档案号:J·YHU·5S593.3—3

顺序号	图号或文件编号	名　　称	张　次	备　注
	渝怀线张家溪隧道工程检查证竣工文件及图(三)			
1	铁程检—15	检查隧道衬砌过厚度防水层及背后填塞	1	
2	铁程检—16	检查建筑物防水层及泄水设备	27	
3		K593＋383.69　张家溪隧道竣工图	74～97	

(四)卷内备考表

参见铁道部办公厅文件办档〔2002〕8号文件附件7之4科技档案卷内备考表式样。

档案号:J·YHU·5HQ597/600—1

备　考　表

本案卷内共43张,其中文字材料41张,图纸2张,照片/　张,其他/　张。

说明:

组卷单位负责人:陈柳建

组　卷　人:兰天仕

职　　务:技术主管

日　　期:2005年9月20日

(五)档案移交清册

参见铁道部办档〔2002〕8号文:附件7之5档案(文件)移交清册式样。

档案(文件)移交清册

项目:新建渝怀铁路秀山至怀化段

共计:　26卷　　26　册42　件　1 570张

本册共计:1 570页

移交单位:中铁二十五局柳州公司　移交人:兰天仕　接收单位:广铁集团公司　接收人:陈端泉

交接日期:2005年9月25日

（六）档案（文件）移交目录

参见铁道部办档〔2002〕8号文：附件7之6档案（文件）移交目录式样。

档案（文件）移交目录

第1页共1页

形成单位	形成时间	标题或文件内容	移交单位编号	卷(盒、张)	数量	接收单位	备考
中铁二十五局柳州公司	2005.9	桥梁工程竣工文件及图		盒	3	广铁集团	
中铁二十五局柳州公司	2005.9	隧道工程竣工文件及图		盒	7	广铁集团	
中铁二十五局柳州公司	2005.9	区间路基附属工程竣工文件及图		盒	1	广铁集团	
中铁二十五局柳州公司	2005.9	区间路基附属工程竣工文件及图		盒	3	广铁集团	
中铁二十五局柳州公司	2005.9	贺家田站场路基附属工程竣工文件及图		盒	1	广铁集团	
中铁二十五局柳州公司	2005.9	彻查整改工程竣工文件及图		盒	5	广铁集团	
中铁二十五局柳州公司	2005.9	K595+417.19 大牙溪大桥竣工底图		盒	2	广铁集团	
中铁二十五局柳州公司	2005.9	K597+934.19 油房坪1号大桥竣工底图		盒	2	广铁集团	
中铁二十五局柳州公司	2005.9	K598+795.4 油房坪3号大桥竣工底图		盒	2	广铁集团	

（七）档 案 盒

参见铁道部办档〔2002〕8号文：附件7之7科技档案盒封。

面式样

单位代号 LZGS

种类代号 J

档 案 号 J·YHU·5Q5994.4—1

中华人民共和国铁道部

科学技术档案

案卷标题 渝怀线王水场1号中桥竣工文件及图

形成单位 中铁二十五局柳州公司

形成日期 2005年9月20日

保管期限 长 期

密 级

(八)科技档案盒脊背

参见铁道部办档〔2002〕8号文附件7之8式样。

种类	种类	种类
J	J	J
分类	分类	分类
YHU	YHU	YHU
属类	属类	属类
5Q599.4	5S593.3	$5HQ^{597.0}_{600.3}$
标题	标题	标题
渝怀线王水场1号中桥竣工文件及图	渝怀线张家溪隧道工程竣工文件及图	渝怀线铁路钢筋混凝土盖板箱涵渠工程竣工文件及图
案卷号	案卷号	案卷号
1	1	1

注:科技档案盒脊背的标题应该竖排,排成一行。如果字数多是电脑打印的也可以按上述式样,但必需要全部统一格式,并经过接收单位的同意。

(九)科技档案规格尺寸

参见铁道部办档〔2002〕8号文附件7之9式样。

第二节　文书档案电子表格示例

文书档案的组卷由案卷目录(也称盒目录)、卷内目录(文件归档目录)、备考表、档案盒组成。操作时显示电子格式,同时反映了纸质式样,不论任何软件,只要设置是符合国家档案局所要求的内容就行,下面主要将文书档案盒目录、文件归档目录、备考表、档案盒格式示例。

(一)文书档案盒目录(案卷目录)

1. 文书档案盒目录界面

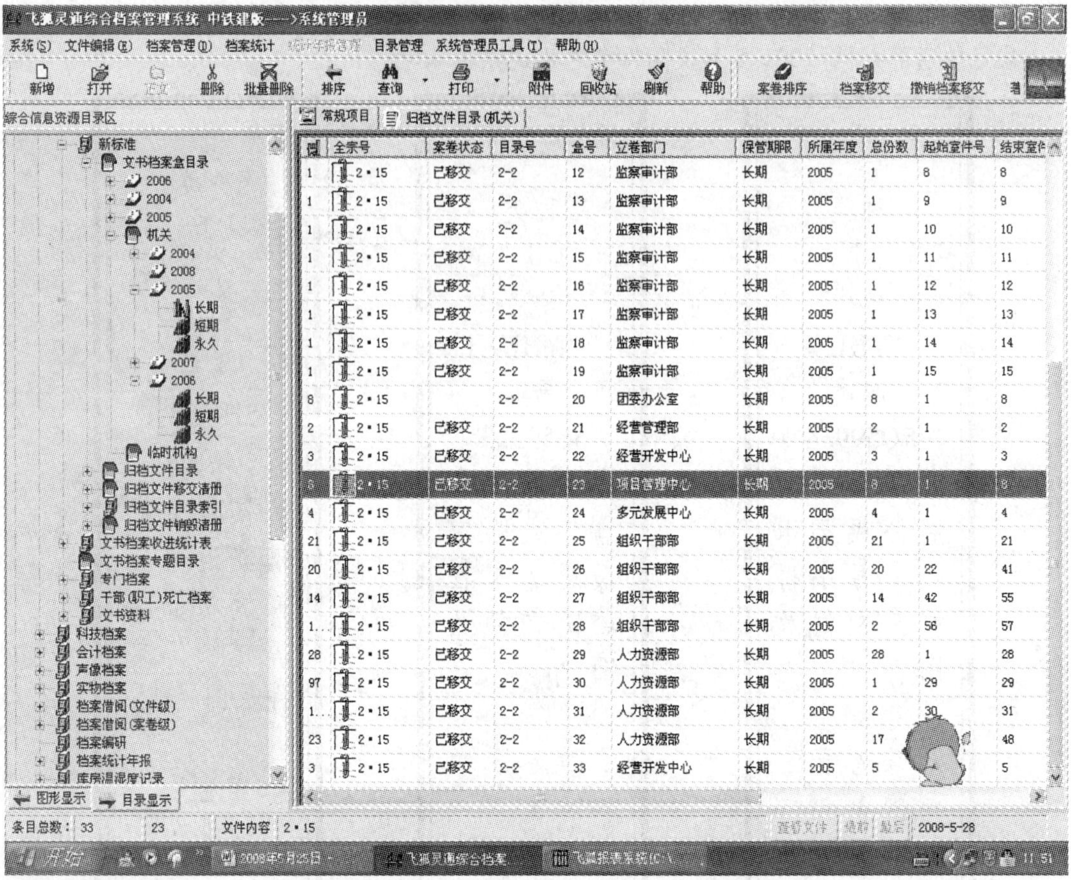

2. 文书档案盒目录著录界面

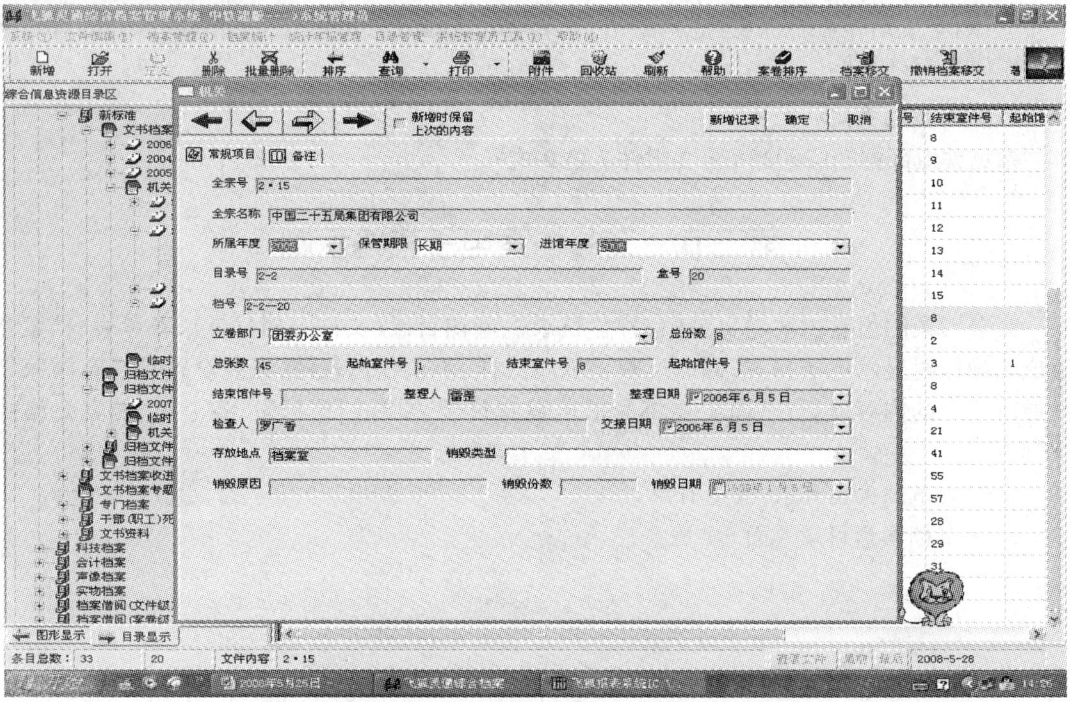

(二)文件归档目录(卷内目录)

1. 文件归档目录著录界面(卷内目录)

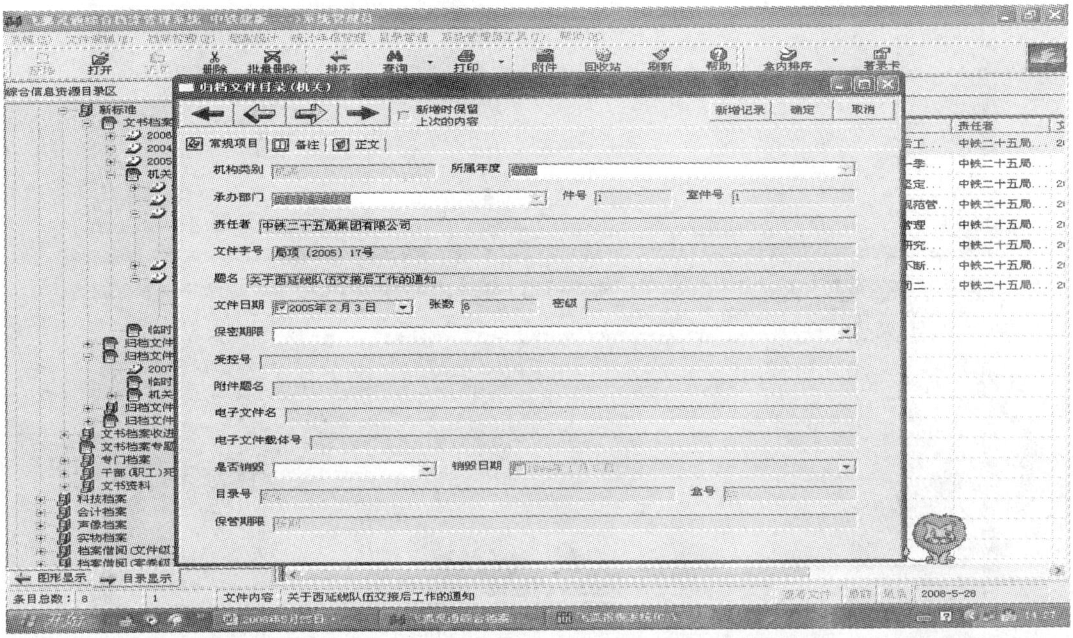

2. 文件归档目录纸质式样

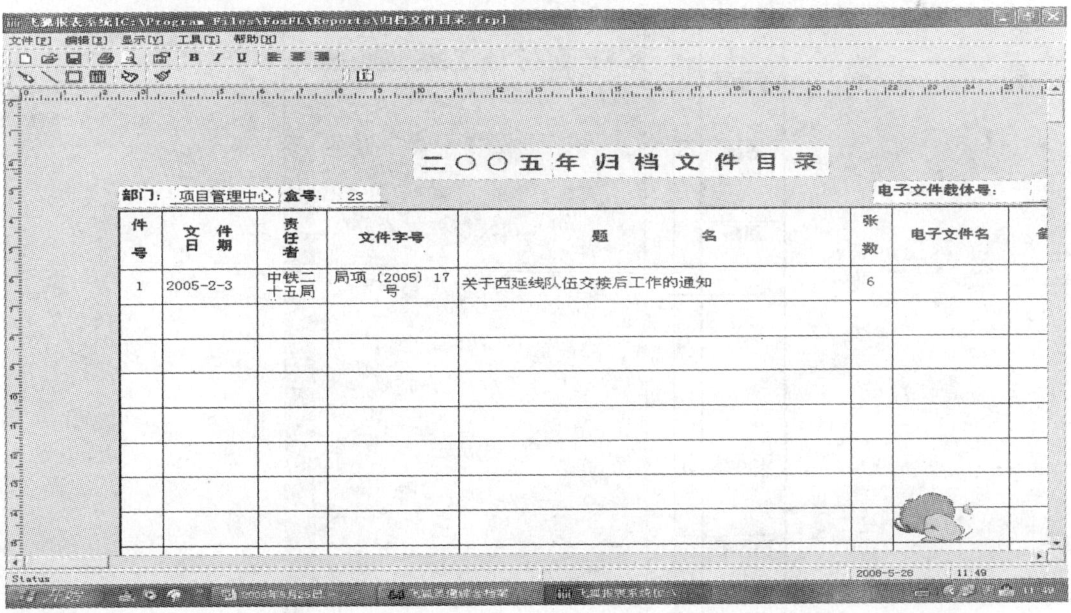

(三)备 考 表

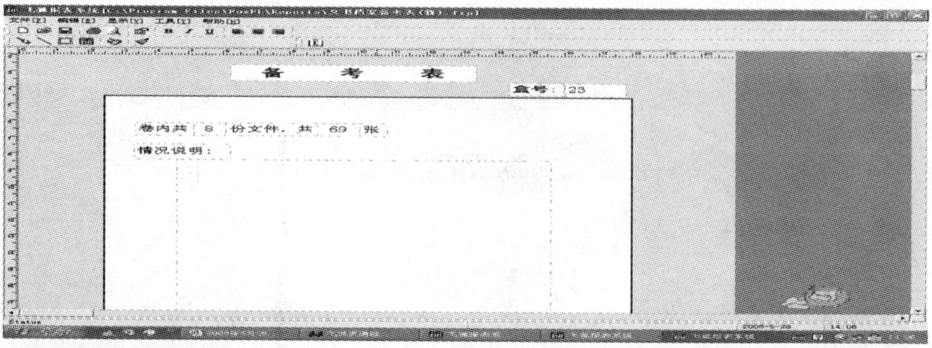

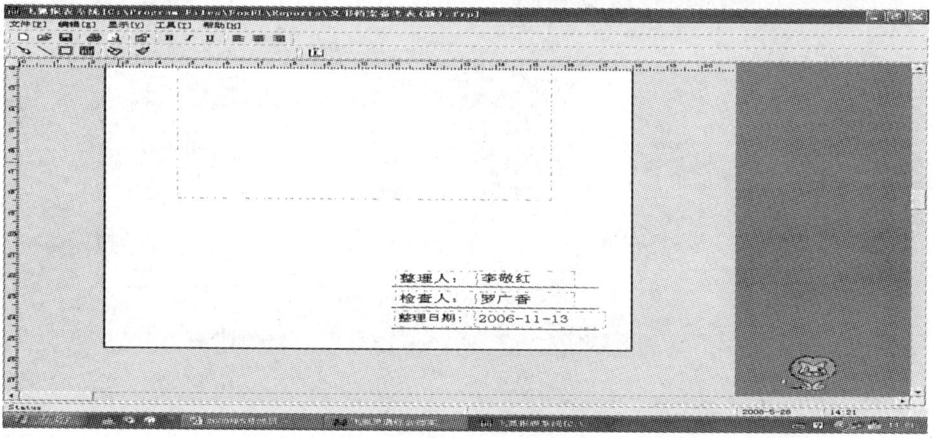

(四)文书档案盒脊背和脊背电子式样

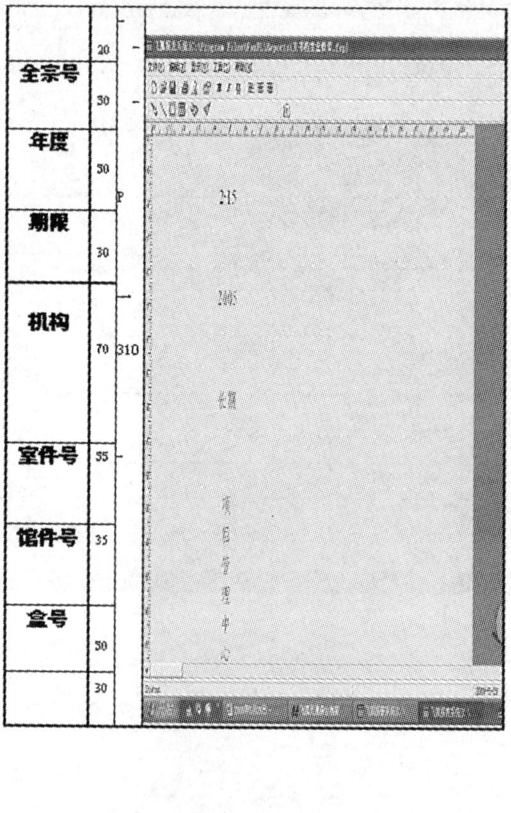

（五）文书档案盒封面式样和尺寸：单位：毫米

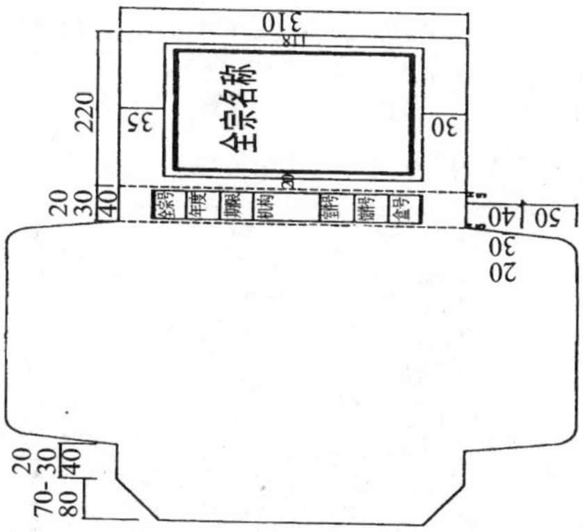

（六）文书档案移交清册

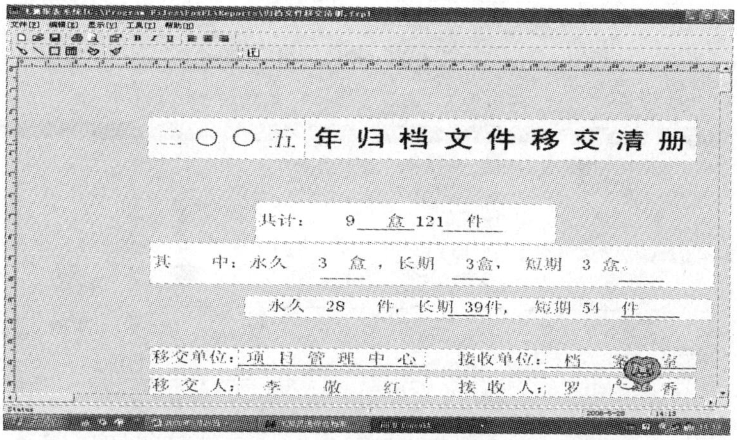

第三节　会计档案电子表格示例

会计档案由案卷目录（也称盒目录）、备考表、档案盒组成。操作时显示电子格式，不论任何软件，只要设置是符合铁道部行业即可。下面主要将会计档案电子表格示例。

1. 会计档案的案卷排列

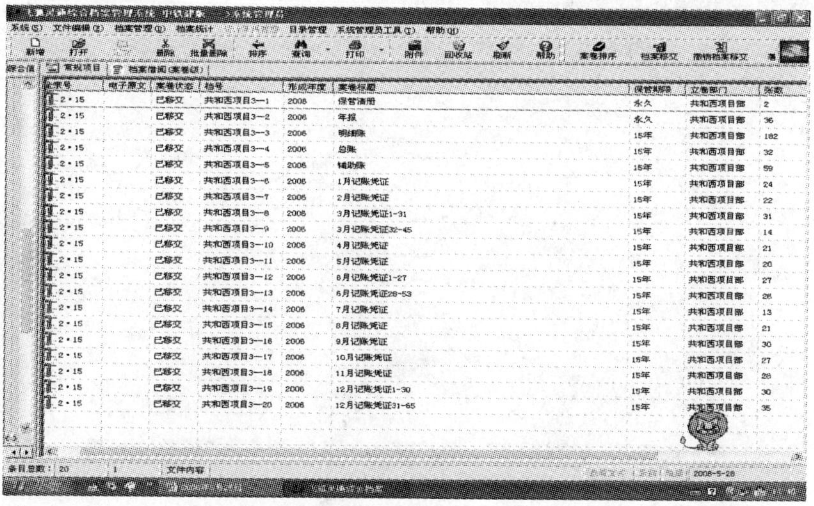

全宗号	电子原文	案卷状态	档号	形成年度	案卷标题	保管期限	立卷部门	张数
2·15		已移交	共和西项目3—1	2006	保管清册	永久	共和西项目部	2
2·15		已移交	共和西项目3—2	2006	年报	永久	共和西项目部	36
2·15		已移交	共和西项目3—3	2006	明细账	15年	共和西项目部	182
2·15		已移交	共和西项目3—4	2006	总账	15年	共和西项目部	32
2·15		已移交	共和西项目3—5	2006	辅助账	15年	共和西项目部	59
2·15		已移交	共和西项目3—6	2006	1月记账凭证	15年	共和西项目部	24
2·15		已移交	共和西项目3—7	2006	2月记账凭证	15年	共和西项目部	22
2·15		已移交	共和西项目3—8	2006	3月记账凭证1-31	15年	共和西项目部	31
2·15		已移交	共和西项目3—9	2006	3月记账凭证32-45	15年	共和西项目部	14
2·15		已移交	共和西项目3—10	2006	4月记账凭证	15年	共和西项目部	21
2·15		已移交	共和西项目3—11	2006	5月记账凭证	15年	共和西项目部	20
2·15		已移交	共和西项目3—12	2006	6月记账凭证1-27	15年	共和西项目部	27
2·15		已移交	共和西项目3—13	2006	6月记账凭证28-53	15年	共和西项目部	26
2·15		已移交	共和西项目3—14	2006	7月记账凭证	15年	共和西项目部	13
2·15		已移交	共和西项目3—15	2006	8月记账凭证	15年	共和西项目部	21
2·15		已移交	共和西项目3—16	2006	9月记账凭证	15年	共和西项目部	30
2·15		已移交	共和西项目3—17	2006	10月记账凭证	15年	共和西项目部	27
2·15		已移交	共和西项目3—18	2006	11月记账凭证	15年	共和西项目部	28
2·15		已移交	共和西项目3—19	2006	12月记账凭证1-30	15年	共和西项目部	30
2·15		已移交	共和西项目3—20	2006	12月记账凭证31-65	15年	共和西项目部	35

条目总数：20

2. 会计档案案卷目录

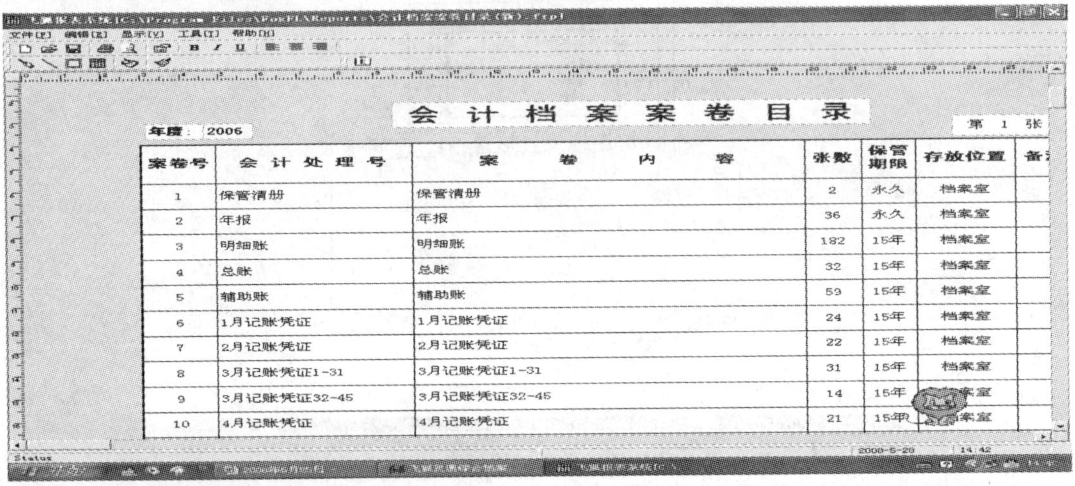

会计档案案卷目录

年度：2006　　　　第 1 张

案卷号	会计处理号	案卷内容	张数	保管期限	存放位置	备注
1	保管清册	保管清册	2	永久	档案室	
2	年报	年报	36	永久	档案室	
3	明细账	明细账	182	15年	档案室	
4	总账	总账	32	15年	档案室	
5	辅助账	辅助账	53	15年	档案室	
6	1月记账凭证	1月记账凭证	24	15年	档案室	
7	2月记账凭证	2月记账凭证	22	15年	档案室	
8	3月记账凭证1-31	3月记账凭证1-31	31	15年	档案室	
9	3月记账凭证32-45	3月记账凭证32-45	14	15年	案室	
10	4月记账凭证	4月记账凭证	21	15年	案室	

3. 会计档案保管目录

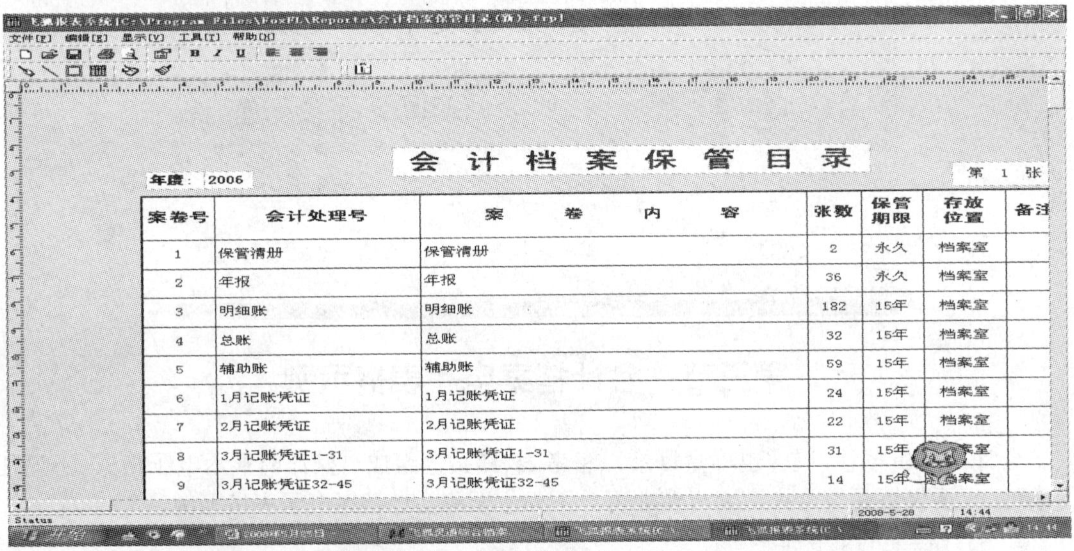

会计档案保管目录

年度：2006　　　　第 1 张

案卷号	会计处理号	案卷内容	张数	保管期限	存放位置	备注
1	保管清册	保管清册	2	永久	档案室	
2	年报	年报	36	永久	档案室	
3	明细账	明细账	182	15年	档案室	
4	总账	总账	32	15年	档案室	
5	辅助账	辅助账	59	15年	档案室	
6	1月记账凭证	1月记账凭证	24	15年	档案室	
7	2月记账凭证	2月记账凭证	22	15年	档案室	
8	3月记账凭证1-31	3月记账凭证1-31	31	15年	案室	
9	3月记账凭证32-45	3月记账凭证32-45	14	15年	案室	

4. 会计档案移交清册和目录式样：

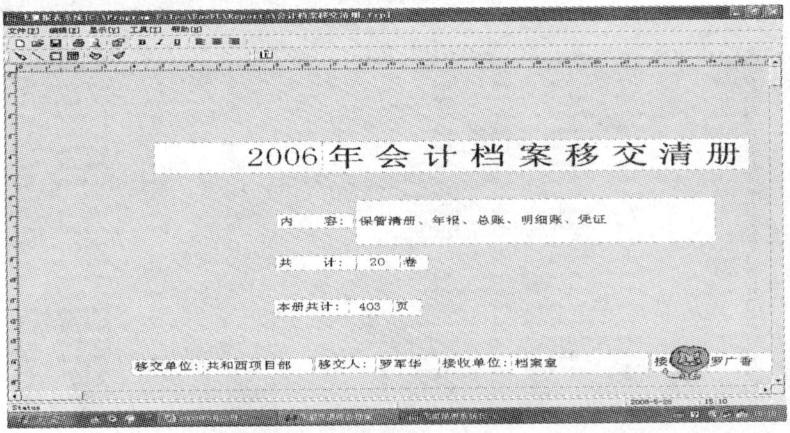

2006年会计档案移交清册

内　　容：保管清册、年报、总账、明细账、凭证

共　　计：20 卷

本册共计：403 页

移交单位：共和西项目部　移交人：罗军华　接收单位：档案室　接　罗广香

5. 会计档案移交目录式样:

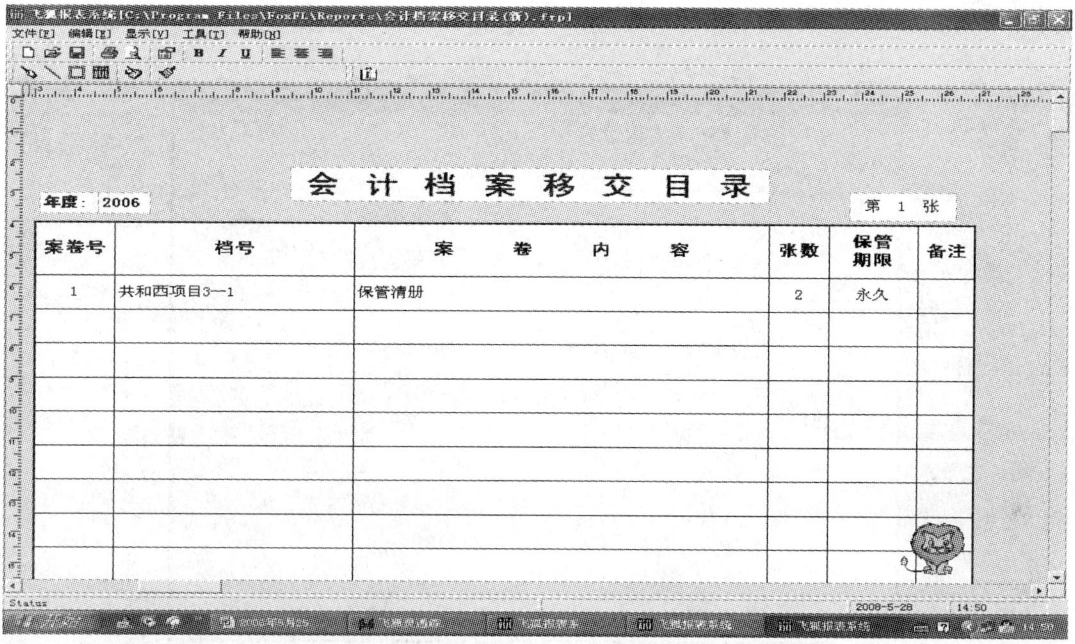

会计档案移交目录

年度: 2006　　　　第 1 张

案卷号	档号	案卷内容	张数	保管期限	备注
1	共和西项目3—1	保管清册	2	永久	

6. 会计档案盒封面式样:单位:毫米

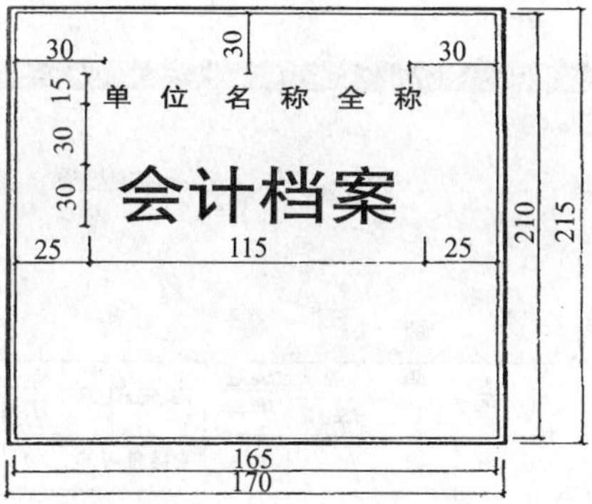

注:盒封面及脊背均用红色印刷

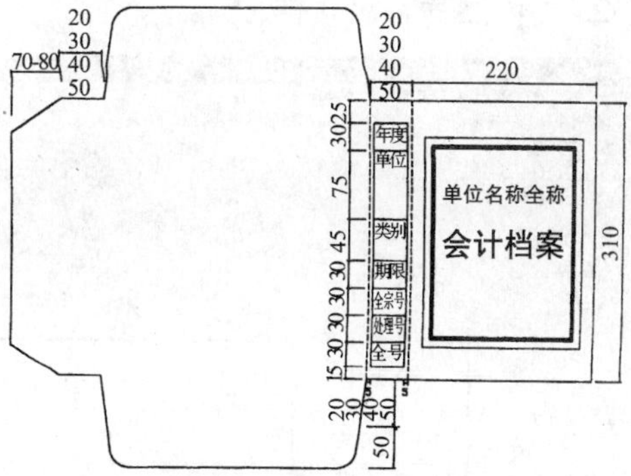

会计档案盒封面式样

第四节　声像档案电子表格示例

一、声像档案的组案是按照每一次活动、每一个项目来整理组卷,同时保持声像档案的有机联系。

(一)照　　片

1. 卷内照中著录界面

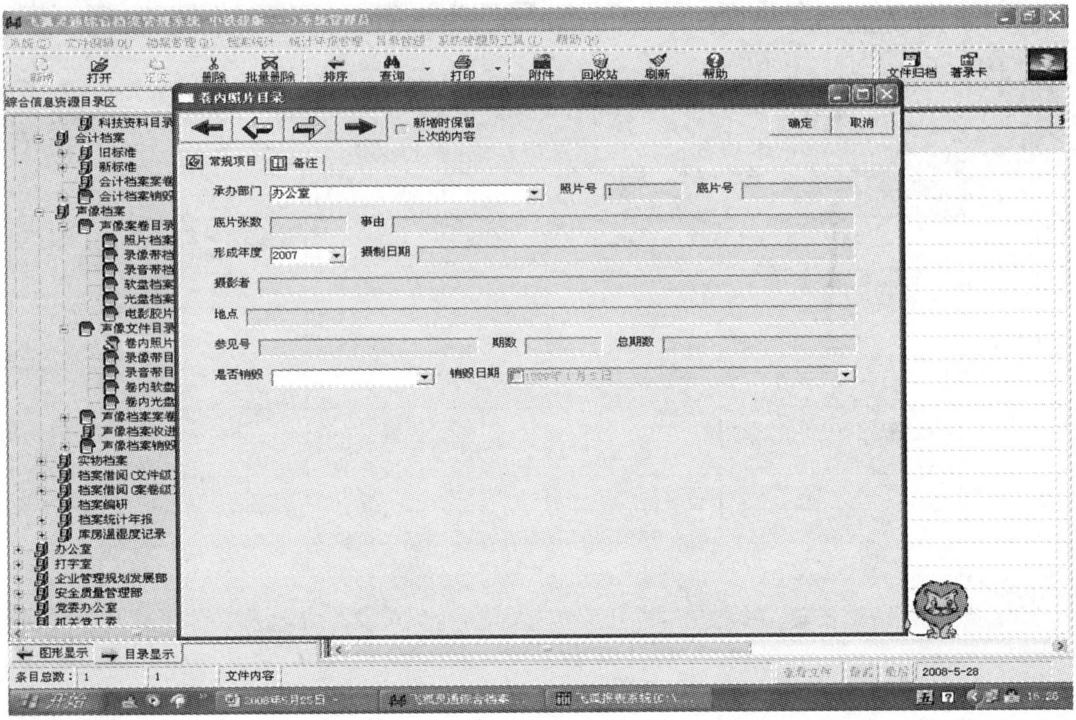

2. 卷内照片目录式样

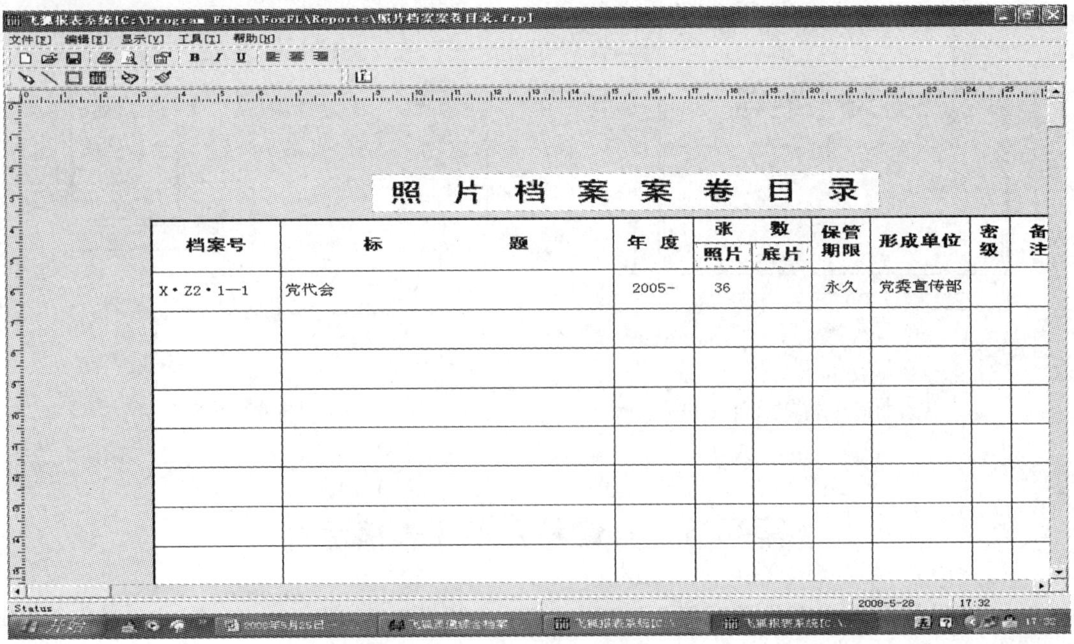

3. 照片档案卷盒封面及脊背式样　单位:毫米

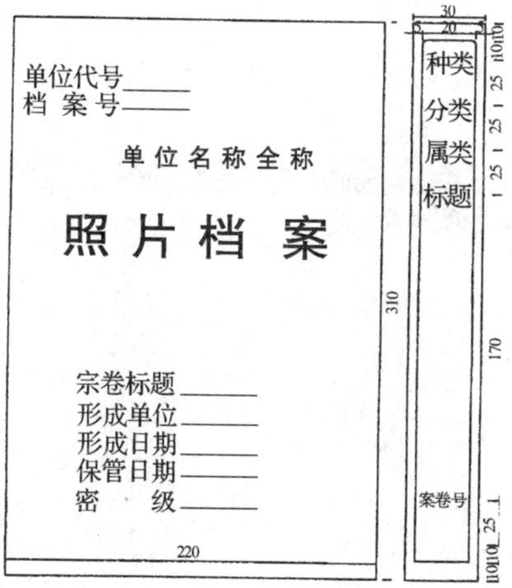

(二)录 像 带

1. 录像带著录界面

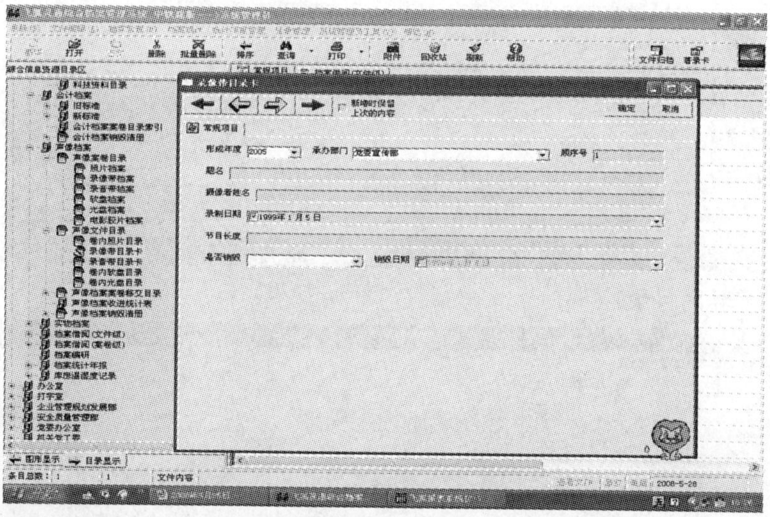

2. 录像带目录式样

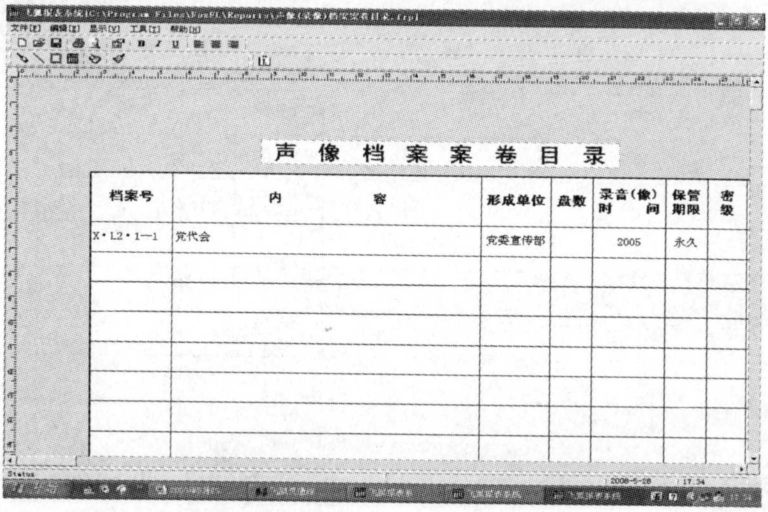

(三)光　　盘

1. 光盘著录界面

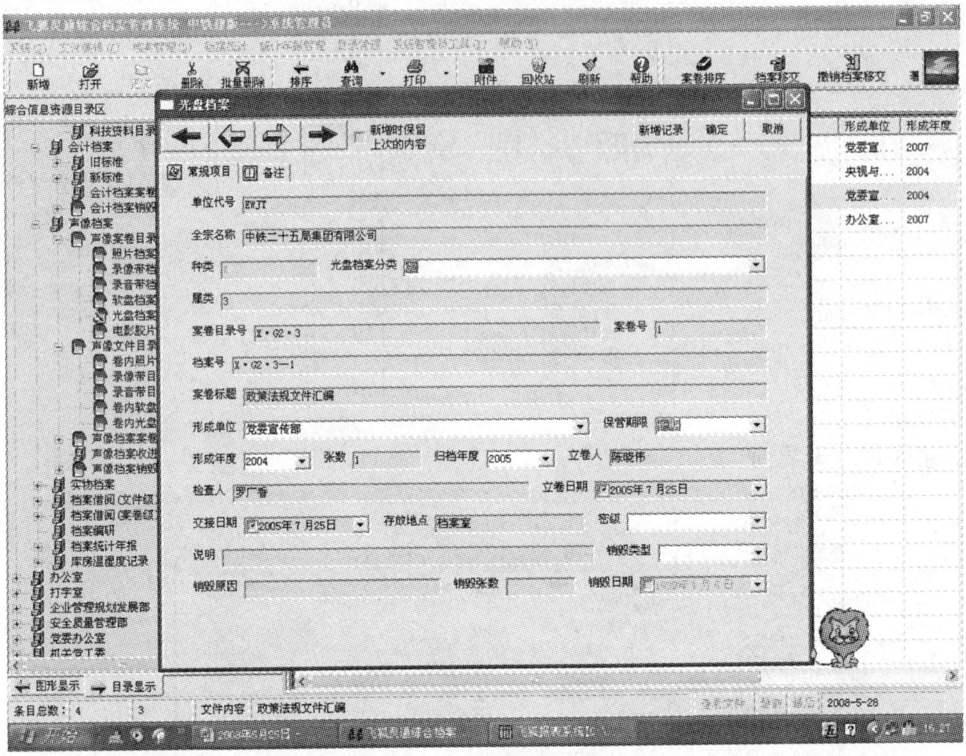

2. 光盘档案卷内目录

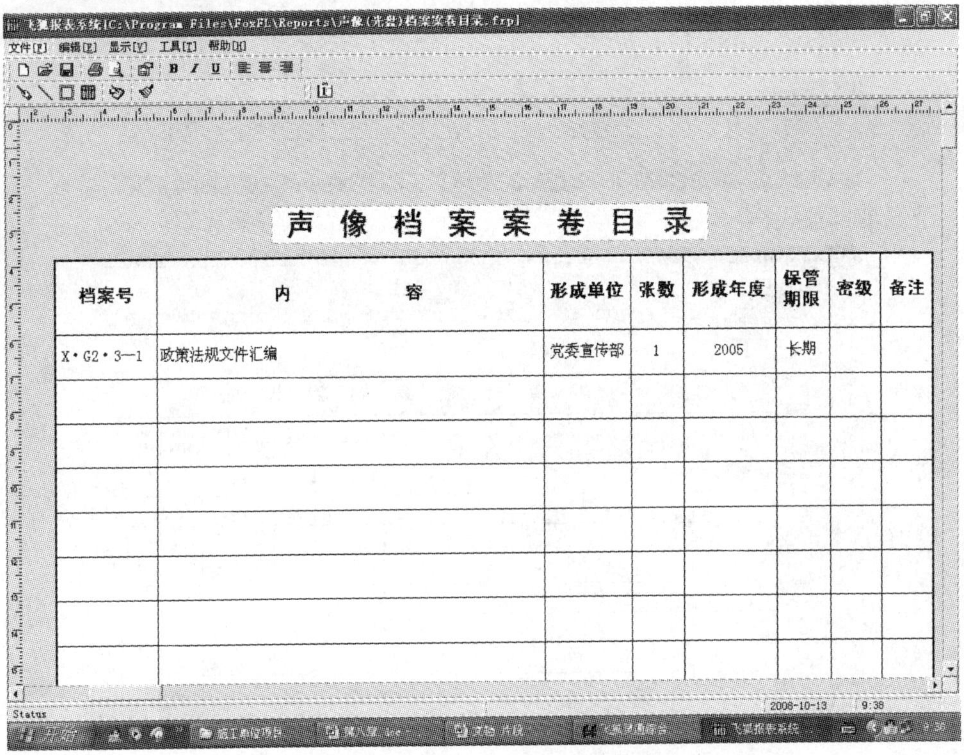

声 像 档 案 案 卷 目 录

档案号	内　　容	形成单位	张数	形成年度	保管期限	密级	备注
X·G2·3—1	政策法规文件汇编	党委宣传部	1	2005	长期		

(四)软　　盘

1. 软盘目录著录界面

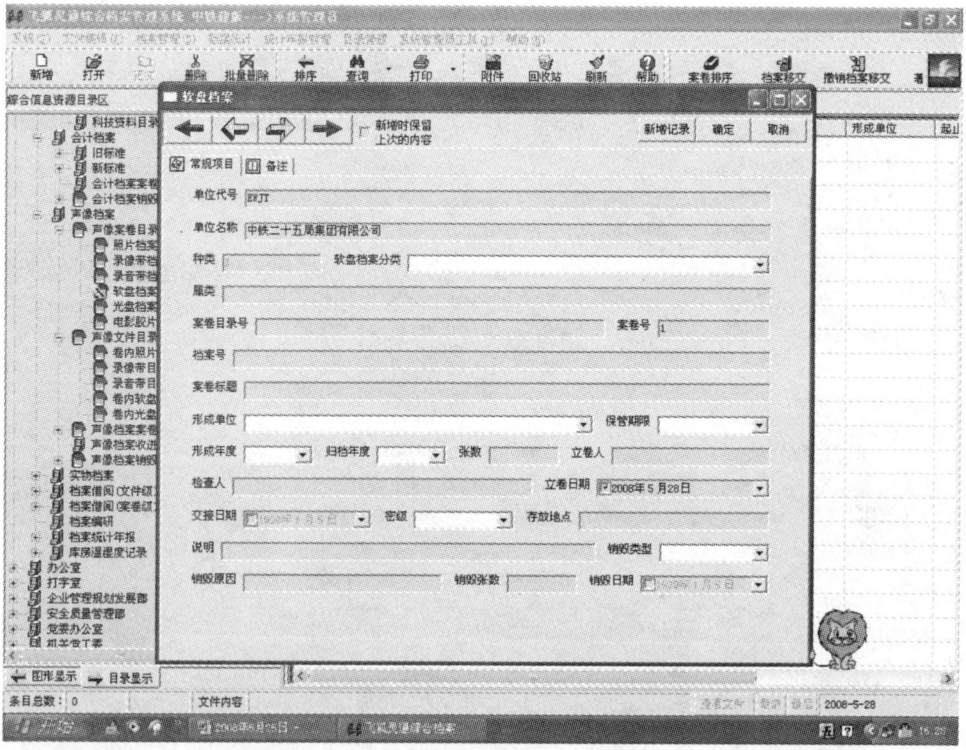

2. 软盘卷内目录

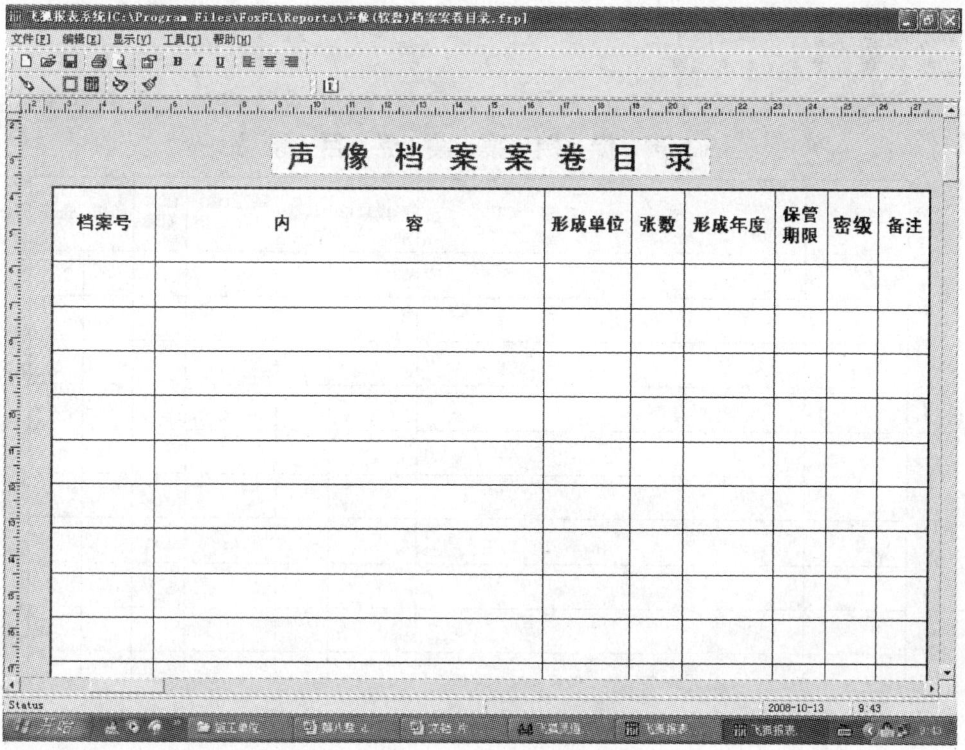

(五)录 音 带

1. 录音带著录界面

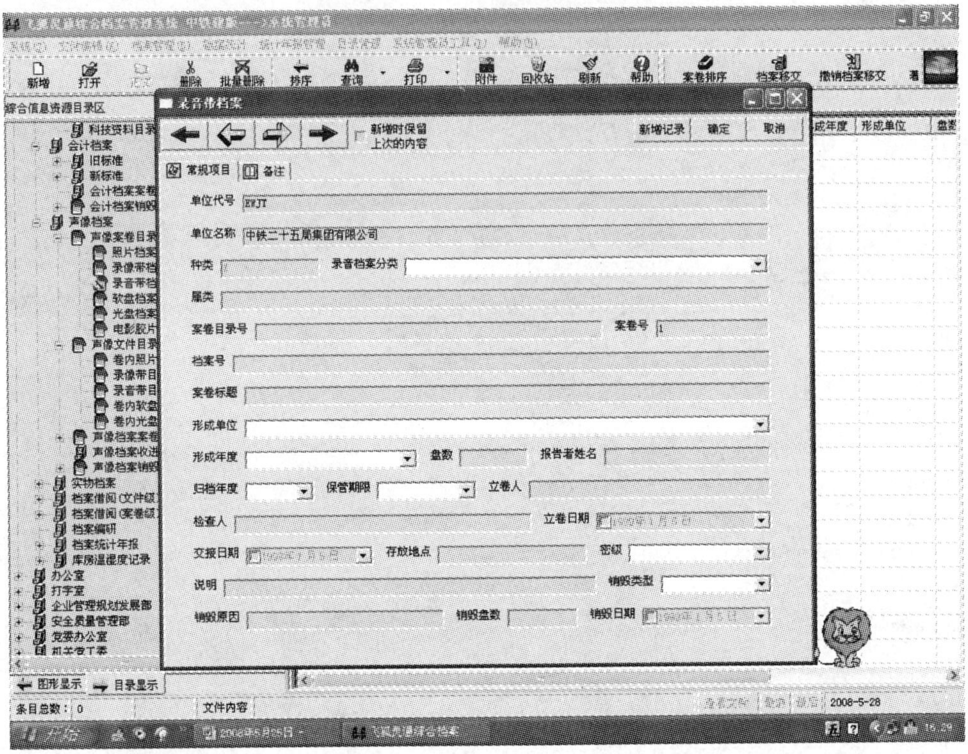

2. 录音带卷内目录

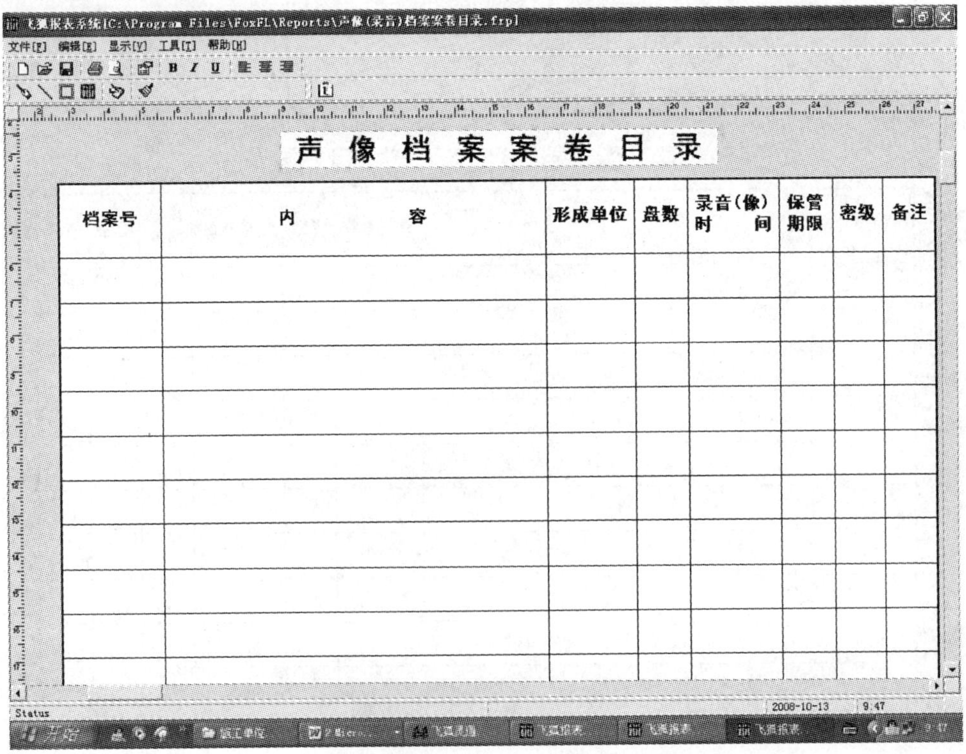

(六)电影胶卷

1. 电影胶卷著录界面

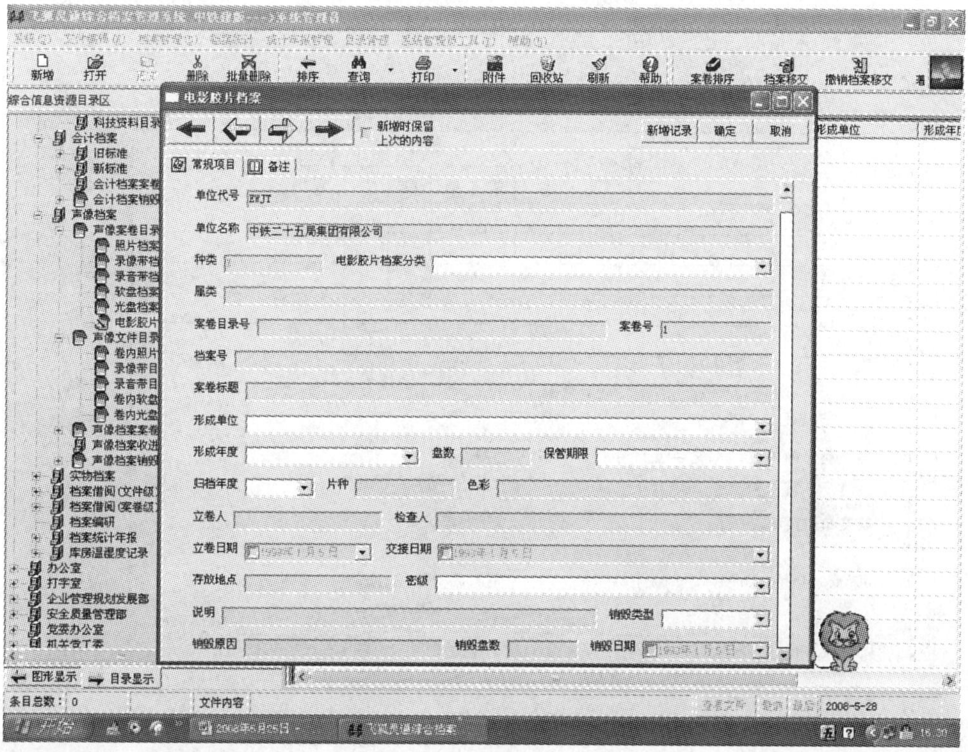

2. 电影胶卷卷内目录

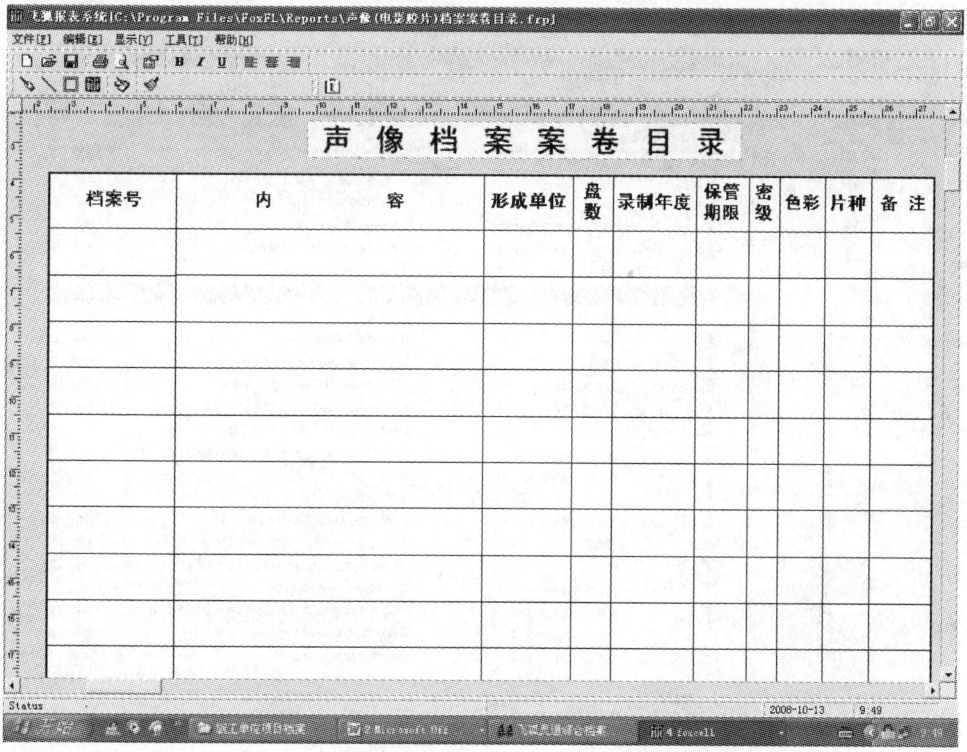

（七）声像档案移交目录

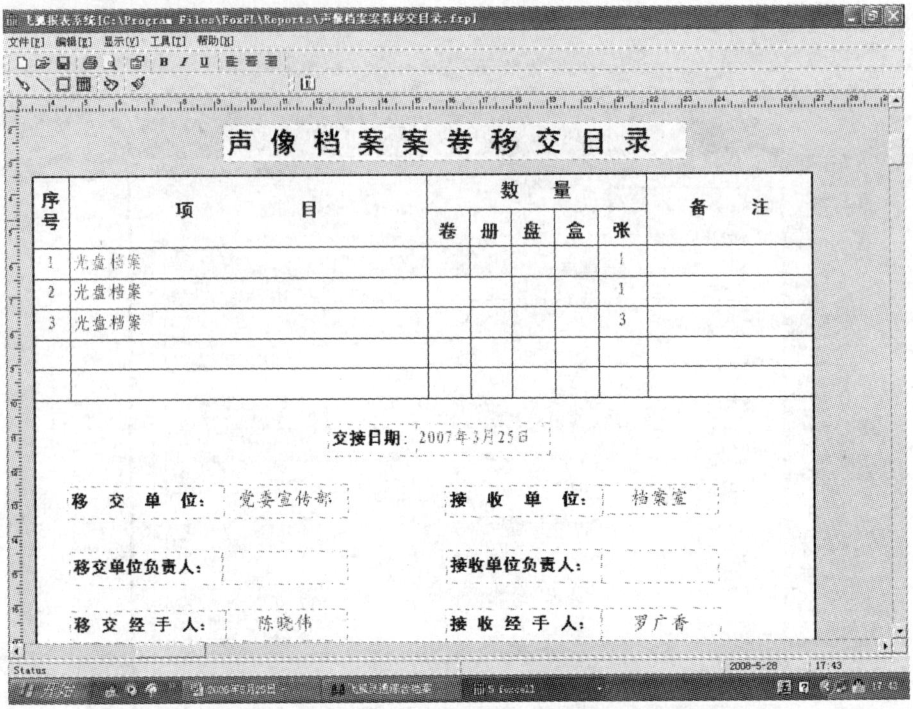

声像档案案卷移交目录

序号	项目	数量					备注
		卷	册	盘	盒	张	
1	光盘档案					1	
2	光盘档案					1	
3	光盘档案					3	

交接日期：2007年3月25日

移交单位：	党委宣传部	接收单位：	档案室
移交单位负责人：		接收单位负责人：	
移交经手人：	陈晓伟	接收经手人：	罗广香

第五节　实物档案电子表格示例

实物档案包括证书、奖状、奖杯、奖章、奖旗（锦旗）等，其填写方法一致。示列如下：

全宗号	电子原文	案卷状态	档号	题名	年度
2...		已移交		三、四号住宅楼获广铁优质工程二等奖	2007
2...		已移交	SW-JB-BJ-1—1	七五立功奖杯	1995
2...		已移交	SW-JB-BJ-1—2	浙赣复线全线开通纪念奖杯	1995
2...		已移交	SW-JB-BJ-1—3	火车头奖杯（全路桥牌男子乙级第二名）	2002
2...		已移交	SW-JB-GJ-1—1	全国优秀企业施工	1994
[illegible]		[illegible]	[illegible]	[illegible]	[illegible]
2...		已移交	SW-JB-GJ-1—4	火车头奖杯	2001
2...		已移交	SW-JIZH-BJ-1—1	国家质量银质奖章（含证书）	1988
2...		已移交	SW-JIZH-BJ-1—2	1989年铁道部优质工程一等奖章（含证书）	1989
2...		已移交	SW-JIZH-GJ-1—1	京广复线衡韶段坪石车站扩建并运转场工程评为国家优质工程...	1983
2...		已移交	SW-JIZH-GJ-1—2	广州机械保温车辆段工程获优质工程奖章（含证书）	1984
2...		已移交	SW-JIZH-GJ-1—3	获深圳市双线铁路高架桥工程优质工程银质奖章（含证书）	1988
2...		已移交	SW-JIZH-GJ-1—4	中华人民共和国国家质量金奖（京九平湖南编组站工程）（含证书）	1999
2...		已移交	SW-JP-BJ-1—1	青年全优工程	1986
2...		已移交	SW-JP-BJ-1—10	全路模范职工之家	2003
2...		已移交	SW-JP-BJ-1—11	获中国铁建2004年度四好领导班子奖	2004
2...		已移交	SW-JP-BJ-1—12	全路工会落实“三不让”承诺先进集体	2007
2...		已移交	SW-JP-BJ-1—2	京广线广州枢纽广州北编组站扩建工程二等奖（获1996年优质...	1996
2...		已移交	SW-JP-BJ-1—3	京九铁路获铁道部一等奖奖牌（含奖状）	1997
2...		已移交	SW-JP-BJ-1—4	广深线广州东至深圳段高速技改和增建第二线工程（获铁道部...	1997
2...		已移交	SW-JP-BJ-1—5	株洲枢纽上行系统扩建工程奖牌（含奖状）	1997
2...		已移交	SW-JP-BJ-1—6	全路纪检监察办案先进集体	2000

1. 实物档案著录界面

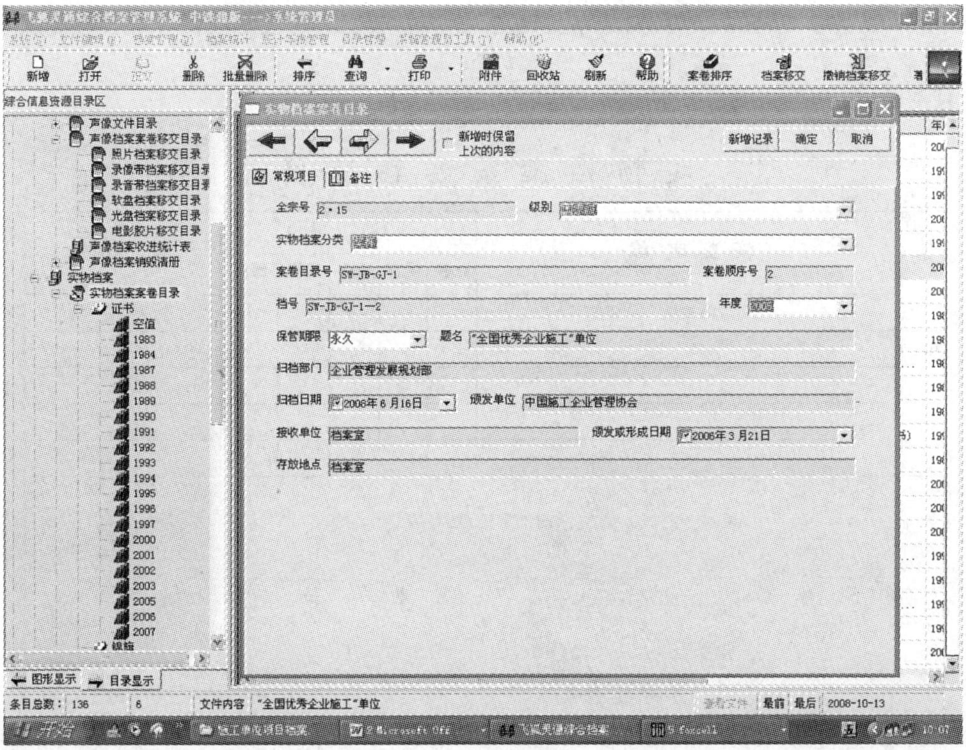

2. 实物档案卷内目录

实物档案案卷目录

类别：证书

顺序号	所属年代	名　　称	归档单位	归档日期	存放位置	备　注
2	2005	"全国优秀企业施工"单位	企业管理发展规划部	2008-6-16	档案室	
4	2001	火车头奖杯	办公室	2007-4-2	档案室	
11	2004	获中国铁建2004年度四好领导班子奖	办公室	2007-4-2	档案室	
12	2007	全路工会落实"三不让"承诺先进集体	工会工作部	2007-9-26	档案室	
11	2007	中国铁道工程建设协会会员单位	企划部	2008-4-3	档案室	
12	2006	2006年度全国建筑业诚信企业	企划部	2008-4-3	档案室	
18	2007	"海南西环铁路改造工程"先进单位	施工部	2007-5-9	档案室	
1	2007	获国家二级企业档案工作目标管理资质证	办公室	2007-4-23	档案室	
17	2000	京九铁路平湖南编组站工程获金质奖章证书(含	办公室	2007-3-30	档案室	
		中华人民共和国质量金奖章)				
11	2007	获2007年广东省企业100强排序	办公室	2008-6-16	档案室	
9	2007	中铁二十五局2006、2007年被广东省档案局连续	办公室	2008-4-21	档案室	
		两年评为档案工作"优秀等级"单位				

注：上述表内的顺序号是当年获奖的分类排序编号，归档日期应按实物档案的实际交接时间填写。

3. 实物档案移交目录

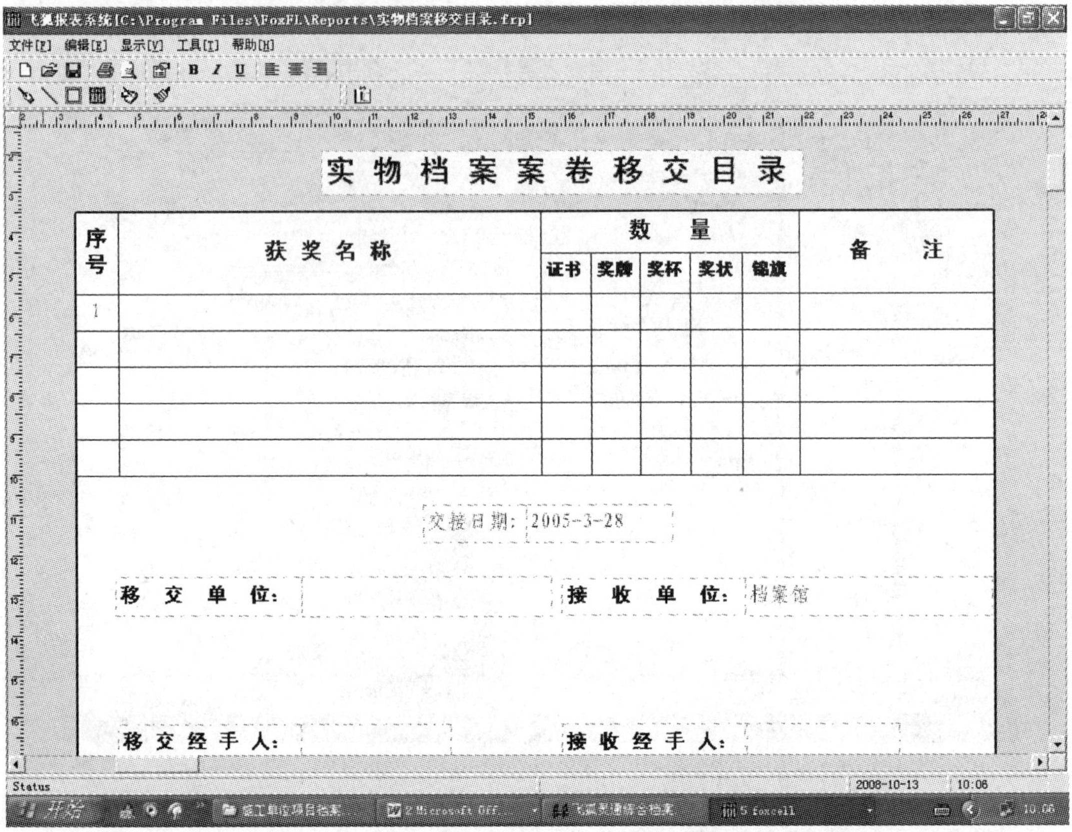

飞狐报表系统[C:\Program Files\FoxFL\Reports\实物档案移交目录.frp]

实物档案案卷移交目录

序号	获奖名称	数量					备注
		证书	奖牌	奖杯	奖状	锦旗	
1							

交接日期：2005-3-28

移交单位： 接收单位：档案馆

移交经手人： 接收经手人：

第六节 铁路建设项目竣工验收附表式样

参见（铁道部文件铁建设[2008]23号）铁路建设项目竣工验收附表式样

<u>（项目名称）</u> **专业工程验收申请表**

合同段：____________ 铁验表—1

专业工程名称			
申请验收范围			
工程承包单位			
项目负责人	项目技术负责人。		
工程完成情况			
工程质量情况			

续上表

<table>
<tr><td>专业工程名称</td><td></td></tr>
<tr><td>竣工文件情况</td><td></td></tr>
<tr><td>监理单位意见</td><td></td></tr>
<tr><td colspan="2">工程承包单位：

（章）
负责人：　　年　　月　　日</td></tr>
</table>

(项目名称)专业工程验收记录表

合同段：__________　　　　铁验表—2

<table>
<tr><td>专业工程名称</td><td></td></tr>
<tr><td>资料验收情况</td><td></td></tr>
<tr><td>质量情况</td><td></td></tr>
<tr><td>调试情况</td><td></td></tr>
<tr><td>存在问题</td><td></td></tr>
<tr><td>整改情况</td><td></td></tr>
<tr><td>验收工作组意见</td><td>验收工作组负责人:签字
年　　月　　E1</td></tr>
<tr><td colspan="2">建设单位:负责人签字
勘察设计单位:负责人签字
监理单位:负责人签字
工程承包单位:负责人签字

年　　月　　日</td></tr>
</table>

(项目名称)静态综合系统验收申请表

铁验表—3

项目名称	
申请验收范围	
工程承包单位	
工程完成情况	
工程质量情况	
综合系统自检情况	
竣工文件情况	
监理单位意见	
工程承包单位： （章） 负责人：　年　月　日	

(项目名称)静态综合系统验收记录表

铁验表—4

项目名称	
综合系统调试情况	
存在问题	
整改情况	
验收工作组意见	验收工作组负责人:签字 年　月　日
建设单位:负责人签字 设计单位:负责人签字 监理单位:负责人签字 工程承包单位:负责人签字 年　月　日	

(项目名称)动态验收记录表

铁验表—5

项目名称	
动态检测情况、	
模拟试运行情况	
存在问题	
整改情况	
验收工作组意见	验收工作组负责人:签字 年　月　E1
建设单位:负责人签字 设计单位:负责人签字 监理单位:负责人签字 工程承包单位:负责人签字 年　月　日	

(项目名称)初步验收申请表

铁验表—6

项目名称	
主体工程及配套 工程完成情况	
环保、水土保持设施 完成情况	
劳动安全卫生设施 完成情况	
消防设施完成情况	
地质灾害整治措施 落实情况	
建设用地情况	
竣工文件及 资料完成情况	
静态验收情况	

续上表

项目名称	
动态验收情况	
需要说明的问题	
监理单位	（章） 负责人：　年　月　日
建设单位	（章） 负责人：　年　月　日
铁道部建设管理司意见（章）	（章） 负责人：　年　月　日

（项目名称）**正式验收申请表**

铁验表—7

项目名称	
初步验收遗留问题处理情况	
临管运营情况	
竣工决算情况	
建设资金结算情况	
正式运营投产准备情况	
建设单位	（章） 负责人：　年　月　日
铁道部主管部门意见	（章） 负责人：　年　月　日

附件1:

铁路竣工验收相关报告式样

______________________铁路

静 态 验 收 报 告

(建设单位)

年　　月　　日

一、铁路建设项目完成情况

(主要工程量完成情况,过程质量验收情况,设备引进以及安装调试情况,建设用地情况,竣工文件及资料编制情况等)

二、静态验收依据

(有关法规、建设标准、设计规范和验收规范,经批准的项目建议书、可行性研究报告;经批准的设计文件,合同文件、设备技术说明书;从国外引进新技术或成套设备的,外方提供的设计文件和新技术或成套设备的国家标准等)

三、验收组织机构及成员

(铁路建设项目竣工验收工作组组成情况)

四、验收过程

(铁路建设项目专业工程验收以及静态综合系统验收范围、验收过程、验收时间、存在的问题、整改及复验情况)

五、验收工作组意见

六、验收结论

静态验收结论(包括各专业工程验收结论、静态综合系统验收结论)

七、下一步工作安排

附:相关数据和试验报告

______________铁路

动态验收报告

(建设单位)

年　月　日

一、静态验收遗留问题及整改情况

二、动态验收依据

(铁路动态检测标准及相关规定、试运行相关规定)

三、验收组织机构及人员

(铁路建设项目竣工验收工作组组成情况)

四、验收过程

(动态检测的对象、时间、检测过程、检测结果、存在的问题、整改情况,联调联试综合调试的过程、时间、调试结果、存在的问题、整改情况,模拟试运行的参加单位、试运行时间、运行过程、存在的问题、整改情况)

五、验收工作组意见

六、验收结论

七、下一步工作安排

附:相关数据和试验报告

______________铁路

初步验收报告

______________初步验收委员会

年　月　日

前言:(铁路项目的地理位置、规模、修建意义)

一、建设依据

(批准的项目建议书、可行性研究报告、初步设计、开工报告批复等)

二、项目概况

(线路走向、区域,沿线主要地质情况及特点,主要技术标准,主要竣工工程数量,建设用地情况,重点、难点工程主要技术要求等)

三、验收范围

(线路端点站名称、起止里程、全长,相关工程范围等)

四、建设经过

(参与本建设项目建设活动的建设、设计、施工、监理单位及任务划分,建设组织管理基本情况及特点,勘察设计完成过程,工程开、竣工情况,安全质量监督、监理情况,建设项目通过静态验收、动态验收的情况和时间)

五、工程概算及建设投资简况

(批准的概算总额,建设资金渠道和数额,建设资金到位及控制情况等)

六、验收经过

(初步验收组织机构及人员,验收过程、验收时间,对初步验收提出问题整改情况和复查结论)

七、验收结论

(对建设项目线路走向和总体布局,执行国家和铁道部技术政策、规程、规范等情况的评价,建设组织管理,工程设计、施工技术和组织管理情况,工程安全质量监督情况,建设用地使用权登记情况,执行国家环保总局对工程环境影响评价报告书的批复情况,执行国家水行政主管部门对水土保持方案的批复情况,劳动、卫生、消防安全设施是否符合验收标准,地质.灾害整治措施及建筑抗震设防的落实情况,引进设备的安装及联合调试情况,实车运行条件下系统的安全性、稳定性检测情况,工程竣工文件齐全、系统、准确,初步验收委员会提出验收结论)

八、对临管运营的要求和建议

＿＿＿＿＿＿＿＿＿＿＿＿＿＿**验收委员会**

主 任 委 员:姓名　　单位职务(职称)　　签名
副主任委员:姓名　　单位职务(职称)　　签名
委　　　员:姓名　　单位职务(职称)　　签名

附件 2：

正式验收证书式样

______________________________铁路

正 式 验 收 证 书

____________________验收委员会

年　　月　　日

____________________铁路正式验收证书

（　　年　　月　　日________验收委员会通过）

前言：

（建设项目的地理位置、规模、修建意义）

一、建设依据

（批准的项目建议书、可行性研究报告、初步设计、开工报告批复等）

二、项目概况

（线路走向、区域，沿线主要地质情况及特点，主要技术标准，主要竣工工程数量，建设用地情况，重点、难点工程主要技术要求等）

三、验收范围

（线路端点站名称、起止里程、全长，相关工程范围等）

四、建设经过

（参与本建设项目建设活动的建设、设计、施工、监理、咨询单位及任务划分，建设组织管理基本情况及特点，勘察设计完成过程，工程开、竣工情况，安全质量监督、监理情况，建设项目通过初步验收的情况和时间，开通临管运营时间、临管运营情况等）

五、工程概算及建设投资简况

（批准的概算总额，建设资金渠道和数额，建设资金到位及控制情况等）

六、验收经过

（正式验收组织机构及人员，验收过程、验收时间，专项验收及静态综合系统验收情况）

七、验收结论

（对建设项目线路走向和总体布局，执行国家和铁道部技术政策、规程、规范等情况的评价，建设组织管理，工程设计、施工技术和组织管理情况，工程安全质量监督情况，建设用地使用权领证情况，执行国家环保总局对工程环境影响评价报告书的批复情况，执行国家水行政主管部门对水土保持方案的批复情况，劳动、卫生、消防安全设施是否符合验收标准，地质灾害整治措施及建筑抗震设防的落实情况，引进设备的安装及联合调试情况，实车运行条件下系统的安全性、稳定性检测情况，工程竣工文件齐全、系统、准确，正式运营投产的各项准备工作已经完成。工程质量水平总体评价。正式验收委员会对初步验收报告的认可评价，提出验收结论）

＿＿＿＿＿＿＿＿＿＿＿＿**验收委员会**

主 任 委 员：姓名　　单位职务（职称）　　签名
副主任委员：姓名　　单位职务（职称）　　签名
委　　　员：姓名　　单位职务（职称）　　签名

第七节　铁路客运专线竣工验收附表样式

参见（铁道部文件铁建设[2007]183号）铁路客运专线竣工验收附表式样

铁客专验表—1

(项目名称)子系统（专业）验收申请表

合同段：＿＿＿＿＿＿

子系统（专业）名称			
申请验收范围			
工程承包单位			
项目负责人		项目技术负责人	
工程完成情况			
工程质量情况			
竣工文件情况			

续上表

子系统(专业)名称	
监理单位意见	
咨询单位意见 (如果有)	
工程承包单位: (章) 负责人:　年　月　日	

铁客专验表—2

(项目名称)子系统(专业)验收记录表

合同段:___________

子系统(专业)名称	
资料验收情况	
质量情况	
调试情况	
存在问题	
整改情况	
竣工验收工作组意见	竣工验收工作组负责人:签字 年　月　日
专家组审查意见	专家组组长:签字 年　月　日
客运专线公司:负责人签字 勘察设计单位:负责人签字 监理单位:负责人签字 咨询单位(如果有):负责人签字 工程承包单位:负责人签字 年　月　日	

铁客专验表—3

(项目名称)综合系统验收申请表

项目名称	
申请验收范围	
工程承包单位	
工程完成情况	
工程质量情况	
综合系统自检情况	
竣工文件情况	
监理单位意见	
咨询单位意见(如有时)	
工程承包单位： (章) 负责人：　　年　　月　　日	

铁客专验表—4

(项目名称)综合系统验收记录表

项目名称	
综合系统调试情况	
存在问题	
整改情况	
竣工验收工作组意见	竣工验收工作组负责人:签字 年　　月　　日
专家组审查意见	专家组组长:签字 年　　月　　日
客运专线公司:负责人签字 设计单位:负责人签字 监理单位:负责人签字 咨询单位(如果有):负责人签字 工程承包单位:负责人签字 年　　月　　日	

铁客专验表—5

(项目名称)**动态验收记录表**

项目名称	
动态检测情况	
模拟试运行情况	
存在问题	
整改情况	
竣工验收工作组意见	动态验收工作组负责人:签字 年　月　日
专家组审查意见	专家组组长:签字 年　月　日
客运专线公司:负责人签字 设计单位:负责人签字 监理单位:负责人签字 咨询单位(如果有):负责人签字 工程承包单位:负责人签字 年　月　日	

铁客专验表—6

(项目名称)**初步验收申请表**

项目名称	
主体工程及配套工程 完成情况	
环保、水土保持设施完成情况	
劳动安全卫生设施完成情况	
消防设施完成情况	
地质灾害整治措施落实情况	
建设用地征用情况	
竣工文件及资料完成情况	
静态验收情况	
动态验收情况	
需要说明的问题	
客运专线公司	(章) 负责人：　年　月　日
监理单位	(章) 负责人：　年　月　日
咨询单位(如果有)	(章) 负责人：　年　月　日
铁道部主管部门意见	(章) 负责人：　年　月　日

铁客专验表—7

(项目名称)**国家验收申请表**

项目名称	
初步验收遗留问题处理情况	
试运营情况	
竣工决算情况	
建设资金结算情况	
正式运营投产准备情况	
客运专线公司(章)	(章) 负责人: 年 月 日
铁道部主管部门意见	(章) 负责人: 年 月 日

附件3:铁路客运专线竣工验收相关报告

________________铁路客运专线

静 态 验 收 报 告

客运专线公司

年 月 日

一、铁路客运专线完成情况

(主要工程量完成情况,过程质量验收情况,设备引进以及安装调试情况,竣工文件及资料编制情况等)

二、静态验收依据

（有关法规、建设标准、设计规范和验收规范，经批准的项目建议书、可行性研究报告；经批准的设计文件，合同文件、设备技术说明书；从国外引进新技术或成套设备的，外方提供的设计文件和新技术或成套设备的国家标准等）

三、验收组织机构及成员

（铁路客运专线静态验收工作组组成单位、人员）

四、验收过程

（铁路客运专线各子系统（专业）验收以及综合系统验收范围、验收过程、验收时间、存在的问题、整改及复验情况）

五、验收结论

静态验收工作组验收结论（包括各子系统（专业）验收结论、综合系统验收结论）

六、下一步工作安排

附：相关数据和试验报告

________________铁路客运专线

动态验收报告

客运专线公司

年　　月　　日

一、静态验收遗留问题及整改情况

二、动态验收依据

（铁路客运专线动态检测标准、系统集成相关规定、铁路客运专线试运行相关规定）

三、验收组织机构及人员

（铁路客运专线动态验收工作组组成单位、人员）

四、验收过程

（铁路客运专线动态检测的对象、时间、检测过程、检测结果、存在的问题、整改情况，综合

调试的过程、时间、调试结果、存在的问题、整改情况，模拟试运行的参加单位、试运行时间、运行过程、存在的问题、整改情况）

五、验收结论

（铁路客运专线动态验收工作组的验收结论）

六、下一步工作安排

附：相关数据和试验报告

＿＿＿＿＿＿＿＿铁路客运专线

初 步 验 收 报 告

＿＿＿＿＿＿初步验收委员会

年　　月　　日

前言：（铁路客运专线的地理位置、规模、修建意义）

一、建设依据

（批准的铁路客运专线建议书、可行性研究报告、初步设计、开工报告批复等）

二、项目概况

（线路走向、区域，沿线主要地质情况及特点，主要技术标准，主要竣工工程数量，竣工征用土地总量，重点、难点工程主要技术要求等）

三、验收范围

（客运专线项目线路端点站名称、起止里程、全长，相关工程范围等）

四、建设经过

（参与本建设项目建设活动的建设、设计、施工、监理、咨询单位及任务划分，建设组织管理基本情况及特点，勘察设计完成过程，工程开、竣工情况，安全质量监督、监理情况，建设项目通过静态验收、动态验收的情况和时间）

五、工程概算及建设投资简况

（批准的概算总额，建设资金渠道和数额，建设资金到位及控制情况等）

六、验收经过

（初步验收组织机构及人员，验收过程、验收时间，对初步验收提出问题整改情况和复查结论）

七、验收结论

（对建设项目线路走向和总体布局，执行国家和铁道部技术政策、客运专线规程、规范等情况的评价，建设组织管理，工程设计、施工技术和组织管理情况，工程安全质量监督、监理和咨询情况，执行国家环保总局对工程环境影响评价报告书的批复情况，执行国家水行政主管部门对水土保持方案的批复情况，劳动、卫生、消防安全设施是否符合验收标准，地质灾害整治措施及建筑抗震设防的落实情况，引进设备的安装及联合调试情况，实车运行条件下系统的安全性、稳定性检测情况，工程竣工文件齐全、系统、准确，初步验收委员会提出验收结论）

八、对铁路客运专线试运营的要求和建议

附件4：铁路客运专线国家验收证书

____________________铁路客运专线

国家验收证书

____________________验收委员会

年　　月　　日

____________________铁路客运专线国家验收证书

（　　年　　月　　日________验收委员会通过）

前言：

（铁路客运专线的地理位置、规模、修建意义）

一、建设依据

（批准的铁路客运专线建议书、可行性研究报告、初步设计、开工报告批复等）

二、工程概况

（线路走向、区域，沿线主要地质情况及特点，主要技术标准，主要竣工工程数量，竣工征用土地总量，重点、难点工程主要技术要求等）

三、验收范围

（铁路客运专线线路端点站名称、起止里程、全长，相关工程范围等）

四、建设经过

（参与本建设项目建设活动的建设、设计、施工、监理、咨询单位及任务划分，建设组织管理基本情况及特点，勘察设计完成过程，工程开、竣工情况，安全质量监督、监理情况，建设项目通过初步验收的情况和时间，开通试运营时间、试运营情况等）

五、工程概算及建设投资简况

（批准的概算总额，建设资金渠道和数额，建设资金到位及控制情况等）

六、验收经过

（国家验收组织机构及人员、验收过程、验收时间、专项验收及综合验收情况）

七、验收结论

（对建设项目线路走向和总体布局，执行国家和铁道部技术政策、客运专线规程、规范等情况的评价，建设组织管理，工程设计、施工技术和组织管理情况，工程安全质量监督、监理和咨询情况，执行国家环保总局对工程环境影响评价报告书的批复情况，执行国家水行政主管部门对水土保持方案的批复情况，劳动、卫生、消防安全设施是否符合验收标准，地质灾害整治措施及建筑抗震设防的落实情况，引进设备的安装及联合调试情况，实车运行条件下系统的安全性、稳定性检测情况，工程竣工文件齐全、系统、准确，正式运营投产的各项准备工作已经完成。工程质量水平总体评价。国家验收委员会对初步验收报告的认可评价，提出验收结论）

______________________验收委员会

主任委员：姓名　　单位职务（职称）　　签名
副主任委员：姓名　　单位职务（职称）　　签名
委　　员：姓名　　单位职务（职称）　　签名

第九章　法 规 依 据

一切国家机关、武装力量、政党、社会团体、企业事业单位和公民都有保护档案的义务(摘自《档案法》)。

对国家规定的应当立卷归档的材料,必须按照规定,定期向本单位档案机构或者档案工作人员移交,集中管理,任何个人不得据为已有。(摘自《档案法》)

有关的法律、法规、业务文件以及铁路建设标准,是开展项目档案工作所必须遵循的依据。今天所开展的项目档案工作必须坚持有法可依、有法必依、违法必究的原则。因此,现将国家档案局和中央档案馆以及有关部门、铁道行业制定的标准、主要业务文件一一列出,希望在建工程的专业人员,根据文件,依据管理办法,进一步开展好项目档案工作。

第一节　法律和法规

(1)《中华人民共和国档案法》是1987年9月5日第六次全国人民代表大会常务委员会第二十二次会议通过。

(2)《中华人民共和国建筑法》是为了加强对建筑活动的监督管理,维护建筑市场秩序,保证建筑工程的质量和安全,促进建筑健康发展,1997年11月1日中华人民共和国第八次全国人民代表大会常务委员会第二十八次会议通过的。该法律把“工程技术经济资料”(即工程档案)作为工程质量的重要组成部分,明确提出规定和要求,具体条文如下:第六十一条:交付竣工验收的建筑工程,必须符合规定的建筑工程质量标准,有完整的工程技术经济资料和经签署的工程保修书,并具备国家规定的其他竣工条件。建筑工程竣工经验合格后,方可交付使用;未经验收或者验收不合格的,不得交付使用。

(3)《中华人民共和国合同法》是1999年3月15日,第九届全国人民代表大会第二次会议通过,1999年10月1日起施行。合同法中明文规定提出对勘察、设计和施工合同中的“提交有关基础资料和文件”以及“技术资料的交付时间”要求。

(4)《中华人民共和国招标投标法》是于1999年8月30日经过中华人民共和国第九届全国人民代表大会常务委员会第十一次会议通过的,是为了规范招投标活动当事人的合法权益,提高经济效益,保证项目质量而制定的。第三十六条:开标过程应当记录,并存档备查。

(5)《建设工程质量管理条例》是于2000年1月10日国务院第25次常务会议通过,于2000年1月30日,以国务院令第279号发布。该条例制定目的是为了加强对建设工程质量的管理,保证建设工程质量,保护人民生命和财产安全。条例第九条、十六条、十七条、四十八条、五十九条都明确规定勘察、设计、施工、工程监理单位要提供有关原始资料,必需真实、准确、齐全。原始资料必须经过验收合格的,方可交付使用。建设单位必须严格按照国家有关规定,及时收集、整理建设项目各环节的文件资料,及时向建设单位有关部门移交项目档案。如有影响工程质量的问题,责令改正。违反本条例规定的,责令改正,并处1万元以上10万元以下的罚款。

第二节 标 准 文 件

(1)《科学技术档案案卷构成的一般要求》是国家质量技术监督局于 2000 年 12 月 11 日批准,2001 年 5 月 1 日实施的,主要是规定科学技术档案案卷的组卷原则和方法,案卷和案卷内文件材料的排列、案卷的编目、案卷的装订、卷皮规格及其制成材料的质量要求。阐述科技文件是记录和反映生产、科研、基建、设备及其管理活动的文字、图表、声像等不同形式技术文件的总称等内容。

(2)《重大建设项目档案验收办法》是 2006 年 6 月 14 日,由国家档案局、国家发展和改革委员会联合发布的。是为了贯彻《国务院关于投资体制改革的决定》,加强重大建设项目档案管理,规范建设项目档案专项验收工作,使档案工作更好地为建设项目的建设、运行和管理服务,根据《中华人民共和国档案法》有关规定,特制定的,《办法》是希望各级档案部门和建设项目管理部门相互配合,共同做好建设项目档案的验收工作。

(3)《铁路科学技术档案分类与代码》(铁道行业标准 TB/T 1588—2005)是于 2005 年 8 月 19 日发布,2006 年 1 月 1 日实施。代替了 1985 年 10 月 28 日发布的 TB/T 1588—1985 铁路科学技术档案分类代码。是第一次修改。新标准增加了铁路科学技术档案分类编码的原则;增加了运输档案项目名称和说明,增加了技术生产所属工厂生产的产品和零配件名称代码,删除了各种机车、车辆等产品的分类和代码,增加了铁路干线、枢纽名称代码、对基本建设档案由多种分类,改为按线路、枢纽分类;对建设项目阶段代码说明进行了修改;对各专业代码进行了调整;设备仪器档案增加了仪器、器械分类和名称代码;对科学研究档案和标准档案的代码进行了调整。

第三节 业 务 文 件

(1)《国务院关于加强国家档案工作的决定》是国务院于 1956 年 4 月 16 日发布,多年来,一直是有效文件。该决定:是为了加强国家档案工作统一管理,维护国家档案的完整与安全,便于国家各项工作的利用。国家档案管理机关统一地分层负责地进行指导和监督。各级机关档案材料(包括机关的收发文电、内部文书、会议记录、电话记录、技术文件、出版物原稿、印模、照片、影片、录音等),应该由机关的档案业务机构—档案室—集中管理,不得由承办单位或个人分散保存。

(2)关于印发《开发利用科技档案创经济效益计算方法的通知》(档发字〔1994〕13 号)是国家档案局于 1994 年 8 月 17 日发布,本《规定》的发布是正确评价开发利用科技档案信息资源的实际效果,促进科技成果转化为现实生产力,使科技档案工作更好地为经济建设服务,将起到重要的推动作用。

(3)《国家重点建设项目档案管理登记办法》(档发字〔1997〕15 号)是国家档案局、国家计委联合发布的,是实现国家重点建设项目档案管理规范化、标准化的重要步骤,是保证建设项目档案完整、准确、系统的手段,是加强国家重点建设项目档案管理的重要措施,为建设项目投产后的生产运营、管理提供科学依据。

（4）《城市建设档案归属与流向暂行办法》（档发字〔1997〕20号）是国家档案局于1997年7月28日发布。是为了进一步做好城市档案工作，有利于城市规划、建设及其管理的需要。

（5）《国有企业资产与产权变动档案暂行办法》（档发字〔1998〕6号）是国家档案局、国家经济体制改革委员会、国家经济贸易委员会、国家国有资产管理局于1998年3月5日发布。针对国有企业在改组、联合、兼并、租赁、承包经营、股份合作、和出售等改革过程中，档案应如何处置的问题。

（6）《企业档案管理规定》（档发字〔2002〕5号）是国家档案局、国家经贸委、国家计委于2002年7月20日发布。是为了加强企业档案工作，规范企业档案管理，更好地为企业改革发展服务。第十七条：国有企业资产与产权发生变动，应按《国有企业资产与产权变动档案处置办法》做好档案的处置工作。国有企业破产，破产清算组应妥善处置破产企业档案；国有企业分立，档案处置工作由分立后的企业协商办理。

（7）国家档案局、中央档案馆发布的《电子公文归档管理暂行办法》（档发〔2003〕6号）是国家档案局、中央档案馆于2003年7月29日发布。是为了规范电子公文，保证归档电子公文归档完整与安全，形成纸质文件与电子文件成套管理，做到为社会、为企业各级领导、工程管理技术人员提供信息参考决策，达到信息共享的目的。

（8）国家档案局、国务院国有资产监督管理委员会印发的《国有企业文件材料归档办法》（档发〔2004〕4号）是国家档案局、国务院国有资产监督管理委员会于2004年1月20日发布。是为了规范国有企业文件材料归档工作，丰富和完善企业档案资源，有效为企业发展服务的文件。

（9）《铁路客运专线竣工验收暂行办法》（铁建设[2007]183号）是铁道部于2007年9月21日发布，是为了加强铁路客运专线建设管理、规范客运专线竣工验收工作，全面考核建设成果的依据。

（10）《铁路建设项目竣工验收交接办法》（铁建设〔2008〕23号是铁道部于2008年2月13日发布。原《铁路建设工程竣工验收交接办法》（铁建设〔2001〕117号文同时作废。

（11）《铁路建设项目竣工文件编制移交办法》（办档〔2002〕8号）是铁道部2002年3月15日发布。该办法是为了做好铁路建设项目竣工文件编制移交工作，保证建设项目档案齐全、完整、准确而制定的。为了进一步规范管理，许多表格进一步统一了规范的格式。

（12）中国铁建《档案管理办法》是2004年12月6日发布。规范了中国铁道建筑行业档案的管理，是铁路施工建筑行业档案管理的依据。

附　　录

附 录 一

《中国铁建项目工程管理暂行办法—工程安全管理》是由中国铁道建筑股份有限公司编制,是参建项目工程施工管理人员做好安全管理的依据和内业资料收集的依据。内容附后。

工程安全管理

第一章　概　　述

第一条　为强化工程项目安全管理,减少各类事故,保障施工人员在安全生产中的安全与健康,促进企业取得良好经济效益与社会信誉,达到提高工程项目标准化管理目的,根据国家和上级有关安全生产法律法规,结合总公司工程实际,特制定本办法。

第二条　项目经理部必须按照企业《职业健康安全管理体系》规范(OHSMS－18000),采用企业现代安全管理保障模式和安全系统工程理论和方法,提升安全管理能力,加强预见性、科学性和系统性。

第三条　项目经理部要认真贯彻《安全生产法》和《建设工程安全生产管理条例》,工程项目安全控制必须坚持"安全第一,预防为主,综合治理"的方针,贯穿于施工生产各个环节,实行全员、全过程、全方位安全管理,实现人、机、物、环境本质安全。

第四条　项目经理部是施工生产基本管理层,是安全生产管理基本单元,必须把安全生产确实纳入项目经理部管理正常运行机制。建立健全安全生产管理体系和应急救援体系,以项目经理负责制为核心,以安全生产责任制为基础,以安全生产包保责任制为手段,以安全教育培训为前题,以加大安全投入为保障,以健全和完善的工程项目安全标准化管理为保证,促进工程项目安全管理工作规范化、标准化、科学化。

第五条　项目经理部是施工现场安全生产管理和指挥中心,在施工生产过程中,必须坚持科学发展观,采取先进、科学安全施工技术,依靠科技进步,科学组织,防治结合,搞好现场安全控制,努力实现安全生产总体目标。

第六条　工程项目安全生产必须遵循以下原则:

1. 管生产必须管安全、谁主管谁负责原则;
2. 从严治本、基础取胜原则;
3. 加强劳动保护,改善劳动条件原则;
4. 计划性、系统性原则;
5. 动态管理、过程控制、预防为主原则;
6. 信息反馈原则;
7. 精神激励和物质激励相结合原则;

8. 务本求实、管理到位、深化发展原则。

第二章　安全生产目标

第七条　工程项目安全生产总体目标为“三消灭、三杜绝、一减少”，即：消灭因工重大伤亡事故；消灭因违章施工危及既有线行车安全重大、大事故和险性事故；消灭因我方责任造成重大交通亡人事故；杜绝锅炉、压力容器爆炸伤害事故；杜绝外部劳务重大伤亡事故；杜绝因工亡人事故，努力减少施工人员一般伤亡事故。

第八条　工程项目安全生产具体指标为：重伤率、轻伤率分别控制在0.5‰、3‰以下。

第九条　项目经理部要按照安全生产逐级负责制原则，把安全生产目标分解为若干具体目标，逐级签定安全生产责任状，横向到职能部门，纵向到基层班组至每个职工，一级保一级，层层抓落实。并制定有效措施，建立严格监督检查制度，定量考核制度和评比奖惩制度，年终考核，奖罚兑现。

第十条　项目经理部经理要把安全生产目标管理同经济承包责任制，领导任期目标责任制结合起来，作为考核责任人业绩的重要内容，要与员工工资奖金分配，评选先进单位和先进个人挂钩，对达不到规定安全生产指标者行使一票否决权。

第三章　安全管理体系

第十一条　强化安全生产管理监督管理体制。贯彻执行《安全生产法》和《建设工程安全管理条例》，认真落实“企业负责、行业管理、国家监察、群众监督”的安全生产监督管理体制。

第十二条　建立安全保证组织机构

1. 项目经理部应成立安全领导组。领导组由项目经理（支部书记）、项目副经理、专职安全管理人员、生产技术室主任、分队长（工长）组成；

2. 项目经理部须设立与施工规模相适应的安全生产机构和安全技术人员，配安全监察长或安全总监，具体负责工程项目安全监察和管理工作，各施工队设专职安全工程师，各工班设专职安检员，建立纵成线、横成网的严密安全管理组织机构；

3. 项目经理部各级安监人员必须具备与本机构所管辖生产经营活动相关安全生产知识和管理能力，其主要负责人和安全管理人员，应当由有关主管部门对其安全生产知识和管理能力的考核，合格后方可任职。项目经理部安监工程师必须专司其职，不得兼职。项目经理部、施工队、班（组）专（兼）职安全员名单报上级安监部门备案，并不得随意更换。

第十三条　建立安全保证体系。项目经理部遵循“安全重于泰山，抓生产必须抓安全，以安全促生产”指导思想，按照“五项”（综合治理、管生产必须管安全、一票否决权、从严治理、标准化管理）原则，建立、健全安全保证体系。

第十四条　安全生产责任制。项目经理部必须落实安全生产责任制，明确各级领导和职能部门安全生产责任，建立起严密、有效、各司其职、各负其责、互相配合的安全生产管理网络。

项目经理安全生产责任制

在安全生产方面对总经理负责，是工程项目安全生产第一责任者和管理者，对本工程项目安全生产负全面责任。其安全生产责任是：

1. 贯彻落实国家安全生产方针、政策、法规和各项规章制度，落实企业安全生产各项规章制度，结合工程项目特点及施工性质，制定有针对性的各项安全生产管理办法和实施细则，并主持监督其实施；

2. 必须根据项目工程特点和工程规模，成立工程项目安全生产委员会或安全生产领导小组，明确本项目工程专(兼)职安全专业监督管理人员，支持、指导安全专业监督管理人员工作，并不得干扰或阻挠安全专业监督管理人员行使职权；

3. 在组织项目工程施工前，必须明确各专业管理部门和关键岗位人员安全生产责任考核指标和考核办法，定期组织实施考核，项目工程安全生产责任制考核要与经济效益挂钩；

4. 定期组织安全生产检查，及时消除事故隐患，对上级在安全生产检查中提出的事故隐患和管理存在问题，应按照“三定”原则(定人、定时间、定措施)予以解决，并按时将解决情况向上级反馈。重大隐患必须立即停止施工生产，待隐患消除，报请上级部门验收合格后，方可恢复施工生产。

5. 组织制定并实施工程项目生产安全事故应急救援预案；

6. 坚持把安全管理作为项目管理重要内容，与施工生产同时进行；

7. 严格履行工程项目承包经营合同，认真制定工程项目经理部安全生产管理标准、目标和安全规则，建立、健全工程项目安全生产责任制和操作规程，合理配置人力、物资、机具、资金等安全生产要素。保证工程项目安全生产投入有效实施，积极采用新技术、新工艺、新设备、新材料，提高施工安全水平；

8. 依据工程特点，科学编制施工安全措施。正确处理好安全与进度、安全与效益关系，坚持把安全生产贯穿于施工生产全过程，把安全生产摆在首位抓紧、抓好、抓实；

9. 进行施工平面图设计时应充分考虑安全、防火、防爆、防污染等于因素，做到分区明确，合理定位；

10. 负责组织项目经理部员工安全生产教育和培训工作。发动群众，实行全员、全面、全方位、全过程安全生产管理。经常听取广大员工在安全生产方面意见和建议，总结推广科学管理经验，及时表彰先进，严肃处罚事故责任者。

11. 发生因工伤亡事故时，必须做好事故现场保护与伤员抢救工作，按规定及时上报，不得隐瞒、虚报和故意拖延不报。积极配合事故调查，认真制定并落实防范措施，吸取事故教训，防止发生重复事故；

12. 对因违章指挥或决策失误而造成员工亡人事故承担领导责任。并对因强令员工违章冒险作业，发生重大伤亡事故，承担刑事责任；

13. 及时、如实报告施工安全事故。

项目经理部总工程师(技术负责人)安全生产责任

对工程项目生产过程中安全生产负技术责任：

1. 贯彻落实上级有关安全生产方针、政策。协助项目经理负责安全技术工作；

2. 参加编制审定安全技术规程、操作规程和安全防护措施。制定安全生产和改善劳动条件的规划并组织付诸行动，负责处理和解决施工现场安全技术问题；

3. 参加或组织编制施工组织设计，在编制、审查施工方案时，必须识别重大危险源，制定、审查危险源控制和安全技术措施，保证其有可行性和针对性，并认真监督检查实施情况，发现问题及时解决；

4. 主持制定工程项目技术措施计划和季节性施工方案同时，必须制定相应安全技术措施并监督执行，及时解决执行中出现的问题；

5. 主持项目安全防护设施和设备的验收。严格控制不符合标准要求的防护设备、设施投入使用;使用中的设施、设备,按规定组织定期检查,发现问题及时处理;

6. 在工程项目开工前及重要工序施工前,必须对有关人员进行安全技术交底;

7. 组织安全技术培训,积极推广应用安全生产新技术,在使用"四新"技术时,必须制定相应安全技术措施。处理施工生产中安全技术问题,对重大事故隐患的预防和整改提出技术措施和技术方案;

8. 组织并参加本项目安全检查,对查出的事故隐患,及时采取整改措施,对危及员工生命重大事故隐患有权停止施工,以确保员工人身安全;

9. 参加员工伤亡事故调查处理,组织技术人员分析事故原因,提出技术鉴定意见和改进措施,对因技术原因造成的职工伤亡事故,承担技术上领导责任。

总经济师安全职责:

1. 协助项目经理管理本工程项目安全生产所需资源(财、物)的投入及有效实施;

2. 负责安全生产管理成本分析;组织编制年度安全生产财务预算;审查年度安全生产预算执行情况;审查年度安全生产管理筹措经费运用情况和年度安全工作财务决算报告;

3. 监督"安全文明施工措施费"资金到位和运用情况;

4. 监督安全事故和应急处理发生费用的执行情况;

5. 履行"三标一体"管理体系中的相关职责。

会计负责人安全职责:

1. 协助项目经理管理本工程项目安全生产条件所需财力资源投入,监控资金使用,确保安全生产管理资金投入;

2. 领导财务部门搞好工程安全生产中各项资金管理、审批相关(年度或工程项目)决算报告;

3. 履行公司"三标一体"管理体系中相关职责;

安全监察人员安全生产责任:

1. 积极贯彻和宣传国家安全生产方针、政策及上级各项安全规章制度,并监督检查执行情况。执行国家、地方、行业法律法规,落实公司管理规定,结合工程特点编制项目安全管理策划;

2. 制定工程项目安全生产工作计划,针对工程项目特点,制定安全生产管理办法实施细则,并负责贯彻实施;

3. 协助项目经理组织开展各项安全生产活动,并监督检查工程项目施工队伍开展安全生产活动情况,发现问题及时向项目经理和上级安全生产管理部门汇报、处理;

4. 负责工程项目安全生产管理分支机构及人员业务领导和组织工作,负责工程项目各级安全生产基础管理台账及安全管理资料建立和归档工作;

5. 负责员工安全教育、安全培训组织管理,配合劳资人员搞好特种作业人员考核办证工作;负责监督、检查、外协施工队人员三级安全教育及特种作业人员持证上岗工作;

6. 开展"危险预知"活动,辨识危险源,参与危险性评价工作;建立施工班组安全活动和班前安全讲话制度,针对工程施工各阶段,组织开展事故隐患预测、预控、预防工作,建立定期安全检查制度,并逐级作好各项整改记录;

7. 参加施工组织设计、施工方案编制和会审,参加工程项目生产会。参加公司召开安全生产例会，建立工程项目安全生产例会制度，并负责组织实施；

8. 参加工程项目大型临时设施、自行搭设临时塔架等项目的施工组织设计会审工作，参与临时用电设施、设备以及脚手架验收工作，并监督检查施工中临时用电、脚手架安全使用和维护工作；

9. 对重大事故隐患、严重违章施工、违章作业，有权下令停止施工并越级上报上级部门或领导，并对不具备安全生产条件工程项目有权制止投入使用；

10. 对工程项目劳动保护用品采购、使用、管理有监督、检查权，对进入施工现场单位或个人，有权检查、监督其是否符合现场安全管理规定要求，发现问题责令其改正；

11. 参加因工伤亡事故调查，对伤亡事故和重大未遂事故进行统计分析，协助工程项目经理做好工地“四不放过”统筹工作。

工程队长的安全生产责任：

1. 认真执行安全生产方针政策和法规，严格遵守安全生产规章制度和安全操作规程，对所负责承担的施工项目安全生产负直接责任，不违章指挥、制止冒险作业；

2. 认真监督执行安全技术措施及安全操作规程，针对生产任务特点，对规程、措施、交底要求执行情况经常检查，随时纠正违章作业；

3. 负责组织落实所管辖施工队伍三级安全教育、常规安全教育、季节转换及针对施工各阶段特点等进行各种形式安全教育；负责组织落实所管辖班组（包括外协施工队伍）开展各项安全活动，学习安全操作规程；负责组织落实所管辖施工队伍中特种作业人员安全培训工作和持证上岗监督管理工作；

4. 严格按照施工组织设计中安全技术措施具体要求，设置所有安全防护设施并组织维护；对所管辖施工现场中所设置安全防护设施完整、齐全、有效性负直接责任；

5. 经常检查所管辖班组（包括外协施工队伍）作业环境、设备和安全防护设施的安全状况，发现问题及时纠正解决。对重点特殊部位施工，必须检查作业人员及各种设备安全防护设施技术状况是否符合安全标准要求，认真落实书面安全技术交底，落实安全技术措施，并监督执行。接受安全管理机构或人员安全监督检查，及时解决其提出的不安全问题；

6. 对工程项目中采用新材料、新工艺、新技术，接受项目技术人员及上级安全管理人员指导。发现不安全问题及时停止施工，人员、设备撤离危险区域，并上报领导或有关部门；

7. 发生因工伤亡和重大未遂事故必须停止施工，采取应急措施，组织对职工伤亡事故现场抢救工作，采取应急措施，保护现场，防止事故扩大。同时立即上报，对重大伤亡事故和重大未遂事故，必须查明事故原因，落实整改措施，经上级有关部门验收合格后方可恢复施工，不得擅自撤除现场保护设施，强行复工。

（班）组长安全生产责任：

1. 带领本（班）组员工认真落实上级安全生产规章制度，严格执行安全管理标准和操作规程，遵守劳动纪律，制止“三违”行为；

2. 认真坚持“三工”（工前交代、工中检查、工后讲评）制度，积极开展（班）组安全生产活动，作好（班）组安全活动记录和交接班记录；

3. 认真组织安全生产和技术学习，不断提高班（组）人员安技素质，做好施工过程中安全生产检查。及时制止员工违章行为消除事故隐患。本（班）组不能处理事故隐患要及时向上级领导报告；

4. 自觉接受上级领导和安监(安全)人员监督检查,对检查中提出的问题及时进行整改不留隐患;

5. 认真执行安全技术交底制度,对不具备安全生产条件,人身安全得不到保障工程任务,有权拒绝施工,必要时可越级向上级领导或安监部门反映,待问题解决后方可复工;

6. 施工作业前要对使用的机具、设备、防护用具及作业环境进行安全检查;

7. 对发现违章指挥、违章作业行为不予制止及事故隐患不及时消除而导致人身伤亡事故,承担直接领导责任。

施工作业人员安全生产责任:

1. 在班组长直接领导下积极参加各项安全活动,刻苦学习安全技术知识,不断提高安全操作技能;

2. 自觉遵守安全生产规章制度和操作规程,严格按照安全技术交底施工,按规定佩带劳动防护用品。在施工作业中做到不伤害他人,不伤害自己,不被他人伤害,同时有责任劝阻他人违章作业;

3. 爱护和正确使用机械设备、工具及劳动保护用品、防护用具;对成品、半成品、材料及废料等按指定地点堆放整齐,做到文明施工;

4. 作业前要对使用工具、机械、电气设备、作业环境安全情况进行认真检查,发现问题应及时处理或向领导报告;

5. 从事特种作业人员和技术工种人员要积极参加专门培训,掌握本岗操作技能,取得特种作业资格,做到持证上岗;

6. 对施工现场不具备安全生产条件,有权建议改进,对违章指挥,强令冒险作业,有权拒绝执行,对危害生命安全和身体健康的行为,有权提出批评、检举和控告;

7. 对因违章操作、盲目蛮干或不听指挥而造成本人及他人人身伤害事故和经济损失承担直接责任。

专(兼)职安全员安全生产责任:

1. 专(兼)职安全员在工程队长的领导下进行工作,业务上受工程项目经理部安监部门和安监人员指导;

2. 协助工程队领导认真贯彻落实安全生产规章制度与防护措施,检查督促操作人员严格执行安全操作规程和安全技术交底,确保安全施工作业;

3. 督促班(组)长开展各种安全生产活动,并做好安全日志;

4. 及时发现和制止违章指挥,违章作业行为,纠正和消除各种事故隐患;对违章违纪责任者有权按规定处以罚款;

5. 专(兼)职安全员必须持有集团公司或公司统一颁发的安全员检查证,上岗时必须佩带标志,秉公办事,尽职尽责;

6. 对因失职而造成伤亡事故承担责任。

安全监督管理部门的职责:

1. 负责监督劳动安全、人身安全、锅炉压力容器安全及交通安全工作,对企业贯彻执行国家和上级有关安全生产,劳动保护政策法规情况进行监督检查;

2. 制订本工程安全生产规章制度,及时分析安全生产形势,提出预防事故措施和建议,对执行情况进行监督检查,按规定编制安全技术措施经费计划,监督检查安全技术措施项目的实施；

3. 协助上级安监部门进行职业健康安全卫生管理体系认证申报和评审工作；

4. 定期组织安全生产检查，及时掌握和了解施工生产场所安全现况，及时消除事故隐患，对重大事故隐患必要时发出隐患整改通知书，并对事故隐患整改情况进行复查；

5. 组织项目经理部开展安全生产竞赛、评比活动，实施安全生产奖罚事宜；

6. 会同有关部门对员工进行安全教育和技术培训，对全员劳动纪律，施工作业秩序，持证上岗，文明施工及对防护用品的使用等情况进行监督检查；

7. 负责安全报表和职工伤亡事故调查、统计、报告和处理工作。对事故责任者提出处理意见并监督实施。

项目经理部有关部门安全生产责任：

1. 工程管理部门：根据工程项目特点和合同要求，负责编制施工组织设计，制定相应安全技术措施和安全技术交底。规范施工作业秩序，选定安全可靠施工方法，文明施工。组织科技攻关，积极推行"四新"技术，推广安全生产新技术。认真检查安全措施执行情况，参加安全大检查，提出事故隐患整改方案，在进度与安全发生矛盾时要把安全放在第一位，参加伤亡事故调查处理。

对于下列结构复杂、施工难度大、专业性强等特殊项目，除制定项目总体安全技术保证计划外，施工作业必须单独编制专项安全施工组织设计，并采取安全技术措施。

(1)铁路营业线(复线、既有线)及公铁立交桥架梁作业；

(2)爆破施工作业；

(3)深基坑是指开挖深度超过5 m的基坑(槽)深度未超过5 m但地质情况和周围环境较复杂的基坑(槽)；

(4)地下暗挖工程，是不扰动上部覆盖层面，修建地下工程的一种方法；

(5)高大模板工程是指模板支撑系统高度超过8 m，或者跨度超过18 m，或者施工总荷载大于10 kN/m^2，或者集中线荷载大于15 kN/m^2 的模板支撑系统

(6)垂直运输机械设备、架设机具、脚手架的拆装和起重吊装作业；

(7)建筑物和构筑物的拆除；

(8)施工临时用电；

(9)其他危险作业。

2. 设备运输物资部门：负责制定设备安全操作规程、细则及物资管理规定，负责对物资管理人员，机械、车辆驾驶人员的管理、教育和培训工作，负责机械车辆和设备的调配验收、使用、检查、维修等管理工作。负责汽车运输安全管理；负责采购供应符合设计标准和安全技术规范物资和器材，严格对危险品请领、贮存、保管和发放规定。参加由机械设备和交通运输造成伤亡事故调查与处理；

3. 计划经营、财务部门：计划部门负责在编制施工生产经营计划时要同时安排安全生产费用；财务部门按照有关规定和实际需要，安排年度安全技术措施经费和劳保费用，做到专款专用；协助安全质量管理部门办理安全奖罚款手续。按规定拨付安全奖励经费，清收对事故责任单位或人员罚款；保障必要的安全投入资金，为从业人员交纳保险费；

4. 办公室：协助有关部门组织员工安全技术培训工作。组织对新工人、特殊工种、外部劳务进行岗前安全教育培训。定期对作业场所粉尘、噪音、有毒、有害物质进行监测，做好职业病

健康防治工作,对因工伤残和患有职业病的员工安排力所能及的工作;

5. 公安部门:负责对本项目施工区域内治安保卫,制定消防和易燃易爆等危险品安全管理制度并对落实情况进行监督检查。对危爆物品购买、运输、储存、使用、回收工作进行监督检查,配合上级机关或有关单位对重大安全责任事故、重大火灾事故进行调查及对涉案责任人刑事责任追究;

实行分包项目,安全控制应由总承包单位全面负责,分包单位向总承包单位负责,并服从总承包单位对施工现场安全管理。

工程分包(含劳务)负责人安全职责:

1. 根据国家《建筑法》等相关规定,分包单位负责人应依据分包合同服从总包单位的安全生产管理,并承担相关责任;

2. 总包单位中所有安全生产管理法律法规、规章制度适用于分包工程安全生产,分包方负责人应教育本单位员工服从现场管理人员指导与监督,制定并遵守安全责任制度;

3. 教育员工严格执行施工操作规程,强化安全意识和自身防范保护能力,对不服从监理和总包方人员监督行为,有权令其停工或人员退场;

4. 分包方进入现场设备、机具和特种作业人员,经总包方进行验证,合格后方准使用;

5. 对总包方人员违章指挥或安全措施不到位,有权提出意见抵制;

6. 由于分包方不服从总包单位管理,导致生产安全事故发生时,应由分包方依法承担主要责任。

第四章　安全管理制度

第十五条　要做好工程项目安全管理,首先要健全安全管理各项制度。工程项目施工现场安全生产管理制度是施工单位和施工现场整个管理体系一个组成部分。安全管理制度是遏止施工生产事故发生有效手段,最大限度地降低安全成本费用支出,提高工程项目经济效益。

第十六条　施工现场安全生产管理体系建立不仅是为了满足工程项目经理部自身安全生产要求,同时也是为了满足相关方(政府、投资者、业主、保险公司、社会)对施工现场安全生产管理体系持续改善和安全生产保证能力信任。

第十七条　工程施工项目单一性和不可逆转性,决定工程项目安全生产管理必须根从生产目标变化而相应改变。安全生产管理深入到施工现场每一个施工环节是施工单位进行安全生产管理工作实质。

第十八条　安全管理制度重点包括

1. 安全生产责任制度;
2. 安全技术交底制度;
3. 安全生产技术措施编制制度;
4. 安全检查制度;
5. 安全验收制度;
6. 特殊工种职工实行持证上岗制度;
7. 安全管理兼容文明施工制度;
8. 施工现场安全管理制度;
9. 安全生产教育制度;

10. 安全生产风险抵押金制度:
11. 安全生产资金保障制度;
12. 专项安全施工方案专家论证审批制度;
13. 危及施工安全工艺、设备、材料淘汰制度;
14. 生产安全事故报告制度;
15. 生产安全事故应急救援制度;
16. 安全生产奖惩制度;
17. 施工现场消防安全制度;
18. 劳动防护用品管理制度。

第十九条 工程项目施工安全应遵循下列程序

1. 确定施工安全目标
2. 编制项目安全保证计划;
3. 项目安全计划实施;
4. 项目安全保证计划验证;
5. 开展安全成本统计核算;
6. 持续改进;
7. 兑现合同承诺。

第五章 施工现场安全管理

第二十条 施工现场安全要求

(一)一般工程的施工现场基本要求

1. 平面布置

(1)开工前,在施工组织设计(或施工方案)中,根据施工现场地形、地貌勾划详细施工平面布置图。运输道路、临时用电线路布置、各种管道、仓库、加工车间(作业场所),主要机械设备位置及工地办公、生活设施等临时工程安排,均要符合安全要求;

(2)工地四周应有与外界隔离围护设置,入口处一般应有(特殊工程工地除外)工程名称、施工单位名称牌,并设置施工现场平面布置图、施工概况表(或称"施工公告")、安全纪律(或"施工现场安全管理规定")。使进入该工地员工,能对该工程的概况有一个基本了解和注意安全忠告;

(3)工地排水设施应全面规划,排水沟截面及坡度应进行计算,其设置不得防碍交通和影响工地周围环境。排水沟还应经常清理疏通,保持畅通。

2. 道路运输

(1)工地人行道、车行道应坚实平坦,保持畅通。主要道路应与主要临时建筑物道路连通。场内运输道路应尽量减少弯道和交叉点。频繁交叉处,必须设有明显警告标志,或设临时交通指挥(指挥人员或指挥信号);

(2)工地通道不得任意挖掘或截断。如因工程需要,必须开挖时,有关部门应事先协调,统一规划。同时将通过道路沟渠,搭设安全牢固桥板;

3. 材料堆放

(1)一切建筑施工器材(包括建筑材料、预制构件、施工设施构件等)都应该按施工平面布置图规定地点分类堆放整齐稳固。各类材料堆放不得超过规定高度。严禁靠近场地围护栅栏及其他建筑物墙壁堆置，且其间距应在 50 cm 以上，两头空间应予封闭，防止有人入内，发生意外伤害事故；

(2)作业中使用剩余器材及现场拆下来模板、脚手架杆件和余料、废料等都应随时清理回收，并且将钉子拔掉或者打弯再分类集中堆放；

(3)油漆及其稀释剂和其他对职工健康有害物质，应该存放在通风良好、严禁烟火的专用仓库。沥青应放置在干燥、通气的场所。

4. 施工现场安全设施

安全设施如安全网、洞口盖板、护栏、防护罩、各种限制保险装置都必须齐全有效，并且不得擅自拆除或移动，因施工确实需要移动时，必须经工地施工管理负责人同意，并需采取相应的临时安全措施，在完工后立即复原。

5. 安全标牌

施工现场除应设置安全宣传标语牌外，危险部位还必须悬挂按照《安全色》(GB 2893—2001)和《安全标志》(GB 2894—1996)规定的标牌。夜间有人经过坑洞等处还应设红灯示警。

6. 安全防护内容参照《建筑施工扣件式钢管脚手架安全技术规范》(JGJ 130—2001)、《建筑施工高处作业安全技术规范》(JGJ 80—91)、起重机械安全规程(GB 6067—85)、《起重机械超载保护装置安全技术规范》(GB 12602—90)、《龙门架及井架物料提升机安全技术规范》(JGJ 88—92)、《施工升降机安全规则》(GB 10055—96)、《液压滑动模板施工安全技术规程》(JGJ 65—89)、《建筑基坑支护技术规程》(JGJ 126—99)、《施工现场临时用电安全技术规范》(JGJ 46—2005)、《建筑机械使用安全技术规程》(JGJ 33—2001)、《现场施工安全防护用品标准与使用》(GB 2811—1989、GB 5725—1997、GB 6095—1985)、《铁路工程施工安全技术规程(上下册)》(TB 10401.1—2003、J 259—2003；TB 10401.2—2003、J 260—2003)执行。

(二)特殊工程的施工现场基本要求

1. 特殊工程系指工程本身特殊性或工程所在区域特殊性或采用施工工艺、方法有特殊要求的工程。有的是整体工程属于特殊工程施工现场，也有的仅是分部分项工程属于特殊工程施工现场。

2. 特殊工程施工现场安全管理，除一般工程基本要求外，还应根据特殊工程性质、施工特点、要求等制定有针对性安全管理和安全技术措施，基本要求是：

(1)编制特殊工程施工现场安全管理制度并向参加施工全体职工进行安全教育和交底；

(2)特殊工程施工现场周围要设置围护，要有出入制度并设门卫(值班人员)；

(3)强化安全监督检查制度，并认真做好安全日记；

(4)对于从事危险作业人员要进行安全检测和设置监护。如在容器内、地下室，特别是作防水、防腐蚀涂料、油漆、爆破、吊装拆除工程和滑模施工等；

(5)施工现场应设医务室或派医务人员；

(6)要备有灭火、防爆炸等的器材物资。

(三)工棚或临时宿舍的搭建及间距要符合防火规定

1. 施工现场临时用房应选址合理，并应符合安全、消防要求和国家有关规定。临时宿舍尽可能搭建在离开建筑物 20 m 以外；并不得搭在高压架空线路下方，应和高压架空线路保持安全距离；

2. 施工现场的施工区域应与办公、生活区划分清晰，并应采取相应隔离措施；

3. 宿舍内应保证有必要的生活空间，室内净高不得小于2.4 m，通道宽度不得小于0.9 m，每间宿舍居住人员不得超过16人；

4. 一切架空电线均须用固定瓷瓶绝缘，电线穿过墙壁时，必须从瓷管硬塑料管内通过；

5. 仓库、木工棚及易燃易爆物堆（存）放等处，应张贴（悬挂）醒目防火标志；

6. 施工现场要明确划分用火作业区、易燃及可燃材料堆放场、仓库、易燃废品集中点等；

7. 施工现场必须配备足够数量防火、灭火设施和器材。如防火工具（消防桶、消防梯、铁锹、安全钩等）、砂箱（池）、消防水池（缸）、消防栓和灭火器；

8. 项目经理部要建立安全防火责任制，并划分防火责任区。

（四）爆破器材严格遵照当地公安部门和企业有关规定，完善审批手续。在爆破器材的运输、使用、存储过程中，严格遵守《爆破安全规程》（GB 6722—2003）的安全管理规定。

建筑施工现场做好防爆工作主要内容是：

1. 对于爆破及引爆物品储存、保管、领用都必须严格按规定执行；

2. 各种气瓶运输、存放、使用，必须符合现行国家标准《气瓶安全监察规程》有关规定。氧气瓶与乙炔瓶及易燃物品严禁同室储存；放置地点不得靠近热源和电器设备，距明火的距离不得小于10米；

3. 各种可燃性液体、油漆涂料等在运输、保存、使用中，除按规定外，并根据其性能特点采取相应防爆措施；

4. 要向操作者及其有关人员，作好安全交底。

第二十一条 工程项目安全资料管理。安全档案是安全基础工作之一，也是检查考核落实安全责任制资料依据，同时，它为安全管理工作提供分析、研究资料，从而能够掌握安全动态，以便对每个时期安全工作进行目标管理，达到预测、预报、预防事故目的。工程项目应建立安全管理基础资料：

1. 安全组织机构及职责；

2. 安全生产规章制度和安全生产责任制；

3. 安全生产目标管理（伤亡控制指标、安全达标目标）；

4. 施工合同（施工承包总合同、分包合同、劳务合同、施工安全协议）；

5. 施工组织设计及安全专项方案；

6. 安全生产宣传教育、培训；

7. 安全技术资料（计划、措施、交底验收，复杂或特殊要求的设施，还应有设计图纸、计算书）；

8. 采用新工艺、新技术、新设备、新材料安全交底书和安全操作规定；

9. 安全检查考核（包括隐患整改）；

10. 特种作业人员验证记录；

11. 各工种上岗证；

12. 伤亡事故档案；

13. 有关文件、会议记录；

14. 总、分包工程安全文书资料；

15. 班组安全活动；
16. 奖罚资料；
17. 重大危险源辩识与评价和应急预案；
18. 安全投入资料；
19. 施工现场安全平面布置总平面图。

第六章　教育和培训

第二十二条　建立安全教育培训制度。加强全员特别是施工一线作业人员安全教育和技术培训工作，提高安全技能和自我防范意识，使其牢固树立“安全第一，预防为主”的思想，自觉遵守各项安全生产法令和规章制度，以减少各类事故发生。

第二十三条　项目经理部应对新进场工人和调换工种职工；必须按规定进行安全教育和技术培训，经考核合格，方准上岗。

第二十四条　电工、焊工、架子工、司炉工、爆破工、机操工及起重工和各种机动车辆司机等特殊工种必须持证上岗，除进行一般安全教育外，还要经过本工种安全技术培训，方准独立操作，每年还要进行一次复审。对从事有尘毒危害作业工人，要进行尘毒危害和防治知识教育。

第二十五条　项目经理部要定期轮训本单位各级领导干部和安全干部，其中项目经理、安全监察长或安全总监、安质部长、工程部长、施工队长（车间主任）、班组长是安全教育重点。

第二十六条　采用新技术、新工艺、新设备施工和调换工作岗位时，要对操作人员进行新技术操作和新岗位安全教育，未经教育不得上岗操作。

第二十七条　项目经理部对新进场工人（包括合同工、外包工、临时工、学徒工、实习和代培人员）必须进行初步安全教育。在做好新工人入场教育同时，项目经理部还必须把经常性安全教育贯穿于管理工作全过程。根据接受教育对象不同特点，可采取办安全生产黑板报、宣传栏，书写安全标志和标语口号及定期召开安全工作会议等方式进行。

第二十八条　在岗从业人员经常性安全生产教育培训主要内容是：

1. 安全生产新知识、新技术；
2. 安全生产法律法规；
3. 作业场所和工作岗位存在的危险因素、防范措施及事故应急措施；
4. 事故案例。

第二十九条　新从业人员的“三级”安全生产教育培训主要内容是：

1. 一级：安全生产法律法规及安全生产基本知识，本项目经理部安全生产规章制度及劳动纪律，有关事故案例；
2. 二级：本单位安全生产状况和规章制度，作业场所和工作岗位存在危险因素、防范措施及事故应急措施，事故案例；
3. 三级：岗位安全操作规程，生产设备、安全装置、劳动防护用品性能及正确使用方法，事故案例。

第三十条　特种作业人员安全生产教育培训主要内容是：

1. 安全生产法律法规；
2. 国家规定的与本工种相适应的、专门的安全理论知识和操作技能；

3. 本工种的安全技术操作规程；

4. 本工种作业场所和工作岗位存在危险因素、防范措施及事故应急措施。

第三十一条　转岗、换岗人员安全生产教育培训主要内容是：

1. 安全生产法律法规及安全生产基本知识，安全生产规章制度及劳动纪律；

2. 岗位安全操作规程，有关安全事故案例。

第七章　安全检查

第三十二条　安全检查工作是保证安全生产的重要手段，项目经理应组织项目经理部定期对安全控制计划执行情况进行检查考核和评价，对施工中存在不安全行为隐患，项目经理部应分析原因并制定相应整改防范措施。

第三十三条　项目经理部应根据施工过程特点和安全目标要求，确定安全检查内容和检查方法。

第三十四条　项目经理部安全检查应配备必要设备或器具，确定检查负责人和检查人员，并明确检查内容及要求（部分工程参考检查项目详见附件）。

第三十五条　项目经理部应进行定期与不定期安全生产检查、专业性安全生产检查、季节性、节日安全生产检查、班组自我检查、交接检查和相互检查。项目经理部应编写安全检查报告。

第三十六条　各生产班组应根据不同情况进行每日巡检制度，发现隐患和问题及时整改。对于难于治理的应及时上报。

第三十七条　建立施工开、复工前安全检查验收制度。由工程项目经理部安监人员会同有关部门，对即将开、复工项目进行全面安全检查验收，确认合格方可开工。检查验收内容主要包括：施工组织设计是否有安全措施；施工机械设备是否有安全防护装置；安全防护设施是否符合安全要求；施工人员是否经过安全教育和培训；施工方案是否进行技术交底；施工安全责任制是否建立；施工中可能发生的危险情况是否有预防措施等。

第三十八条　对查出的安全隐患和问题要进行通报，建立登记、整改、复检、销项制度。要制定整改计划，定人员、定措施、定经费、定日期，在安全隐患没有消除前，必须采取可靠的防护措施，如有危及人身安全的紧急险情，应立即停止作业，并及时上报。

第八章　分包工程安全管理

第三十九条　各项目经理部使用民工（农民合同工、临时工）必须严格贯彻执行国家法律、法规，视同内部员工一样管理。在施工过程中，民工发生伤亡事故由使用单位如实统计上报，影响使用单位安全成绩，并按规定予以罚款。

第四十条　分包工程，必须坚持标准，严格资质审查。分包队伍必须持有营业执照、资质证书和安全许可证，“三证”齐全企业。项目经理部与分包企业签订合法施工合同，其承包合同中必须明确双方对安全生产所承担义务和责任，严禁以包代管，包而不管。对分包队伍安全监督管理必须纳入项目经理安全生产责任制。

第四十一条　项目经理部要把分包队伍安全管理纳入全员安全管理，项目经理部实施安全生产奖罚时，分包队伍安全生产情况要作为一项重要指标进行考核。

第四十二条　分包队伍日常安全管理自行负责。但必须遵守总包单位安全管理规定，执行项目经理部安全规章制度，服从项目经理部安全管理与监督。

第四十三条　项目经理部必须对分包队伍安全管理进行监督、检查和指导，组织实施加强对分包队伍劳动保护监督，做到文明施工，安全生产。

第四十四条　项目经理部对使用分包队伍必须做到“先培训，后上岗”。用工单位应结合工程特点，对其进行安全规程、操作方法、技术规范等基本生产技能的培训，进行法规法纪、规章制度、安全生产、劳动纪律为主要内容教育。

第四十五条　用工单位要认真对外部劳务进行安全技术交底，不得让外部劳务单独在现场作业。必须选派责任心强管理人员对施工中每道工序进行现场监理，组织外部劳务严格按技术规范、安全规定操作规程作业，加强对外部劳务施工安全监控。

第四十六条　项目经理部安质部门要加强对分包队伍安全生产的规范管理，建立健全安全生产制度、档案、台账等基础资料。按时准确收集汇总逐级上报，定期或不定期会同有关部门对用工单位外部劳务安全管理情况进行检查，并监督本规定有效实施。

第四十七条　与分包队伍签订分包合同要有安全规定、安全责任、双方约定其他安全事项及违约责任等有关安全生产内容，此外分包队伍还必须与项目经理部签订安全生产包保责任书。

第四十八条　用工单位应做好外部劳务劳动安全卫生工作，提供确保外部劳务安全和健康作业环境，推广使用安全先进设施，积极利用先进科学技术和成果保障外部劳务人员生命安全、身体健康和劳动保护等合法权益。不得违反安全生产规定，强令外部劳务违章冒险作业。

第四十九条　分包队伍必须具备较好安全管理基础，有一定专业特长和技术优势，人员安全技术素质和业务素质较高，安全管理体系健全。接受用工单位安全监督、检查和指导，向用工单位提出有利于促进现场安全生产、劳动保护、文明施工实施性建议。

第五十条　分包企业在施工生产过程中，有违法再次分包或转包，应予辞退；不遵守有关安全生产管理规定，并拒绝接受整改，应予辞退；不能保证工期和质量，应予辞退；出现工程质量事故、工伤事故频发或发生重大死亡事故均予辞退。

第五十一条　项目经理部对分包队伍安全教育与培训必须纳入管理范畴，建立安全教育和技术培训制度，强化企业安全管理，制定安全教育与培训计划。应每月进行一次安全教育，对在重点岗位各类专业人员要坚持每周一次集中安全教育，重点培训，大力宣传安全行为规范、安全操作规程、安全思维、安全意识，实现安全生产，文明施工，杜绝意外伤害事故发生。

第五十二条　对新工人要进行“三级”安全教育，在易燃、易爆、有毒、有害环境中作业人员，必须经过安全培训，熟悉和掌握发生突发事故情况下处置，提高其安全生产操作技能和自我保护意识；特种工作业人员必须按照国家或地方有关规定进行培训，考试合格后方可持证上岗。

第五十三条　分包单位安全生产按照分包合同约定对总包单位负责，总承包单位和分包单位就安全生产建设工程承担连带责任。

第九章　安全生产投入

第五十四条　《安全生产法》规定生产经营单位应当具备安全生产条件所必须资金投入，并由生产经营单位决策机构、主要负责人予以保证。长期以来，安全投入不足已成为安全发展的瓶颈。加大安全投入，确保安全资金的使用，是实现企业生产持续发展必要手段。

第五十五条　安全成本由两部分组成：一是控制成本。即为了保证工程项目施工安全与人身安全发生费用。二是事故成本。即未达到安全生产而造成损失。事故成本包括设备损坏费、事故处理费、停工费、返工损失费、复检费、间接损失费、诉讼费、被索赔费、罚款、维修费、复工安全条件认证费、保险费增加等费用。

第五十六条 控制成本是安全保证费用,与安全管理水平成正比关系;事故成本为损失性费用,与安全管理水平成反比。事故成本隐含着巨大经济损失,甚至是灾难性损失。因此,工程项目必须保证控制成本投入,以降低事故成本。

第五十七条 对建设单位列入建设工程概算安全生产资金应用于施工安全防护用具及设施采购和更新、安全施工措施落实、安全生产条件改善。并做到专款专用,不得挪作他用。

第五十八条 由施工单位自身投入安全生产资金也是工程项目安全生产重要经济保障。主要包括:文明施工支出,现场临时设施支出,安全施工支出,安全防护设备购置、改造支出,劳动安全防护用品、安全类保险支出,直接支付分包单位安全费用支出,安全宣传教育培训支出,安全保证体系认证、安全评价及检验检测支出,安全隐患整改、危险性较大工程安全专项方案专家论证支出,保障安全生产施工工艺与技术研发支出,购置应急救援器材、设备、应急救援演练、应急救援及事故处理、赔偿支出,安全管理机构工作经费支出,其他与安全生产直接相关支出。

第五十九条 开展安全成本统计核算,通过各项费用所在占比重,找出本工程项目安全管理中存在问题,有的放矢地改进管理,以必要控制成本投入,提高工程项目经济效益和社会效益。

第十章 生产安全事故的应急救援

第六十条 为积极应对可能发生安全事故,高效、有序地组织开展安全事故抢险救灾工作,最大限度地减少人员伤亡和财产损失,防止故障成本异常,工程项目经理部应针对建设工程施工特点、范围,对施工现场易发生重大事故部位、环节进行监控,制定施工现场生产安全事故应急救援预案并定期组织演练。

实行施工总承包,由总包单位统一组织编制工程项目生产安全事故应急救援预案。

第六十一条 项目经理部应根据制定生产事故应急预案组建应急救援队,根据不同突发事故,组建 10 ~ 30 人应急救援队。应急救援队工作包括实施抢险预案、抢救人员、抢救财物、维护秩序等,应急救援队人员有明确分工。

第六十二条 项目经理部应根据制定生产事故应急预案在工作车间、施工工区、生活营区备足与突发事故救援相适应各种应急工具和器材,经常对工具与器材进行保养与更新,保证完好与使用。在突发事故时,保证通讯设备完好与畅通

第六十三条 应急事故救援物资提前足量储备,单独储存保管,不能挪作它用。材料不合格、不能满足设计要求,不能进场。

应急救援设备和机械提前落实,救援指挥车辆、救援工程车辆、医疗卫生车与司机,保持良好状态。确保应急救援工作需要。

第六十四条 一旦发生突发事故,项目经理部应迅速采取有效措施,由应急工作领导小组统一指挥,协调行动,快速召集突发事故应急救援队,各有关部门和人员通力合作,相互配合,协同作战,采取积极措施,控制事故态势发展,以减少与之有关伤害和不利环境影响。与此同时,立即向建设单位、监理单位和当地政府有关部门报告。

第十一章 事故报告和处理

第六十五条 项目经理部要严格执行国家《企业职工伤亡事故报告和处理规定》、《国务

院关于特大安全事故行政责任追究的规定》和《生产安全事故报告和调查处理条例》，认真、严肃、实事求是地做好员工伤亡事故的报告统计和处理工作。严禁瞒报事故。

第六十六条　事故报告

1. 项目经理部凡发生员工（包括合同工、临时工、季节性民工、计划外用工）一次重伤三人以上事故或职工死亡事故（含因工、非因工、交通事故）以及分包企业员工死亡事故，应立即电话报建设单位、当地安全生产监管部位和上级主管单位，并在事故发生2小时内书面报告上述单位，任何人不得瞒报、迟报或拖延不报；

2. 凡在国有公路上发生交通亡人事故，按规定上报上级主管部门；

3. 凡因我方责任而造成的既有线中断行车事故，立即报告建设单位和上级公司主管部门；

第六十七条　事故调查。事故调查由按照事故程度由当地安全生产监管部门负责，我方给予配合。

1. 发生三人以下重伤事故，由子公司安全主管部门参加配合当地安全生产监管部门事故调查，督促现场整改；

2. 发生员工因工死亡二人以下事故及一次重伤三人以上事故，由局集团公司派员参加配合当地安全生产监管部门事故调查，并督促现场整改；

3. 发生一次死亡三人及三人以上的重、特大事故，由总公司派员参加配合当地安全生产监管部门事故调查，并督促现场整改。

第六十八条　事故处理。按"四不放过"原则严格事故处理，对因违章指挥，违章作业，玩忽职守造成伤亡事故的，按规定对事故责任者给予行政处分和必要经济处罚。构成犯罪的由司法机关依法追究刑事责任。

第十二章　奖　　罚

第六十九条　凡在安全生产工作中做出成绩的单位和个人，给予奖励；对发生事故的单位和责任者，给予处罚，直至追究刑事责任。

第七十条　奖励

1. 单位获得国家、行业评选的安全生产先进单位或安全标准工地等称号的，各集团公司按规定给予通报表彰并奖励；

2. 个人安全生产奖。对于长期在基层安全管理岗位工作，成绩突出的，经二级次企业（单位）向总公司推荐，经总公司考核符合奖励条件的，每年进行通报表彰，并颁发安全生产工作者荣誉证书和奖励；

3. 对于在施工现场出现重大险情时，报告及时、预防得力、控制危险源和事故应急救援响应正确，阻止重大事故发生或扩大的有功人员，经工程项目经理部和各级推荐，总公司给予通报表彰并奖励；

4. 安全质量标准工地奖：各单位在安全质量标准工地创建活动中，安全生产和工程质量双达标，报经总公司验收符合标准，被评为总公司安全质量标准工地的工程项目，分别给予通报表彰并颁发奖状。

第七十一条　惩罚

1. 对发生员工（含外部劳务）伤亡事故的项目经理部，按下列规定给予经济处罚：

（1）发生一次负伤5人及以上事故的，每负伤1人处以罚款1万元；

(2)发生一次重伤3人以上事故的,每负伤1人处以罚款2万元;

(3)发生一次1~2人死亡事故的,每死亡1人处以罚款4万元;

(4)发生一次3~9人死亡事故的,每死亡1人处以罚款5万元;

(5)发生一次10人以上死亡事故的,每死亡1人处以罚款6万元。

2. 发生员工非因工责任死亡事故的单位给予经济处罚:

(1)发生一次1~2人死亡事故的,每死亡1人处以罚款1万元。

(2)发生一次死亡3人及以上事故的,每死亡1人处以罚款2万元。

3. 发生分包企业职工因工责任死亡事故后对总包单位的经济处罚:

(1)发生一次1~2人死亡事故的,每死亡1人处以罚款2万元;

(2)发生一次死亡3人及以上事故的,每死亡1人处以罚款3万元。

4. 因违章施工危及铁路行车安全,发生行车险性及以上事故的经济处罚:

(1)发生一般事故的,一次处以罚款1万元;

(2)发生险性事故的,一次处以罚款5万元;

(3)发生重大事故的,一次处以罚款10万元;

5. 重大经济损失事故经济处罚。项目经理部发生机械设备或火灾、锅炉压力容器爆炸等事故,一次造成经济损失达20万元以上的,处以罚款1~5万元。

6. 对延报、谎报、隐瞒事故被地方政府主管部门查处或被媒体曝光的,要加倍处罚。并追究有关领导人员的责任。已获得奖励和奖金的,追回奖励和奖金。

事故罚款按总公司(局集团公司)签发的《罚款通知单》办理,事故单位在接到通知单后十五日内向总公司(局集团公司)财务部门办理付款手续,不得拒付或故意拖延。总公司(局集团公司)财务部门列入有关科目,作为安全专项基金。由安全管理部门统一掌握使用。

附件1:

建筑施工安全检查评分汇总表(表1—17)

企业名称:　　　　经济类型:　　　　资质等级:

<table>
<tr><td rowspan="2">单位工程(施工现场)名称</td><td rowspan="2">建筑面积(m^2)</td><td rowspan="2">结构类型</td><td rowspan="2">总计得分(满分分值100分)</td><td colspan="10">项目名称及分值</td></tr>
<tr><td>安全管理(满分分值为10分)</td><td>文明施工(满分分值为20分)</td><td>脚手架(满分分值为10分)</td><td>基坑支护与模板工程(满分分值为20分)</td><td>“三宝”、“四口”防护(满分分值为10分)</td><td>施工用电(满分分值为10分)</td><td>物料提升机与外用电梯(满分分值为10分)</td><td>塔吊(满分分值为10分)</td><td>起重吊装(满分分值为5分)</td><td>施工机具(满分分值为5分)</td></tr>
<tr><td></td><td></td><td></td><td></td><td></td><td></td><td></td><td></td><td></td><td></td><td></td><td></td><td></td><td></td></tr>
<tr><td colspan="14">评语:</td></tr>
<tr><td colspan="2">检查单位</td><td colspan="2"></td><td>负责人</td><td colspan="2"></td><td colspan="2">受检项目</td><td colspan="3"></td><td>项目经理</td><td></td></tr>
</table>

安全管理检查评分表(表1)

序号	检查项目		扣　分　标　准	扣减	实得
1	保证项目	安全生产责任10分	未建立安全责任制的扣10分;各级各部门未执行责任制的扣4~6分;经济承包中无安全生产指标的扣10分;未制订各工种安全技术操作规程的扣10分;未按规定配备专(兼)职安全员的扣10分管理人员责任制考核不合格的扣5分		
2		目标管理10分	未制订安全管理目标(伤亡控制指标和安全达标、文明施工目标)的扣10分;未进行安全责任目标分解的扣10分;无责任目标考核规定的扣8分考核办法未落实或落实不好的扣5分		
3		施工组织设计10分	施工组织设计中无安全措施,扣10分;施工组织设计未经审批,扣10分;专业性较强的项目,未单独编制专项安全施工组织设计,扣8分;安全措施不全面,扣2~4分;安全措施无针对性,扣6~8分;安全措施未落实,扣8分		
4		分部(分项)工程安全技术交底10分	无书面安全技术交底扣10分;交底针对性不强扣4~6分;交底不全面扣4分;交底未履行签字手续扣2~4分		
5		安全检查10分	无定期安全检查制度扣5分;安全检查无记录扣5分;检查出事故隐患整改做不到定人、定时间、定措施扣2~6分;对重大事故隐患整改通知书所列项目未如期完成扣5分		
6		安全教育10分	无安全教育制度扣10分;新入厂工人未进行三级安全教育扣10分;无具体安全教育内容扣6~8分变换工种时未进行安全教育扣10分;每有一人不懂本工种安全技术操作规程扣2分;施工管理人员未按规定进行年度培训的扣5分;专职安全员未按规定进行年度培训考核或考核不合格扣5分		
7	一般项目	班前安全活动10分	未建立班前安全活动制度,扣10分 班前安全活动无记录,扣2分		
8		持证上岗10分	一人未经培训从事特种作业,后4分 一人未持操作证上岗,扣2分		
9		工伤事故处理10分	工伤事故未按规定报告,扣3~5分 工伤事故未按事故调查分析规定处理,扣10分 未建立工伤事故档案,扣4分		
10		安全标志10分	无现场安全标志布置总平面图,扣5分 现场未按安全标志总平面图设置安全标志的,扣5分		
检查项目合计					

文明施工检查评分表(表2)

序号	检查项目		扣　分　标　准	扣减	实得
1	保证项目	现场围挡10分	在市区主要路段的工地周围未设置高于2.5 m的围挡扣10分;一般路段的工地周围未设置高于1.8 m的围挡扣10分;围挡材料不坚固、不稳定、不整洁、不美观的扣5~7分;围挡没有沿工地四周连续设置的扣3~5分;		
2		封闭管理10分	施工现场进出口无大门的扣3分;无门卫和无门卫制度的扣3分;进入施工现场不佩戴工作卡的扣3分;门头未设置企业标志的扣3分;		
3		施工场地10分	工地地面未做硬化处理的扣5分;道路不畅通的扣5分;无排水设施、排水不通畅的扣4分;无防止泥浆、污水、废水外流或堵塞下水道和排水河道措施的扣3分;工地有积水的扣2分;工地未设置吸烟处、随意吸烟的扣2分;温暖季节无绿化布置的扣4分;		
4		材料堆放10分	建筑材料、构件、料具不按总平面布局堆放的扣4分;料堆未挂名称、品种、规格等标牌的扣2分;堆放不整齐的扣3分;未做到工完场地清的扣3分;建筑垃圾堆放不整齐、未标出名称、品种的扣3分;易燃易爆物品未分类存放的扣4分;		
5		现场住宿10分	在建工程兼作住宿的扣8分;施工作业区与办公、生活区不能明显划分的扣6分;宿舍无保暖和防煤气中毒措施的扣5分;宿舍无消暑和防蚊虫叮咬措施的扣3分;无床铺、生活用品放置不整齐的扣2分;宿舍周围环境不卫生、不安全的扣3分;		
6		现场防火10分	无消防措施、制度或无灭火器材的扣10分灭火器材配置不合理的扣5分;无消防水源(高层建筑)或不能满足消防要求的扣8分;无动火审批手续和动火监护扣5分		

续上表

序号	检查项目		扣分标准	扣减	实得
7	一般项目	综合治理 8分	生活区未给工人设置学习和娱乐场所的扣4分未建立治安保卫制度的、责任未分解到人的扣3~5分治安防范措施不利，常发生失盗事件的扣3~5分		
8		现场标牌 8分	大门口处挂的五牌一图、内容不全，缺一项扣2分；标牌不规范、不整齐的扣3分；无安全标语，扣5分；无宣传栏、读报栏、黑板报等，扣5分		
9		生活设施 8分	厕所不符合卫生要求，扣4分；无厕所，随地大小便，扣8分；食堂不符合卫生要求，扣8分；无卫生责任制，扣5分；不能保证供应卫生饮水的，扣10分；无淋浴室或淋浴室不符合要求，扣5分；生活垃圾未及时清理，未装容器，无专人管理的，扣3~5分		
10		保健急救 8分	无保健医药箱的扣5分；无急救措施和急救器材的扣8分；无经培训的急救人员，扣4分；未开展卫生防病宣传教育的，扣4分		
11		社区服务 8分	无防粉尘、防噪音措施的扣5分；夜间未经许可施工的扣8分；现场焚烧有毒、有害物质的扣5分；未建立施工不扰民措施的扣5分		
检查项目合计					

落地式外脚手架检查评分表（表3）

序号	检查项目		扣分标准	扣减	实得
1	保证项目	施工方案 10分	脚手架无施工方案的扣10分；脚手架高度超过规范规定无设计计算书或未经审批的扣10分；施工方案不能指导施工的扣5~8分		
2		立杆基础 10分	每10延长米立杆基础不平、不实、不符合方案设计要求的扣2分；每10延长米立杆缺少底座、垫木的扣5分；每10延长米无扫地杆的扣5分；每10延长米木脚手架立杆不埋地或无扫地杆的扣5分；每10延长米无排水措施的扣3分		
3		架体与建筑结构拉结 10分	脚手架高度在7 m以上，架体与建筑结构拉结，按规定要求每少一处的扣2分；拉结不坚固每一处的扣1分		
4		杆件间距与剪力撑 10分	每10延长米立杆、大横杆、小横杆间距超过规定要求的每一处扣2分；不按规定设置剪力撑的每一处扣5分；剪力撑未沿脚手架高度连续设置或角度不符合要求的扣5分		
5		脚手板与防护栏杆 10分	脚手板不满铺，扣7~10分；脚手板材质不符合要求的，扣7~10分；每有一处探头板扣2分；脚手架外侧未设置密目式安全网的，或网间不严密，扣7~10分；施工层不设1.2 m高防护栏杆和挡脚板，扣5分		
6		交底与验收 10分	脚手架搭设前无交底，扣5分；脚手架搭设完毕未办理验收手续，扣10分；无量化的验收内容，扣5分		
7	一般项目	小横杆设置 10分	不按立杆与大横杆交点处设置小横杆的每有一处，扣2分；小横杆只固定一端的每有一处，扣1分；单排架子小横杆插入墙内小于24 cm的每有一处，扣2分		
8		杆件搭接 5分	木立杆、大横杆每一处搭接小于1.5米，扣1分钢管立杆采用搭接的每有一处扣2分		
9		架体内封闭 5分	施工层以下每隔10 m未用平网或其他措施封闭的扣5分施工层脚手架内立杆与建筑物之间未进行封闭的扣5分		
10		脚手架材质 5分	木杆直径、材质不合要求的扣4~5分钢管弯曲、锈蚀严重的扣4~5分		
11		通　道 5分	架体不设上下通道的扣5分；通道设置不符合要求的扣1~3分；		
12		卸料平台 10分	卸料平台未经设计计算扣10分；卸料平台搭设不符合设计要求扣10分；卸料平台支撑系统与脚手架连接的扣8分；卸料平台无限定荷载标牌的扣3分		
检查项目合计					

悬挑式脚手架检查评分表(表4)

序号	检查项目		扣分标准	扣减分数	实得分数
1	保证项目	施工方案 10分	脚手架无施工方案、设计计算书或未经上级审批的扣10分;施工方案中搭设方法不具体的扣6分		
2		悬挑梁及架体稳定 20分	外挑杆件与建筑结构连接不牢固的每有一处扣5分 悬挑梁安装不符合设计要求的每有一处扣5分 立杆底部固定不牢的每有一处扣3分 架体未按规定与建筑结构拉结的每有一处扣5分		
3		脚手板 10分	脚手板铺设不严、不牢,扣7~10分 脚手板材质不符合要求,扣7~10分 每有一处探头板,扣2分		
4		荷载 10分	脚手架荷载超过规定,扣10分 施工荷载堆放不均匀每有一处,扣5分		
5		交底验收 10分	脚手架搭设不符合方案要求,扣7~10分 每段脚手架搭设后,无验收资料,扣5分 无交底记录,扣5分		
6	一般项目	杆件间距 10分	每10延长米立杆间距超过规定,扣5分 大横杆间距超过规定,扣5分		
7		架体防护 10分	施工层外侧未设置1.2 m高防护栏杆和未设18 cm高的踏脚板,扣5分 脚手架外侧不挂密目式安全网或网间不严密,扣7~10分		
8		层间防护 10分	作业层下无平网或其他措施防护的扣10分 防护不严密扣5分		
9		脚手架材质 10分	杆件直径、型钢规格及材质不符合要求扣7~10分		
检查项目合计					

门型脚手架检查评分表(表5)

序号	检查项目		扣分标准	扣减分数	实得分数
1	保证项目	施工方案 10分	脚手架无施工方案,扣10分 施工方案不符合规范要求,扣5分 脚手架高度超过规范规定、无设计计算书或未经上级审批,扣10分		
2		架体基础 10分	脚手架基础不平、不实、无垫木,扣10分 脚手架底部不加扫地杆,扣5分		
3		架体稳定 10分	不按规定间距与墙体拉结的每有一处扣5分 拉结不牢固的每有一处扣5分 不按规定设置剪刀撑的扣5分 不按规定高度作整体加固的扣5分 门架立杆垂直偏差超过规定的扣5分		
4		锁件杆件 10分	未按说明书规定组装,有漏装杆件和锁件的扣6分 脚手架组装不牢,每一处紧固不合要求的扣1分		
5		脚手板 10分	脚手板不满铺,离墙大于10 cm以上的扣5分 脚手板不牢、不稳、材质不合要求的扣5分		
6		交底与验收 10分	脚手架搭设无交底,扣6分 未办理分段验收手续,扣4分 无交底记录,扣5分		
7	一般项目	架体防护 10分	脚手架外侧未设置1.2 m高防护栏杆和18 cm高的挡脚板,扣5分 架体外侧未挂密目式安全网或网间不严密,扣7~10分		
8		材　质 10分	杆件变形严重的扣10分局部开焊的扣10分 杆件锈蚀未刷防锈漆的扣5分		
9		荷　载 10分	施工荷载超过规定的扣10分 脚手架荷载堆放不均匀的每有一处扣5分		
10		通　道 10分	不设置上下专用通道的扣10分 通道设置不符合要求的扣5分		
检查项目合计					

挂脚手架检查评分表(表6)

序号	检查项目		扣 分 标 准	扣减分数	实得分数
1	保证项目	施工方案 10分	脚手架无施工方案、设计计算书,扣10分 施工方案未经审批,扣10分 施工方案措施不具体、指导性差,扣5分		
2		制作组装 20分	架体制作与组装不符合设计要求,扣17~20分 悬挂点无设计或设计不合理,扣20分 悬挂点部件制作及埋设不合设计要求,扣15分 悬挂点间距超过2 m,每有一处扣20分		
3		材 质 10分	材质不符合设计要求、杆件严重变形、局部开焊,扣12分 杆件、部件锈蚀未刷防锈漆,扣4~6分		
4		脚手板 10分	脚手板铺设不满、不牢扣8分 脚手板材质不符合要求的扣6分 每有一处探头板的扣8分		
5		交底与验收 10分	脚手架进场无验收手续,扣12分 第一次使用前未经荷载试验,扣8分 每次使用前未经检查验收或资料不全,扣6分 无交底记录,扣5分		
6	一般项目	荷 载 15分	施工荷载超过1 kN的扣5分 每跨(不大于2 m)超过2人作业的扣10分		
7		架体防护 15分	施工层外侧未设置1.2 m高防护栏杆和未作18 cm高的踏脚板,扣5分 脚手架外侧未用密目式安全网封闭或封闭不严,扣12~15分 脚手架底部封闭不严密,扣10分		
8		安装人员 10分	安装脚手架人员未经专业培训,扣10分 安装人员未系安全带,扣10分		
检查项目合计					

吊篮脚手架检查评分表(表7)

序号	检查项目		扣 分 标 准	扣减分数	实得分数
1	保证项目	施工方案 10分	无施工方案、无设计计算书或未经上级审批,扣10分 施工方案不具体、指导性差,扣5分		
2		制作组装 10分	挑梁锚固或配重等抗倾覆装置不合格,扣10分 吊篮组装不符合设计要求扣7~10分 电动(手扳)葫芦使用非合格产品,扣10分 吊篮使用前未经荷载试验,扣10分		
3		安全装置 20分	升降葫芦无保险卡或失效的扣20分 升降吊篮无保险绳或失效的扣20分 无吊钩保险的扣8分 作业人员未系安全带或安全带挂在吊篮升降用的钢丝绳上,扣17~20分		

续上表

序号	检查项目		扣 分 标 准	扣减分数	实得分数
4	保证项目	脚手板 5分	脚手板铺设不满、不牢,5分 脚手板材质不合要求,扣5分 每有一处探头板,扣2分		
5		升降操作 10分	操作升降的人员不固定和未经培训,扣10分 升降作业时有其他人员在吊篮内停留,扣10分 两片吊篮连在一起同时升降无同步装置或虽有但达不到同步的,扣10分		
6		交底与验收 5分	每次提升后未经验收上人作业的扣5分 提升及作业未经交底的扣5分		
7	一般项目	防　护 10分	吊篮外侧防护不符合要求的扣7～10分 外侧立网封闭不整齐的扣4分 单片吊篮升降两端头无防护的扣10分		
8		防护顶板 10分	多层作业无防护顶板的扣10分 防护顶板设置不符合要求,扣5分		
9		架体稳定 10分	作业时吊篮未与建筑结构拉牢,扣10分 吊篮钢丝绳斜拉或吊篮离墙空隙过大,扣5分		
10		荷　载 10分	施工荷载超过设计规定的扣10分 荷载堆放不均匀的扣5分		
检查项目合计					

附着式升降脚手架(整体提升架或爬架)检查评分表(表8)

序号	检查项目		扣 分 标 准	扣减分数	实得分数
1	保证项目	使用条件 10分	未经建设部组织鉴定并发放生产和使用证的产品,扣10分;不具有当地建筑安全监督管理部门发放的准用证,扣10分;无专项施工组织设计,扣10分;安全施工组织设计未经上级技术部门审批的扣10分;各工种无操作规程的扣10分		
2		设计计算 10分	无设计计算书的扣10分;设计计算书未经上级技术部门审批的扣10分;设计荷载未按承重架3.0 kN/m^2,装饰架2.0 kN/m^2,升降状态0.5 kN/m^2 取值的扣10分;压杆长细比大于150,受拉杆件的长细比大于300的扣10分;主框架、支撑模架(桁架)各节点的各杆件轴线不汇交于一点的扣6分;无完整的制作安装图的扣10分		
3		架体构造 10分	无定型(焊接或螺栓联接)的主框架的扣10分;相邻两主框架之间的架体无定型(焊接或螺栓联接)的支撑框架(桁架)的扣10分;主框架间脚手架的立杆不能将荷载直接传递到支撑框架上的扣10分;架体未按规定构造搭设的扣10分;架体上部悬臂部分大于架体高度的1/3,且超过4.5 m的扣8分;支撑框架未将主框架作为支座的扣10分		
4		附着支撑 10分	主框架未与每个楼层设置连接点的扣10分;钢挑架与预埋钢筋环连接不严密的扣10分;钢挑架上的螺栓与墙体连接不牢固或不符合规定的扣10分;钢挑架焊接不符合要求的扣10分		
5		升降装置 10分	无同步升降装置或有同步升降装置但达不到同步升降的扣10分;索具、吊具达不到6倍安全系数的扣10分;有两个以上吊点升降时,使用手拉葫芦(导链)的扣10分;升降时架体只有一个附着支撑装置的扣10分;升降时架体上站人的扣10分		
6		防坠落、导向防倾斜装置 10分	无防坠装置的扣10分;防坠装置设在与架体升降的同一个附着支撑装置上,且无两处以上的扣10分;无垂直导向和防止左右、前后倾斜的防倾装置扣10分;防坠装置不起作用的扣7～10分		

续上表

序号	检查项目		扣 分 标 准	扣减分数	实得分数
7	一般项目	分段验收 10 分	每次提升前，无具体的检查记录的扣 6 分；每次提升后，使用前无验收手续或资料不全的扣 7 分		
8		脚手板 10 分	脚手板铺设不严不牢的扣 3 ~ 5 分；离墙空隙未封严的扣 3 ~ 5 分；脚手板材质不符合要求的扣 3 ~ 5 分		
9		防 护 10 分	脚手架外侧使用的密目式安全网不合格的扣 10 分操作层无防护栏杆的扣 8 分；外侧封闭不严的扣 5 分；作业层下方封闭不严的扣 5 ~ 7 分		
10		操 作 10 分	不按施工组织设计搭设的扣 10 分；操作前未向现场技术人员和工人进行安全交底的扣 10 分；作业人员未经培训，未持证上岗又未定岗位的扣 7 ~ 10 分；安装、升降、拆除时无安全警戒线的扣 10 分；荷载堆放不均匀的扣 5 分；升降时架体上有超过 2 000 N 重的设备的扣 10 分		
检查项目合计					

基坑支护安全检查评分表（表 9）

序号	检查项目		扣 分 标 准	扣减分数	实得分数
1	保证项目	施工方案 20 分	基础施工无支护方案的扣 20 分 施工方案针对性不能指导施工的扣 12 ~ 15 分 基坑深度超过 5 米无专项支护设计的扣 20 分 支护设计及方案未经上级审批的扣 15 分		
2		临边防护 10 分	深度超过 2 米的基坑施工无临边防护措施的扣 10 分 临边及其他防护不符合要求的扣 5 分		
3		坑壁支护 10 分	坑槽开挖设置安全边坡不符合安全要求的扣 10 分 特殊支护的做法不符合设计方案的扣 5 ~ 8 分 支护设施已产生局部变形又未采取措施调整的扣 6 分		
4		排水措施 10 分	基坑施工未设置有效排水措施的扣 10 分 深基坑施工采用坑外降水，无防止临近建筑危险沉降措施的扣 10 分		
5		坑边荷载 10 分	积土、料具堆放距槽边距离小于设计规定的扣 10 分 机械设备施工与槽边距离不符合要求，又无措施的扣 10 分		
6	一般项目	上下通道 10 分	人员上下无专用通道的扣 10 分 设置的通道不符合要求的扣 6 分		
7		土方开挖 10 分	施工机械进场未经验收的扣 5 分 挖土机作业时，有人员进入挖土机作业半径内的扣 6 分 挖土机作业位置不牢，不安全的扣 10 分 司机无证作业的扣 10 分 未按规定程序挖土或超挖的扣 10 分		
8		基坑支护变形检测 10 分	未按规定进行基坑支护变形检测的扣 10 分 未按规定对毗邻建筑物和重要官线和道路进行沉降观测的扣 10 分		
9		作业环境 10 分	基坑内作业人员无安全立足点的扣 10 分 垂直作业上下无隔离防护措施的扣 10 分 光线不足未设置足够照明的扣 5 分		
检查合计					

模板工程安全检查评分表(表10)

序号	检查项目		扣　分　标　准	扣减分数	实得分数
1	保证项目	施工方案 10分	模板工程无施工方案或施工方案未经审批的扣10分 未根据混凝土输送方法制定有针对性安全措施的扣8分		
2		支撑系统 10分	现浇混凝土模板的支撑系统无设计计算的扣6分 支撑系统不符合设计要求的扣10分		
3		立柱稳定 10分	支撑模板的立柱材料不符合要求的扣6分 立柱底部无垫板或用砖垫高的扣6分 不按规定设置纵横向支撑的扣6分 立柱间距不符合规定的扣10分		
4		施工荷载 10分	模板上施工荷载超过规定的扣10分 模板上堆料不均匀的扣5分		
5		模板存放 10分	大模板存放无倾倒措施的扣5分 各种模板存放不整齐,过高等不符合要求的扣8分		
6		支拆模板 10分	2 m以上高处作业无可靠立足点的扣8分 拆除区域未设置警戒线且无监护人的扣5分 留有未拆除的悬空模板的扣4分		
7	一般项目	模板验收 10分	模板拆除前未经拆模申请标准的扣5分 模板工程无验收手续的扣6分 验收单无量化验收内容的扣4分 支拆模板未进行安全技术交底的扣5分		
8		混凝土强度 10分	模板拆除前无混凝土强度报告的扣5分 混凝土强度未达规定提前拆模的扣8分		
9		运输道路 10分	在模板上运输混凝土无走道垫板的扣7分 走道垫板不稳不牢的扣3分		
10		作业环境 10分	作业面孔洞及临边无防护措施的扣10分 垂直作业上下无隔离防护措施的扣10分		
检查项目合计					

“三宝”、“四口”防护检查评分表(表11)

序号	检查项目	扣　分　标　准	扣减分数	实得分数
1	安全帽 20分	有一人不戴安全帽的扣5分 安全帽不符合标准的每发现一顶扣1分 不按规定佩戴安全帽的有一人扣1分		
2	安全网 25分	在建工程外侧未用密目安全网封闭的扣25分 安全网规格、材质不符合要求的扣25分 安全网未取得建筑安全监督管理部门准用证的扣25分		
3	安全带 10分	每有一人未系安全带的扣5分 有一人安全带系挂不符合要求的扣3分 安全带不符合标准,每发现一条扣2分		

续上表

序号	检查项目	扣分标准	扣减分数	实得分数
4	楼梯口、电梯井口防护 12分	每一处无防护措施的口5分 每一处防护措施不符合要求或不严密的扣3分 防护设施未形成定型化、工具化的扣6分 电梯井内每隔两层(不大于10 m)少一道平网的扣6分		
5	预留洞口、坑井防护 13分	每一处无防护措施,扣7分 防护设施未形成定型化、工具化的扣6分 每一处防护措施不符合要求或不严密的扣3分		
6	通道口防护 10分	每一处无防护棚,扣5分 每一处防护不严,扣2~3分 每一处防护棚不牢固,材质不符合要求,扣3分		
7	阳台、楼板、屋面等临边防护 10分	每一处临边无防护的扣5分 每一处临边防护不严、不符合要求的扣3分		
	检查项目合计			

施工用电检查评分表(表12)

序号	检查项目		扣分标准	扣减分数	实得分数
1	保证项目	外电防护 20分	小于安全距离又无防护措施的扣20分 防护措施不符合要求、封闭不严格的扣5~10分		
2		接地与接零护系统 10分	工作接地与重复接地不符合要求的扣7~10分 未采用TN-S系统的扣10分 专用保护零线设置不符合要求的扣5~8分 保护零线与工作零线混接的扣10分		
3		配电箱开关箱 20分	不符合“三级配电两极保护”要求的扣10分;开关箱(末级)无漏电保护或保护器失灵,每一处扣5分;漏电保护装置参数不匹配,每发现一处扣2分;电箱内无隔离开关每一处扣2分;违反“一机、一闸、一漏、一箱”的每一处扣5~7分;安装位置不当、周围杂物多等不便操作的每一处扣5分;闸具损坏、闸具不符合要求的每一处扣5分;配电箱内多路配电无标记的每一处扣5分;电箱下引出线混乱每一处扣2分;电箱无门、无锁、无防雨措施的每一处扣2分		
4		现场照明 10分	照明专用回路无漏电保护扣5分;灯具金属外壳未作接零保护的每1处扣2分;室内线路几灯具安装高度低于2.4 m未使用安全电压供电的扣10分;潮湿作业未使用36 V以下安全电压的扣10分;使用36 V安全电压照明线路混乱和接头处未用绝缘布包扎扣5分;手持照明灯未使用36 V及以下电源供电扣10分		
5	一般项目	配电线路 15分	电线老化、破皮未包扎的每一处扣10分;线路过道无保护的每一处扣5分;电杆,横担不符合要求的扣5分;架空线路不符合要求的扣7~10分;未使用五芯线(电缆)的扣10分;使用四芯电缆外加一根线替代五芯电缆的扣10分;电缆架设和埋设不符合要求的扣7~10分		
6		电器装置 10分	闸具、熔断器参数与设备容量不匹配、安装不合要求的每一处扣3分;用其他金属丝代替熔丝的扣10分		
7		变配电装置 5分	不符合安全规定的扣3分		
8		用电档案 10分	无专项用电施工组织设计的扣10分 无地极阻值摇测记录的扣4分 无电工巡视维修记录或填写不真实的扣4分 档案乱、内容不全、无专人管理的扣3分		
	检查项目合计				

物料提升机(龙门架、井字架)检查评分表(表13)

序号	检查项目			扣分标准	扣减分数	实得分数
1	保证项目	架体制作 8分		无设计计算书或未经上级审批扣8分;架体制作不符合设计要求和规范要求的扣5~8分;使用厂家生产的产品,无建筑安全监督管理部门准用证的扣9分		
2		限位保险装置 8分		吊蓝无停靠装置的扣8分;停靠装置未形成定型化的扣5分;无超高限位装置的扣5分;使用摩擦式卷扬机超高限位采用断电方式的扣9分;高架提升机无下极限限位器、缓冲器或无超载限制器的每一项扣3分		
3		架体稳定 8分	缆风绳	架高20 m以下时设一组,20~30 m设两组,少一组扣8分;缆风绳不使用钢丝绳的扣8分;钢丝绳直径小于9.3 mm或角度不符合45°~60°的扣4分;地锚不符合要求的扣4~7分		
			建筑结构连接	连墙杆的位置不符合规范要求的扣5分;连墙杆连接不牢的扣5分;连墙杆与脚手架连接不牢的扣9分;连墙杆材质或连接做法不符合要求的扣5分		
4		钢丝绳 8分		钢丝绳磨损已超过报废标准的扣8分;钢丝绳锈蚀、缺油的扣2~4分;绳卡不符合规定的扣2分;钢丝绳无过路保护的扣2分;钢丝绳拖地,扣2分		
5		楼层卸料平台防护 6分		卸料平台两侧无防护栏杆或防护不严的扣2~4分;平台脚手板搭设不严、不牢的扣2~4分;平台无防护门或不起作用的每一处扣2分;防护门未形成定型化、工具化的扣4分;地面进料口无防护棚或不符合要求的扣2~4分		
6		吊蓝 6分		吊蓝无安全门的扣8分;安全门未形成定型化、工具化的扣4分;高架提升机不使用吊笼的扣4分;违章乘坐吊蓝上下的扣8分;吊蓝提升使用单根钢丝绳的扣8分		
7		安装验收 8分		无验收手续和责任人签字的扣9分 验收单无量化验收内容的扣5分		
8	一般项目	架体 9分		架体安装拆除无施工方案的扣9分;架体基础不符合要求的扣6~9分;架体垂直偏差超过规定的扣6分架体与吊蓝间隙超过规定的扣4分;架体外侧无立网防护或防护不严的扣4分;摇臂把杆未经设计的或安装不符合要求或无保险绳的扣8分;井字架开口处未加固的扣4分		
9		传动系统 10分		卷扬机地锚不牢固,扣5分;卷筒钢丝绳缠绕不整齐,扣3分;第一个导向滑轮距离不小于15倍卷筒宽度的扣5分;滑轮翼缘破损或与架体柔性连接,扣4分卷筒上无防止钢丝绳滑脱保险装置,扣8分;滑轮与钢丝绳不匹配的扣4分		
10		联络信号 7分		无联络信号的扣7分 信号方式不合理、不准确的扣2~4分		
11		卷扬机操作棚 7分		卷扬机无操作棚的扣7分 操作棚不符合要求的扣3~5分		
		避　雷 7分		防雷保护范围以外无避雷装置的扣7分 避雷装置不符合要求的扣4分		
检查项目合计						

外用电梯(人货两用电梯)检查评分表(表14)

序号	检查项目		扣分标准	扣减分数	实得分数
1	保证项目	安全装置 10分	吊笼安全装置未经试验或不灵敏的扣10分 门连锁装置不起作用的扣10分		
2		安全保护 10分	地质吊笼出入口无防护棚的扣8分 防护棚材质搭设不符合要求的扣4分 每层卸料口无防护门的扣10分 有防护门不使用的扣6分 卸料台口搭设不符合要求的扣6分		

续上表

序号	检查项目		扣分标准	扣减分数	实得分数
3	保证项目	司机 10分	司机无证上岗作业的扣10分 每班作业前不按规定试车的扣5分 不按规定交接班或无交接记录的扣5分		
4		荷载 10分	超过规定承载人数无控制措施的扣10分 超过规定重量无控制措施的扣10分 未加配重载人的扣10分		
5		安装与拆卸 10分	未制定安装拆卸方案的扣10分 拆装队伍没有取得资格证书的扣10分		
6		安装验收 10分	电梯安装后无验收或拆装无交底的扣10分 验收单上无量化验收内容的扣5分		
		小计			
7	一般项目	架体稳定 10分	架体垂直度超过说明书规定的扣7~10分 架体与建筑结构附着不符合要求的扣7~10分 架体附着装置与脚手架连接的扣10分		
8		联络信号 10分	无联络信号,扣10分 信号不准确,扣6分		
9		电气安全 10分	电气安装不符合要求的扣10分 电气控制无漏电保护装置的扣10分		
10		避雷 10分	在避雷保护范围外无避雷装置的扣10分 避雷装置不符合要求的扣5分		
		小计			
检查项目合计					

塔吊检查评分表(表15)

序号	检查项目		扣分标准	扣减分数	实得分数
1	保证项目	力矩限制器 13分	无力矩限制器,扣13分 力矩限制器不灵敏,扣13分		
2		限位器 10分	无超高、变幅、行走限位的每项扣5分 限位器不灵敏的每项扣5分		
3		保险装置 10分	吊钩无保险装置,扣10分;卷扬机滚筒无保险装置,扣10分;上人爬梯护圈或护圈不符合要求,扣10分		
4		附墙装置与夹轨钳 10分	塔吊高度超过规定不安装附墙装置的扣10分;附墙装置安装不符合说明书要求的扣3~7分;无夹轨钳,扣10分;有夹轨钳不用每一处,扣3分		
5		安装与拆卸 10分	未制定安装拆卸方案的扣10分 作业队伍没有取得资格证的扣10分		
6		塔吊指挥 7分	司机无证上岗,扣7分;指挥无证上岗,扣4分;高塔指挥不使用旗语或对讲机的扣7分		
		小计			

续上表

序号	检查项目		扣 分 标 准	扣减分数	实得分数
7	一般项目	路基与轨道 10分	路基不坚实,不平整,无排水措施,扣3分;枕木铺设不符合要求,扣3分;道钉与接头螺栓数量不足,扣3分;规矩偏差超过规定的,扣2分;轨道无极限位置阻挡器,扣5分;高塔基础不符合设计要求,扣10分		
8		电气安全 10分	行走塔吊无卷线器或失灵,扣6分;塔吊与架空线路小于安全距离又无防护措施,扣10分;防护措施不符合要求,扣2~5分;道轨无接地、接零,扣4分接地、接零不符合要求,扣2分		
9		多塔作业 10分	两台以上塔吊作业、无防碰撞措施,扣10分 措施不可靠,扣3~7分		
10		安装验收 10分	安装完毕无验收资料或责任人签字的扣10分 验收单上无量化验收内容,扣5分		
		小 计			
检查项目合计					

起重吊装安全检查评分表(表16)

序号	检查项目			扣 分 标 准	扣减分数	实得分数
1	保证项目	施工方案 10分		起重吊装作业无方案,扣10分 作业方案未经上级审批或方案针对性不强,扣5分		
2		起重机械 20分	起重机	起重机无吊高和力矩限制器,扣10分;吊钩无保险装置,扣5分;起重机未取得准用证,扣20分起重机安装后未经验收,扣15分		
			起重扒杆	起重机扒杆无设计计算书或未经审批,扣20分 扒杆组装不符合设计要求,扣17~20分 扒杆使用前未经试吊,扣10分		
3		钢丝绳与地锚 10分		起重钢丝绳磨损、断丝超标的扣10分;滑轮不符合规定的扣4分;缆风绳安全系数小于3.5倍的扣8分;地锚埋设不符合设计要求,扣5分		
4		吊 点 10分		不符合设计规定位置的扣5~10分 索具使用不合理、绳径倍数不够的扣5~10分		
5		司机、指挥 10分		司机无证上岗的扣10分;非本机型司机操作的扣5分;指挥无证上岗的扣5分;高处作业无信号传递的扣10分		
		小计				
6	一般项目	地耐力 5分		作业路面地耐力不符合说明书要求的扣5分 地面铺垫措施达不到要求的扣3分		
7		起重作业 6分		被吊物体重量不明就吊装的扣3~6分;有超载作业情况的扣6分;每次作业前未经试吊检验的扣3分		
8		高空作业 9分		结构吊装未设置防坠落措施的扣9分;作业人员不系安全带或安全带无牢靠悬挂点的扣9分;人员上下无专设爬梯、斜道的扣5分		
9		作业平台 5分		起重吊装人员作业无可靠立足点的扣5分 作业平台临边防护不符合规定的扣2分 作业平台脚手板不满铺的扣3分		
10		构件堆放 5分		楼板堆放超过1.6 m高度的扣2分 其他物件堆放高度不符合规定的扣2分 大型构件堆放无稳定措施的扣3分		

续上表

序号	检查项目		扣 分 标 准	扣减分数	实得分数
11	一般项目	警 戒 5分	起重吊装作业无警戒标志,扣3分 本设专人警戒,扣2分		
12		操作工5分	起重工、电焊工无安全操作证上岗的每人扣2分		
		小 计			
检查项目合计					

施工机具检查评分表(表17)

序号	检查项目	扣 分 标 准	扣减分数	实得分数
1	平 刨 10分	平刨安装后无验收合格手续扣5分;无护手安全装置,扣5分;传动部位无防护罩扣5分;未做保护接零、无漏电保护器的,各扣5分;无人操作室未切断电源的扣3分;使用平刨和圆盘踞合用一台电机的多功能木工机具的,平刨和圆盘踞两项扣20分		
2	圆盘踞 10分	电锯安装后无验收合格手续的扣5分;无锯盘护罩、分料器、防护挡扳安全装置和传动部位无防护每缺一项扣5分;未做保护接零、无漏电保护器的,个扣5分;无人操作时未切断电源的扣3分		
3	手持电动工具 10分	Ⅰ类手持电动工具无保护接零的扣10分使用Ⅰ手持电动工具不按规定穿戴绝缘用品的扣5分使用手持电动工具随意接长电源线或更换插头的扣5分		
4	钢筋机械 10分	机械安装后无验收合格手续的扣5分;未做保护接零、无漏电保护器各扣5分;冷拉作业区及对焊作业区无防护措施的扣5分;传动部位无防护的扣3分		
5	电焊机 10分	电焊机安装后无验收合格手续的扣5分;未做保护接零、无漏电保护器的各扣5分;无二次空载降压保护器及无触电保护器的扣5分;一次线长度超过规定或不穿管保护的扣5分;电源不使用自动开关的扣3分;焊把线接头超过3处或绝缘老化的扣5分;电焊机无防雨罩的扣4分		
6	搅拌机 10分	搅拌机安装后无验收合格手续的扣5分;未做保护接零、无漏电保护器的各扣5分;离合器、制动器、钢丝绳达不到要求的每项扣3分;操作手柄无保险装置扣3分;搅拌机无防雨棚和作业台不安全的扣4分;料斗无保险挂钩或挂钩不使用的扣3分;传动部位无防护罩的扣4分;作业平台不平稳的扣3分		
7	气 瓶 10分	各种气瓶无标准色标的扣5分;气瓶间距小于5米、距明火小于10 m又无隔离措施的各扣5分;乙炔瓶使用或存放时平放的扣5分;气瓶存放不符合要求的扣5分;气瓶无防震圈和防护帽的每一个扣2分		
8	翻斗车 10分	翻斗车未取得准用证的扣5分;翻斗车制动装置不灵敏的扣5分;无证司机驾车的扣5分;行车载人或违章行车的每发现一处扣5分		
9	潜水泵 10分	未做保护接零、无漏电保护器的各扣5分 保护装置不灵敏、使用不合理的扣5分		
10	打桩机械 10分	未取得准用证和安装后无验收合格手续的扣5分;无超高限位装置的扣5分;行走路线地耐力不符合说明书要求的扣5分;打桩作业无方案的扣5分;打桩操作违反操作规程的扣5分		
检查项目合计				

附件 2：

暗挖施工安全检查考核标准评分汇总表（表 18—27）

企业名称：　　　　　　　经济类型：　　　　　　　资质等级：

施工现场名称	合同规模（万元）	承包工程标段	总计得满分100分	项目名称及分值											
				安全管理满分值（10分）	文明施工满分值（10分）	隧道掘进满分值（10分）	支护衬砌满分值（10分）	盖挖逆筑满分值（10分）	地下水控制满分值（10分）	竖（斜）井施工满分值（10分）	安全用电满分值（10分）	机械设备满分值（5分）	施工机具满分值（5分）	三宝边口满分值（5分）	安全资料满分值（5分）
各考核表单项得分															
按分值换算得分															
评语：															
检查考核单位					负责人			受检单位				项目经理			

安全管理检查考核标准评分表（表 18）

序号	检查考核项目		检查考核内容及扣分标准	扣减分数	实得分数
1	安全管理保证项目	安全构责任制（10分）	机构未健全扣10分；未按规定配备专（兼）职安全员扣10分；未建立安全责任制扣10分；各部门未执行责任制扣6分；未制定各工种安全技术操作规程扣10分；管理人员责任制考核不合格扣6分。		
2		安全目标管理（10分）	未制定安全管理目标（伤亡、达标、文明）扣10分；未进行安全责任目标分解扣10分；无责任目标考核规定扣8分；考核办法未落实或落实不好扣5分。		
3		分部分项施组（10分）	施组中无安全措施扣10分；施组未审批扣10分；未单独编制专项安全技术措施扣8分；安全措施不全面扣4分；安全措施无针对性扣6分；安全措施未落实扣8分。		
4		技术交底（10分）	无书面安全技术交底扣10分；交底针对性不强扣4分；交底不全面扣4分；交底未履行签字手续扣3分；		
5		安全生产检查、评价（10分）	未制定安全检查制度扣5分；无安全检查表扣3分；安全检查无记录扣5分；事故隐患整改未定人、定时、定措施扣4分；对重大事故隐患整改通知书所列项目未如期整改完成扣5分；施工现场未经第三方认证评价或评价无记录扣5分。		
6		安全教育培训（10分）	无安全教育制度扣5分；新工人未进行三级教育扣10分；无具体教育内容扣6分；工种转换未进行教育扣10分；有一人不懂本岗安全操作规程扣2分；管理人员未进行年度培训扣5分；专职安全员未进行年度培训考核或考核不合格扣5分。		
7	一般保证项目	班前安全活动 10分	未建立班前安全活动制度扣10分； 班前安全活动不落实扣5分； 班前安全活动无记录扣2分。		
8		特种作业持证上岗（10分）	有一人未经培训从事特种作业扣5分；培训考核不合格上岗扣5分；有一人未持操作证上岗作业扣2分；其他人员擅自从事特种作业扣10分。		
9		工伤事故（10分）	工伤事故未按规定报告扣5分； 工伤事故未按事故调查分析处理扣10分； 未建立工伤事故档案扣4分。		

续上表

序号	检查考核项目		检查考核内容及扣分标准	扣减分数	实得分数
10	一般保证项目	安全标志（10分）	无现场安全标志布置总平面图扣5分； 现场未按安全标志总平面图设置安全标志扣5分； 安全标志破损不修复每处扣2分； 现场无安全宣传标语扣3分。		
		小　计	40分		
检查项目合计			100分		

文明施工检查考核标准评分表（表19）

序号	检查考核项目		检查考核内容及扣分标准	扣减分数	实得分数
1	文明施工保证项目	现场围挡（10分）	主要路段工地周围未设高于2.5 m的围挡扣10分；一般路段工地周围未设高于1.8 m的围挡扣10分；围挡不坚固、不稳定、不整洁、不美观扣5~7分。		
2		封闭管理（10分）	工地出入口无大门扣3分；无门卫或制度扣3分；进入现场不佩戴胸卡扣3分；④门未设企业标志扣3分；		
3		施工现场（10分）	道路、场地未硬化各扣5分；道路不畅通扣5分；排水不畅扣5分；泥浆和污水外流或排入河道扣4分；工地有积水扣2分；无吸烟处或随意吸烟扣2分；无绿化布置的扣2分。		
4		材料堆放（10分）	料具构件不按总平面图堆放扣4分；料堆未挂标识扣2分；堆放不整齐扣3分；工完料不净扣3分；建筑垃圾堆放不整齐扣3分；易燃易爆物品存放不分类扣4分。		
5		职工宿舍（10分）	在建工程当宿舍扣8分；“三区”划分不明显扣5分；宿舍漏雨不遮风扣5分；无消暑防蝇蚊措施扣3分；无床铺、生活用品不整齐各扣2分；宿舍周围环境不卫生、不安全扣2分。		
6		现场防火（10分）	无消防措施、制度或灭火器材各扣2分；灭火器材配置不合理扣5分；通道、水源不能满足消防要求各扣2分；无动火审批手续、作业现场无防火备用品各扣2分。		
		小　计	60分		
7	文明施工一般保证项目	综合治理（8分）	无职工学习娱乐场所扣4分；无治安制度或责任未分解扣5分；措施不力，常有失盗事件扣5分。		
8		施工标牌（8分）	“五牌一图”内容缺一项扣2分；标牌不规范整齐扣3分；无安全标语扣5分；无宣传栏扣5分。		
9		生活设施（8分）	厕所不符合卫生要求扣4分；无厕所随地大小便扣8分；食堂不符合卫生要求扣8分；无卫生责任制扣5分；无浴室或不符合要求扣5分；生活垃圾保管、处理不善扣5分；炊事人员未体检扣5分。		
10		保健急救（8分）	无保健医药品扣5分；无急救措施器材扣8分；无经培训急救人员扣4分；无急救常识、防病教育扣4分；		
11		社区服务（8分）	无防尘防噪扣3分；焚烧有毒有害物质扣5分；无防扰民措施扣5分。		
		小　计	40分		
检查项目合计			100分		

隧道掘进施工安全检查考核标准评分表(表20)

序号	检查考核项目			检查考核内容及扣分标准	扣减分数	实得分数
1	隧道施工安全保证项目	掘进施工现场安全(10分)	喷锚暗挖掘进	无爆破方案设计扣10分;不按设计要求进行超前地质预测预报工作扣10分;未进行地质、围岩量测扣10分;未检查清除掌子面危石和残余炸药扣10分;在不稳定围岩地段开挖时,对开挖面以外裸露围岩未采取临时封闭或支护措施扣扣10分;隧道变断面、两隧道交叉等处开挖时未采取加强措施扣5分;作业现场照明不良扣5分;同一隧道内相对开挖(非爆破作业)面为2倍洞跨(不小于10米)一端未停止开挖扣10分;两条平行隧道(含导洞)相距小于1陪洞跨,开挖面前后错开距离小于15米扣10分。		
			盾构掘进	隧道穿越铁路、轨道交通、房屋等建(构)筑物时,未采取防护措施,未经管理单位同意擅自施工扣10分;盾构进出竖井前未对隧道洞口的土体进行加固未完成封门施工扣10分;掘进过程中未按监控量测规定,布设监控点进行观察量测扣10分;盾构掘进未连续作业,未实行交接班制度,记录未确认签字遇到障碍物无法掘进,后背变形、位移超过规定,传力柱发生弯曲,成洞管片沉降值、沉降速率和变形大于设计规定未立即停止掘进作业扣10分;成洞管片隆陷、裂缝和变形,影响区内地面和地下管线构筑物隆陷、地上建筑物隆陷、位移、裂缝、倾斜等未立即停止掘进,对相应部位未采取安全技术措施扣10分;盾构通过接收竖井洞口后未及时将洞口与盾构间隙、管片环节间隙密封扣10分。		
			顶管顶进	未按监控量测规定,布设监控点进行观察量测扣10分;设备与辅助装置未按安装要求进行安全安装扣10分;穿越铁路、轨道交通、道路、公路、房屋等建(构)筑物时,未采取防护措施,未经管理单位同意擅自施工扣10分;封门拆除未编制方案,未采取安全技术措施,未按规定程序拆除扣5分;封门拆除后,未立即将首节管或工具管、顶管机顶人土体内,洞口与管道之间的空隙未采取密封措施扣5分;顶进中,坑道内进行竖向运输作业,施工人员站在顶铁上或两侧扣10分;顶进开始后未连续作业,未实行交接班制度,记录未确认签字扣5分;穿越铁路、轨道交通顶管。列车通行时,轨道范围未停止挖掘、顶进作业扣10分。		
2		打眼、装药作业安全(10分)		凿眼台车不规范或不稳定扣10分;在残眼中继续打眼或违章处理瞎炮扣10分;打干风枪发现一台扣2分;未按爆破设计的位置打眼扣5分;打眼和装药平行作业扣10分;装药时现场有明火扣10分;非爆破工装药或爆破工无证上岗扣10分;领发炸药雷管不严格、回收不及时扣10分加工和运送炸药雷管违章扣5分。		
3		爆破作业(10分)		起爆作业无人指挥、无人站岗扣10分;起爆前人员撤离不合理扣10分;避炮、点火、解除的联络信号不规范扣10分;爆破后通风不及时扣5分;爆破作业人员穿戴产生静电衣物扣5分。		
4	隧道施工安全保证项目	设备与辅助装置(10分)		顶进设备和辅助装置不齐全、完好后背结构及其安装不符合施工设计要求,油泵压力表使用前未经检测单位标定,未形成文件扣10分;施工前未对顶进设备和辅助装置进行检查,确认合格扣10分;盾构基座混凝土强度达不到设计强度,安装导轨扣5分;安装(或拆除)洞口密封装置需高空作业,有竖直交叉作业扣5分;盾构后背拆除时,有非作业人员进入竖井的扣10分。		
5		隧(管)道运输(10分)		隧(管)道内悬挂电力缆线、水、风管等设备未安施工设计布设,占用运输和行走限界扣10分;装渣和运输设备在起动前不明号、超高、超宽、行人走道心、与车辆抢道、扒车、追车和强行搭车扣10分;斗车运输未制动,装卸物料,站在斗车内装卸,启动前不鸣笛示警10分;漏斗装碴时,下方有人,机械装碴时,机械回转和移动范围内有人,运输车辆装车时,铲斗从驾驶室上方越过,铲斗碰撞车辆每发现一项扣5分;竖井防滑车或防坠落措施不当各,运输车辆在洞内行使超过规定速度扣5分。		
6		逃逸门管理(10分)		设计制作不达标扣10分; 安装不牢固扣10分; 无专人管理维修保养扣10分。		
		小　计		60分		

续上表

序号	检查考核项目		检查考核内容及扣分标准	扣减分数	实得分数
7	一般保证项目	洞内施工环境（15分）	① 洞内道路不平整扣5分；② 积水或排水不畅扣3分；③ 管线布置不规范扣5分；④ 施工照明不好扣3分；通风排烟不畅扣5分。		
8		应急预案（15分）	无应急救援预案扣15分；应急救援预案组织、人员、器材未落实各扣3分；应急救援预案未演练扣2分。		
9		劳动纪律（10分）	违章指挥扣10分；装药时有人抽烟扣10分；洞内打闹坐卧每人扣1分；无关人员擅自进入施工现场扣5分。		
		小　计	40分		
检查项目合计			100分		

支护和衬砌安全检查考核标准评分表（表21）

序号	检查考核项目		检查考核内容及扣分标准	扣减分数	实得分数
1	管棚支护和衬砌安全保证项目	管棚施工（15分）	无管棚实施性施工组织设计扣10分；无安全技术措施扣5分；管棚施作偷工减料扣15分；管棚角度超标扣10分；注浆达不到设计标准扣15分。		
2		挂网作业（5分）	网片制作不合格扣5分；网片铺设不贴紧岩面扣5分；网片连接不合格扣3分。		
3		钢拱支护（10分）	支护构件制作不符合标准扣10分；构件支撑的立柱生根不稳不实扣15分；正洞与横洞连接处未加强支护扣10分；支护梯架安装不稳妥扣10分；支护构建运输、安全没有防护措施扣5分；安装梯架、支护构件无人监护扣10分。		
4		喷锚支护（10分）	喷锚机和软管及喷头连接不牢扣5分；喷锚机停放和喷锚作业影响洞内交通扣5分；清除危石、冲洗喷面非作业人员入内扣10分；喷锚达不到设计标准扣15分；对喷锚支护体系无人监控量测扣10分。		
5		台车就位、管片安装（10分）	衬砌台车用装载机拖拉扣2分；钢轨铺设不平顺扣3分；衬砌台车就位后不安挡车器扣5分；衬砌台车就位时损坏通风管扣5分；衬砌台车下预留净空不够扣10分；管片安装时损毁密封条扣5分；施工中盾尾外20环成洞范围内，有螺栓松动、渗漏扣10分。		
6		浇筑作业（10分）	洞内衬砌滞后100～120 m扣10分（特殊地段除外）；仰拱施作未紧跟扣5分；配管等上升部等弯管附近固定不牢扣5分；左右侧浇筑速度不一致扣10分；混凝土输送车和输送泵停放位置影响洞内交通扣10分；捣固机放置不稳扣3分；工作灯使用违反安全用电规定扣5分。		
		小　计	60分		
7	一般保证项目	灌注机具（20分）	“三管”修理未按风、水、料顺序关停扣5分；灌筑设备机具就位或停放无序扣15分；风、水软管乱放扣10分；设备、机具维护未断风、电源扣10分。		
8		安全警示（20分）	衬砌台车上未设净空和缓行标志扣10分；防水板作业台架上未设安全警示标志扣10分；作业点未设明显安全标志扣10分。		
		小　计	40分		
检查项目合计			100分		

盖挖逆筑施工安全检查考核标准评分表(表22)

序号	检查考核项目		检查考核内容及扣分标准	扣减分数	实得分数
1	盖挖逆筑安全保证项目	围护结构安全(10分)	施工过程中,有各种机械和运输车辆碰撞支承和支撑结构10分;围护结构内开挖中,围护墙体,出现渗漏水,未及时采取封堵措施扣10分;地下连续墙围护结构挖槽未选择专业机械施工扣5分;使用泥浆护壁挖槽时,未先构筑导墙扣5分。		
2		地下连续墙安全(10分)	导墙底端埋入土内深度小于1米,基地未夯实,墙后填土不密实,导墙顶端高出周围地面不足30 cm每有一项扣10分;导墙挖槽后至连续墙混凝土浇注之前,槽边未按设护栏、安全标志扣10分;导墙顶面不平顺,内墙面不竖直,支撑间隔大于1.5 m每有一项扣5分;预制导墙块施工接缝处未采取防渗漏措施扣10分;混凝土导墙浇注和养护时,重型机械设备和车辆在附近施工和行使扣5分;清底和置换泥浆后,未及时进行下道工序完成混凝土浇注扣5分。		
3		土方开挖安全(10分)	每一结构层土方未按施工设计的规定分部、分层开挖扣10分;开挖时未先拆除顶板的混凝土或砖底模扣5分;人工开挖时层高大于2 m,层间纵向未设平台,平台长度小于3 m扣10分;开挖面宽度大于4 m时,两人横向开挖间距小于2 m,有掏洞挖土和狭小断面纵深开挖扣10分;开挖临近围护桩土方时,开挖进度与喷射混凝土支护脱节,桩间土壁暴露时间过长扣5分。		
4		主体结构施工安全(10分)	顶板混凝土施工浇注现场未划定作业区,有非施工人员入内,采用混凝土泵车或起重机输送混凝土时,现场无监护人扣10分;进入桩孔内安装结构柱的定位装置时,桩孔内未设防护套管,管口低于地面50 cm扣10分;防护套管结构未进行施工设计,未经计算确定,强度、刚度不符合各施工阶段的要求扣10分;防护套筒就位后,管口未设盖,周围未设防护栏和安全标志,阴暗时、夜间不设警示灯扣10分;防护套筒作业管口未设专人监护或监护人离开管口,进入套筒内前,未用监测仪器检测管内空气质量扣10分;防护套筒作业人员作业时,未按规定佩戴安全防护用品,上下防护套管未使用具有防坠保护装置的吊篮,吊篮上部未设保护伞扣10分;各层主体结构混凝土施工先施工墙壁后施工底板或底板混凝土未达到设计强度,施工墙壁混凝土扣5分。		
5		监控量测(10分)	施工过程中未按监控量测方案规定,布设监控点扣10分;未设专人按方案规定进行监控量测,无监控记录或记录未经确认符合要求扣10分;发现变形、位移等量测值超限时,未及时与设计人员联系,无书面反馈真实情况,继续施工扣10分;挖槽施工中未加强监控观测,发现槽壁坍塌、槽沟偏斜等未采取措施予以排除扣10分;各层主体结构混凝土施工中未加强对围护和支撑结构的沉降、位移等观测或观测后未趋于稳定进行施工扣10分。		
6		支承桩、柱安全(10分)	钻机安装时,机架不垫平,不稳定产生位移或沉陷,地锚不牢固时进行作业扣10分;冲孔时,非作业人员进入冲击区范围内,当检、测钻孔或吊泥浆出孔时,钻头放置位置不安全扣10分;钻机旋转时提升钻杆,加接钻杆时,连接螺栓用普通螺栓代替扣10分;挖孔桩较深时,孔壁未支护,桩孔周围无防、排水设施扣5分;孔口围圈未高出地面0.3 m,井壁混凝土强度小于设计要求,未设防护栏,安全梯未挂牢固扣10分;夜间作业未悬挂示警灯,挖孔暂停时,孔口未及时覆盖扣5分;每天施工前,未检测井下气体,无检测记录扣5分;孔深超过10 m时,未采取机械强制通风、通风不符合要求扣5分。		
		小　计	60分		
7	一般保证项目	地面防护(10分)	临时交通变线未设专人维护管理扣5分;施工现场附近未修排水沟扣5分;现场地面未平整硬化扣5分;维护结构墙体渗漏水扣10分。		
8		按章操作(10分)	重型机械无安全操作规程扣5分;司机未经培训考核合格上岗扣5分;重型机械运行、移动和装卸车作业专人指挥扣10分;重型机在电力架空线路下方施工未采取安全措施扣10分。		
9		劳动纪律(10分)	违章指挥扣10分;无关人员擅自进入施工现场扣10分;洞内打闹坐卧每人扣1分;零星工具放置在支撑上扣5分;作业人员未配戴防护用品扣5分。		
10		安全警示(10分)	导墙挖槽边未按设护栏和安全标志扣10分;桩孔、井口处和混凝土下料口未悬挂有关警示灯和安全标志扣5分;载重量未在井口处设标牌公布扣5分。		
		小　计	40分		
检查项目合计			100分		

地下水控制施工安全检查考核标准评分表(表23)

序号	检查考核项目		检查考核内容及扣分标准	扣减分数	实得分数
1	防水排水安全保证项目	排水井(10分)	在不稳定土层中,排水井井壁及进水口未采取支护措施扣10分;排水井周围1 m范围内堆放材料、机具和土方,井口未采取防坠落、防滑措施扣10分;井内作业环境恶劣时,人工掏挖每次下井作业超过1小时,上、下井筒无安全梯扣5分;当土壁有坍塌征兆、井筒发生扭斜或支护位移、变形较大时,未及时停工,安全撤离扣10分;井深大于1.5 m,井内掏挖作业时,井上未设专人监护扣5分;利用排水间歇掏挖排水井时,井下掏挖人员未穿绝缘鞋,不与水泵操作人员配合扣5分。		
2		管　井(10分)	井管吊装时吊点不正确,栓系不牢固,吊放时将手脚置于井孔口上扣5分;井管口低于地面50 cm,并未设封闭及安全标志扣5分;大范围采用管井降水,且时间较长,未对抽水井采取回灌措施扣5分。		
3		水平与倾斜井点(10分)	井点成孔作业前,未检查围岩和支护结构,未确认稳定状况作业的扣10分;钻孔时,有人员触摸钻杆及再钻机后方和下方范围内扣10分;钻机在原状土或渣土堆上作业时,土台和渣土不平稳、稳固扣5分;采用套管成孔,用顶推法拔管时,后背不牢固,后背和锚固结构未经受力验算及确认安全扣5分。		
4		砂　井(10分)	采用套管成孔,吊拔套管时有江砂滤料填满后调八套管扣10分;机械钻孔作业时应符合表(5)第6条扣分标准。		
5		盲管排水(10分)	盲管未采用无砂水泥管,每节管长达于1m扣5分;盲管未紧跟开挖面、土体不稳定,掘进面有积水扣5分;盲管疏通不及时,排水不畅扣5分;检查井需设泵抽水时,电缆线和出水管未加保护,被车辆、机械碾压扣10分。		
6		结构防水(10分)	作业现场有明火作业扣10分;防水材料储存未分门别类储存扣5分;高分子类涂料防水施工未规程规范操作扣10分;卷材防水施工机具为符合操作规程扣10分;沥青和沥青卷材防水专用库房,未按设醒目防火安全标志扣5分;操作人员未按要求正确佩戴防毒口罩和防护镜等安全用品,患有皮肤病、眼病、刺激过敏者参加防水作业扣10分。		
		小　计	60分		
7	一般保证项目	地面防护(10分)	影响排降水施工的架空线、各种地下管线、建(构)筑物未按规定改移或加固扣5分;施工现场不平整、不能满足排降水施工机械作业要求扣5分;施工排、降水抽升水流未引入雨水管道、排水管,满流影响环境扣5分;排、降水施工结束,未清理恢复地貌,地面遗留孔洞未及时会甜密实10分。		
8		按章操作(10分)	水泵无安全操作规程或不按规程操作扣5分;提放水泵时未切断电源,带电作业扣10分;水泵运行中周围水域内有人员入内扣10分;水泵运转时,人员在泵机上跨越扣10分。		
9		监控量测(10分)	施工中未设专人对降水影响区域的交通设施、管线、建(构)筑物等的沉降、位移、倾斜进行及时观测扣10分;经观测发现隐患未及时采取措施扣5分;未按观测方案合理布设观测点扣5分。		
10		安全警示(10分)	降水井边未按设护栏和安全标志扣10分;井口处和抽水平台处未悬挂有关警示灯和安全标志扣5分;载重量未在井口处设标牌公布扣5分。		
		小　计	40分		
检查项目合计			100分		

通风竖(斜)井施工安全检查考核标准评分表(表24)

序号	检查考核项目		检查考核内容及扣分标准	扣减分数	实得分数
1	通风竖井安全保证项目	钻爆作业(10分)	打眼和装药同时进行扣10分;在残眼中打眼扣5分;违章处理下炮口10分;非爆破工携带爆破器材下井扣5分;装药前机具未撤到井上安全点扣5分;爆破作业无人统一指挥扣10分。		
2		提升设备(10分)	提升设备无设计计算扣5分;提升设备安装未检查验收扣5分;吊笼导向槽(轨)上下不顺畅扣5分;钢丝绳未做拉力实验扣10分;运送人员笼罐无安全伞扣5分;提升设备未定期检查维修和更换钢丝绳扣5分。		
3		防护装置(10分)	无防止过卷保护装置扣10分;无防止过速保护装置扣10分;无负荷和欠电压保护装置扣5分;无限速保护装置扣5分;无短路和断电保护装置扣5分。		
4		提升控制(10分)	各种提升上下无接罐人员统一指挥扣10分;提碴、升降人员和下放物料速度超过3~5 m/s扣10分;运送爆破器材速度超过1 m/s扣5分;人物混乘升降发现一次扣2分;超载超限升降发现一次扣5分。		
5		通信联络(10分)	提升装置无信号装置和备用装置扣5分;井底车场和卷扬机司机无直通电话扣10分;井底车场的信号未经井口联络员转发扣10分。		
6		支护衬砌(10分)	支护不及时或达不到设计标准各扣10分;衬砌模板未试拼装编号扣5分;发现支护、衬砌变形不报告扣10分。		
		小 计	60分		
7	一般保证项目	地面防护(10分)	通风竖井井口附近地面未平整硬化扣5分;通风竖井附近未修排水沟扣5分;通风竖井围堰渗漏水扣10分;通风竖井平台高于地面小于0.5 m扣5分。		
8		按章操作(10分)	卷扬机室无安全操作规程扣5分;卷扬机司机未经培训考核合格上岗扣5分;非卷扬机司机操练扣10分;井口接罐员未发出指令擅自起动卷扬机扣5分。		
9		劳动纪律(10分)	乘人和物料一同升降扣5分;乘坐人员在吊桶或吊笼内违章扣5分;零星工具放置在支撑上扣5分;作业人员未配戴防护用品扣5分。		
10		安全警示(10分)	导墙挖槽边未按设护栏和安全标志扣10分;桩孔、井口处和混凝土下料口未悬挂有关警示灯和安全标志扣5分;乘人罐笼内未设限量载人警示扣5分。		
		小 计	40分		
检查项目合计			100分		

"三宝"、"边口"防护检查考核标准评分表(表25)

序号	检查考核项目	检查考核内容及扣分标准	扣减分数	实得分数
1	安全帽(10分)	发现有一个人不戴安全帽扣5分; 安全帽不符合标准的每发现一顶扣1分; 发现不按规定佩戴好安全帽的有一人扣1分。		
2	安全网(5分)	在作业面需要设置安全网而未设置密目式安全网扣5分;安全网规格、材质不符合要求的扣5分;安全网未取得安全监督部门准用证的扣5分;安全网设置不合格或有损的扣5分。		
3	安全带(10分)	高处作业有一人没有系安全带扣5分;有一人安全带系挂不符合要求的扣3分;安全带不符合标准,没发现一条扣2分。		
4	横通道口(15分)	横通道口无安全指示标志,少一处扣5分; 横通道口放置机具、构件或材料扣10分; 横通道口当卫生间扣10分。		

续上表

序号	检查考核项目	检查考核内容及扣分标准	扣减分数	实得分数
5	隧道洞口（10分）	隧道洞口没有值班室或值班人员扣15分； 隧道洞口没有安设安全警示牌的扣10分； 隧道洞口没有进洞须知告示扣10分； 隧道洞口没有设置“工序揭示牌”扣5分。		
6	竖井井口（10分）	竖井井口没有安全防护措施扣10分； 竖井井口防护措施不符合要求扣5分； 竖井井口没有安全值班人员扣10分； 竖井井口没有安设安全警示牌的扣5分。		
7	场路道口（10分）	材料场、仓库出入口无安全防护各扣2分； 便道出入口无安全防护（警示）扣2分； 穿越公路路口无安全防护（警示）扣2分。		
8	台车临边（10分）	简易凿岩台车临边没有防护栏的扣5分； 衬砌台车临边没有防护栏的扣5分； 防护栏高度不符合要求的扣5分。		
9	台架临边（10分）	作业架每一处临边无防护扣5分； 作业架每一处临边防护不严扣3分； 防护高度不符合要求的扣3分。		
10	竖井周边（10分）	竖井周边没有安全防护措施扣10分； 安全防护措施不符合要求扣5分； 没有安设安全警示牌的扣5分。		
检查项目合计		100分		

机械设备安全检查考核标准评分表（表26）

序号	检查考核项目	检查考核内容及扣分标准	扣减分数	实得分数
1	装载机（15分）	无出厂合格证或修理、保养技术资料各扣10分；未实行定人、定机、定岗制度扣10分；无证操作或非司机操作各扣15分；装载机铲斗载人或吊运物品各扣5分；驾驶室里多乘一人扣2分。		
2	挖掘机（10分）	无出厂合格证或修理、保养技术资料各扣10分；未实行定人、定机、定岗制度扣10分；把挖掘机当作吊机使用扣5分；非司机操作口10分。		
3	推土机（10分）	无出厂合格证或修理、保养技术资料各扣10分；未实行定人、定机、定岗制度扣10分；无证操作或非司机操作各扣10分。		
4	混凝土搅拌输送车（10分）	输送车无“三证”或修、保技术资料各扣10分；未实行定人、定机、定岗制度扣10分；无证驾驶或非司机驾驶各扣10分；驾驶室里多乘一人扣2分。		
5	混凝土输送泵（10分）	输送车无“三证”或修、保技术资料各扣5分；未实行定人、定机、定岗制度扣5分；无证操作或非司机操作各扣5分；管路末端需安装安全盖而未安装的扣2分。		
6	卷扬机（10分）	无出厂合格证和使用说明书等技术资料扣10分； 安装卷扬机无安装检查验收扣10分； 各种防护装置少一样扣2分； 无证操作或非司机操作各扣10分。		

续上表

序号	检查考核项目	检查考核内容及扣分标准	扣减分数	实得分数
7	自卸车 (15分)	未实行定人、定机、定岗制度扣10分； 无证驾驶或非司机驾驶各扣10分； 无防护在自卸车下面修理车辆扣5分； 修理举升缸无安全防护不当扣5分。		
8	压风机 (10分)	压风机配电设备未接地、防“漏”扣10分； 压风机房建设不防雨防噪扣5分； 压风机房无人值班或不干净各扣5分； 在压风机水池里洗澡、洗衣服发现一人扣2分。		
9	供水设备 (10分)	供水设备安装无检查验收手续扣5分； 供水房配电设备未接地、防“漏”扣10分； 供水房无人值班或不干净各扣5分。		
检查项目合计		100分		

安全生产保证资料检查考核标准评分表(表27)

序号	检查考核项目	检查考核内容及扣分标准	扣减分数	实得分数
1	资料专人负责 (15分)	无专人负责安全资料建档工作扣15分； 无安全资料建档工作责任制扣10分。		
2	资料文整建档 (15分)	无资料柜、盒专用保管用品扣15分；资料归档卷、册不符合要求扣5分；卷、册内容为按编号整理扣5分；资料不真实发现一份扣1分；签字手续不符合要求发现一份扣1分。		
3	安全管理 (20分)	无安全生产许可证副本复印件扣10分；无安全生产责任制、安全生产规章、各种操作规程、适用的法律及其他有关要求每缺少一项扣5分；无安全检查资料(检查记录、评分表、隐患整改通知单、整改回复书)扣10分；无安全培训教育纪录、安全技术交底纪录每缺少一项扣5分；无转发或下发的安全技术文件或文本、各种安全会议记录、纪要每缺少一项扣3分；无安全活动计划、总结、安全生产季报、月报每缺少一项扣2分。		
4	安全施工 (20分)	无安全施工组织设计、主要进场安全人员报审表、施工图纸现场核对、审核纪录、对存在安全问题的反馈和处理扣10分；测量放样资料不齐全准确、报验单未及时经监理签认、安全技术交底、通知等技术管理纪录不完善每缺少一项扣5分； 隐蔽工程自检资料不齐全，工程报验申请表未及时经监理签认每缺少一项扣3分；检验批、分部、分项工程未经过专业监理工程师及时验收扣3分；未按规定要求进行安全检查、检查记录不齐全准确扣2分；无密目式安全网、围网、保温材料、电气产品检验验收及体系认证证书等资料扣5分。		
5	地质超前预报 (10分)	无地质预报实施细则及预报方案扣10分；隧道地质超前预测预报设备不到位，预报不准确、不及时，不良地质灾害预案不可行扣5分；无地质预报记录及影像资料、地质预报技术交底及信息反馈记录每缺少一项未实施扣3分。		
6	起重吊装安全 施工机具安全 (10分)	无各种机具、吊装安全操作规程扣10分； 无各种施工机具、吊装作业安全使用记录台账扣5分。		
7	应急救援安全 (10分)	无应急救援预案扣10分； 应急救援预案未进行技术交底或未演练扣5分； 应急救援设备器材未登记扣5分。		
检查项目合计		100分		

附件3：

桥梁工程施工检查表

序号	测评项目	标准要求	现场测评	测评结论		
				符合	基本符合	不符合
1	施工方案	桥梁上部施工应根据结构、工艺难度和施工危险程度的不同编制专项施工方案				
		斜拉桥和悬索桥的索塔施工，应编制高处作业安全防护专项方案； 斜拉桥和悬索桥缆索的安装作业，应编制专项施工组织设计，对缆索的码放、放索以及牵引、挂设、张拉等进行部署说明；挂篮施工应编制专项施工方案，阐明挂篮的设计应满足施工桥梁结构尺寸以及挂篮承载力的要求，对挂篮的组装、拆除进行详细部署，对挂篮施工各项技术、安全要求详细说明				
		专项施工方案应有审批及企业总工的批准签字				
2	材质	使用的缆索应有出场合格证，超张拉检测记录，索体疲劳试验报告； 缆索进场应检查其外观、防护层无破损，检查缆索编号是否与设计缆索编号相一致				
		锚具应有材质的检测报告，锚垫板回缩记录				
3	桥面系安全防护	桥面系临边施工部位应设置防护栏杆，第一道栏杆距桥面0.5~0.6 m，第二道栏杆距桥面1.2 m，并封挂安全网				
		桥面施工部位堆放物品，其临边防护要设置不得低于18 cm的挡脚板				
		桥面预留洞口处应设置稳固盖件遮盖或用脚手管加以围护				
		桥面两端必须设置防护栏杆予以封闭				
		桥面地袱作业使用的外挂吊篮，应设置上下爬梯，其吊篮护身栏杆必须封闭，下部操作层木板固定、满铺				
4	塔柱施工安全防护	通道口、出入口的上部必须用坚固耐用材料搭设防护棚防护				
		棚的尺寸应视建筑物高度、不小于坠落半径随塔柱升高的施工架体及工作平台必须全部封闭，任何临边不得外露，其上下通道必须畅通； 高处施工架体必须保证其稳定性，按照要求设置剪刀撑、水平撑或是增设附着； 操作平台满铺材料应符合架体的承载能力，操作层不得集中堆放物料，应均匀堆放； 塔肢内部搭设脚手架，在保证稳固的同时，应设置扶梯及护栏				
		小型施工设备应设置固定区域，不得阻碍操作层或通道的畅通；氧气瓶、乙炔气瓶的使用必须固定牢固				
		高处施工架体每升高10米，必须设置外部挑檐				
		每拆除模板后，必须将架体与结构物之间的缝隙重新予以封闭牢固				
		操作工具、小型零用物件必须配备存放箱，并严格存放于箱内，随用随拿				
		交叉作业应注意尽量不在同一垂直方向上操作；不能满足要求时，下方应设置防止落物的隔离层				
		动火部位应配备灭火器、设置监护人，作业结束必须检查有无残余火源，并清理作业部位				
		高处施工作业应设置独立的消防用水，分布在每个操作层				
		利用大型设备起吊物件，必须设上下双重指挥，配备联络方便的通讯工具				

续上表

序号	测评项目	标　准　要　求	现场测评	测评结论		
				符合	基本符合	不符合
5	缆索安装和张拉	缆索的安装必须设专人全程指挥，信号要明确				
		挂索前对使用的各种机械、设备、材料进行检查，确认是否符合安全要求				
		机械设备提吊缆索必须遵守安全操作规程，并服从指挥，不得碰损缆索的防护层； 锚头应加设防护，防止碰撞				
		放索时，应有制动设施，并防止卷盘的缆索自由散开时造成伤害； 放开展平的缆索应防止在地上拖磨				
		锚具和孔道在未封口前，应临时予以防护，以防雨水浸入和锚头被撞击				
		悬索桥施工中，临时假设的工作索、牵引索安装完毕后，应对索具等进行全面、仔细的检查				
		挂索的配合人员应在封闭的操作平台上施工，其操作平台应有足够的强度，防护栏杆的设置不得小于1.2 m； 挂索操作，必要时应佩戴安全带作业，严禁挂在主索、扣索等上面				
		挂索过程中，施工下方应设安全警戒线，任何人员不得入内				
6	挂篮施工安全防护	缆索张拉前应对千斤顶、油泵和油表进行成套校准； 张拉工作在塔内进行，设置稳固的吊式张拉平台，并在张拉台前设置防护挡板； 张拉设备不得放置在临边处； 张拉索力过程中，应随张拉随时拧紧工作螺母； 油泵操作人员应佩戴防护眼镜。				
		零号块施工以斜拉托架做施工平台时，在平台边缘处，应设安全防护设施； 墩身两侧斜拉托架平台之间搭设的人行道板必须连接牢固。				
		固定挂篮的锚固系各部件材质必须合格，无明显的受损现象；挂篮组拼后，要进行全面检查，并做静载试验，检验挂篮的强度、刚度和稳定性。				
		挂篮所有外露临边必须封闭； 人行通道设置挡脚板，不得堆放任何施工材料； 通往挂篮下层应设置安全可靠、固定的爬梯； 挂篮底部应有防落物措施，底部外侧临边设置防护栏杆并封闭。				
		挂篮移动前，挂篮的底模板上不得放置箱体内模板等不必要的物体，以减少挂篮的后锚固反力； 挂篮前移时，操作人员应联络畅通，保持对称平衡进行，速度应缓慢，一般控制在0.1 m/min以内； 使挂篮移动的滑槽接头必须平整，接头连接钢板应点焊固定，滑槽内支撑点要有防滑措施； 移动到位后要检查前后锚点、吊带、零号块临时锚固是否到位。				

续上表

序号	测评项目	标准要求	现场测评	测评结论		
				符合	基本符合	不符合
6	挂篮施工安全防护	挂篮使用时,应按照设计要求,严格控制荷载; 挂篮使用时,应经常检查后锚固筋、千斤顶、手拉葫芦、张拉平台等是否完好可靠。				
		挂篮提升使用的千斤顶必须采取固定措施,千斤顶提升钢吊带必须用钢销设置保险装置。				
		底板支、拆模应设专人统一指挥,作用人员脚下应铺设稳固的脚手板,挂篮正下方禁止人员入内。				
		挂篮混凝土悬臂浇注应对称、平衡,实际的不平衡偏差不得超过设计要求值。				
7	拖拉法施工安全防护	起重吊装应遵守《起重机械安全规程》的要求				
		编制起重吊装施工专项方案				
		卷扬机的固定应可靠,严禁超负荷使用卷扬机				
		钢丝绳在卷筒上固定可靠				
		钢丝绳应检查有无毛刺、断丝及断裂破损情况				
		钢丝绳应防止与电缆、电焊线等接触				
		千斤顶不得超负荷使用				
		拖拉作业时,施工区域应设禁入标志,且有专人监护				
8	钢箱梁组装	在钢箱梁内部施焊必须有进、出风口并设置通风设备				
		搭设牢固可靠的操作平台,平台周边应设防护栏及扶梯				
		钢箱梁内照明不得超过12 V				
		钢箱梁内施焊人员必须穿绝缘鞋及其他防护措施				
		钢箱梁内焊接电缆不得有接头,设专用焊接电闸箱				
		焊接时外部必须设专人监护				
9	水上施工	水上施工前应根据《水上水下施工作业通航安全管理规定》的要求办理各种手续				
		施工船舶在施工中应遵守《内河交通安全管理条例》的规定				
		水上作业应设置安全防护设施及安全警示信号标志				
		水上搭设临时便桥应编制专项方案,并有安全验算结果,便桥应设置防护栏杆				
		浮船上应配备救生器材、消防器材				
		浮船靠岩人员上下船应搭设符合要求的跳板				
		浮吊进场时应由相应资质检验检测机构检验				
测评小计						

附录二 项目档案管理网络、业务管理系统流程和规章制度

档案管理网络图

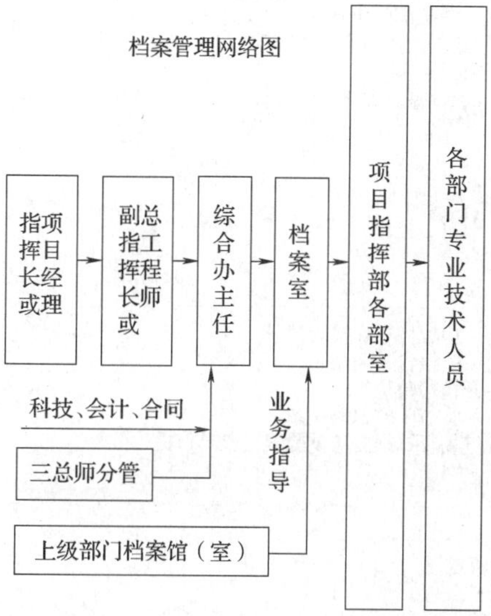

档案业务管理系统流程图

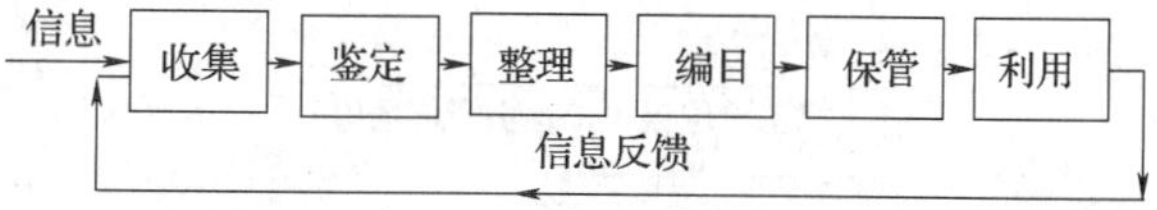

规 章 制 度

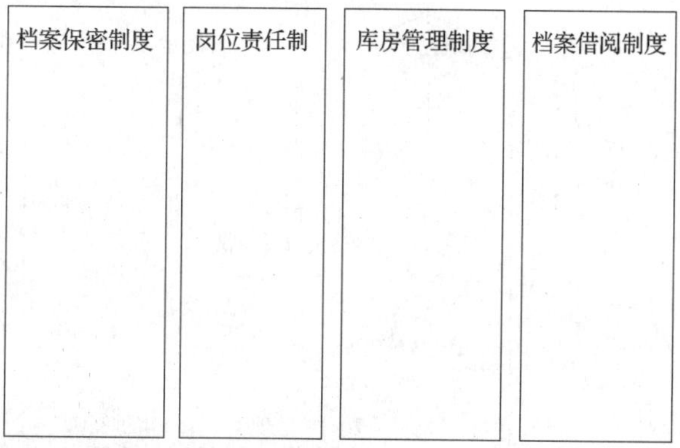

附录三 施工技术资料管理流程

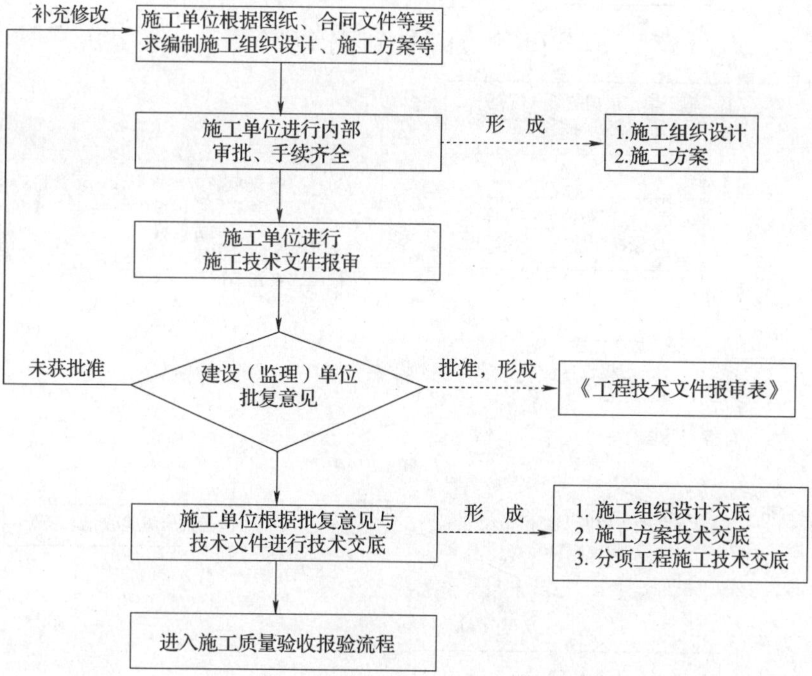

附录三图 1 施工质量验收资料管理流程

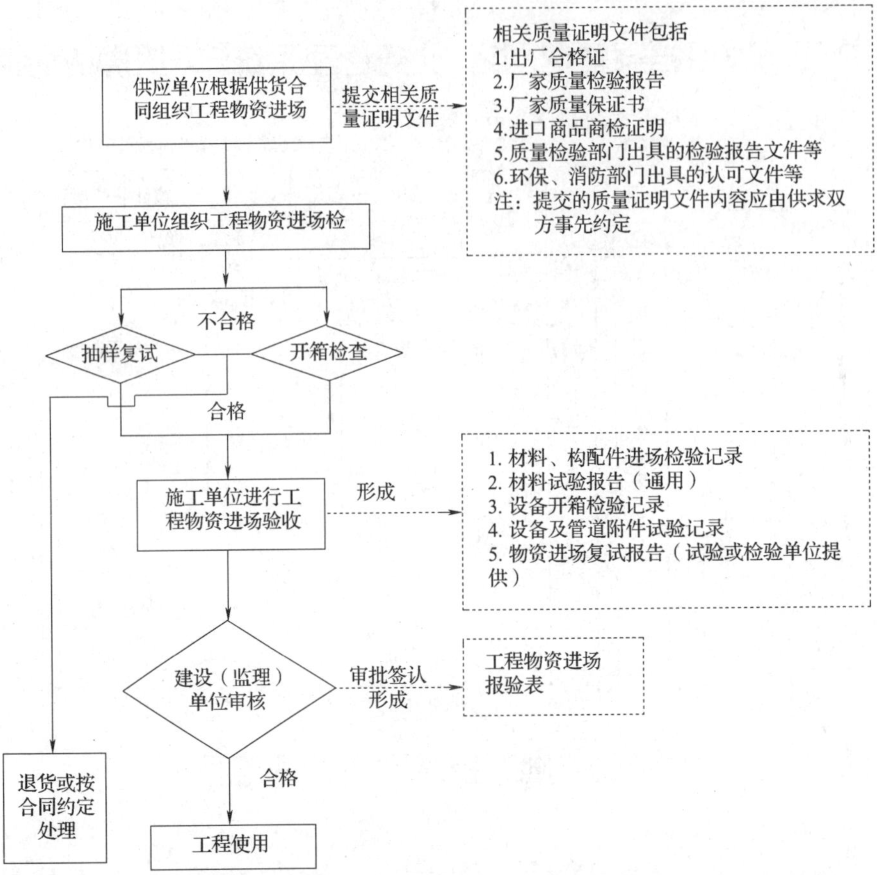

附录三图 2　施工物资资料管理流程

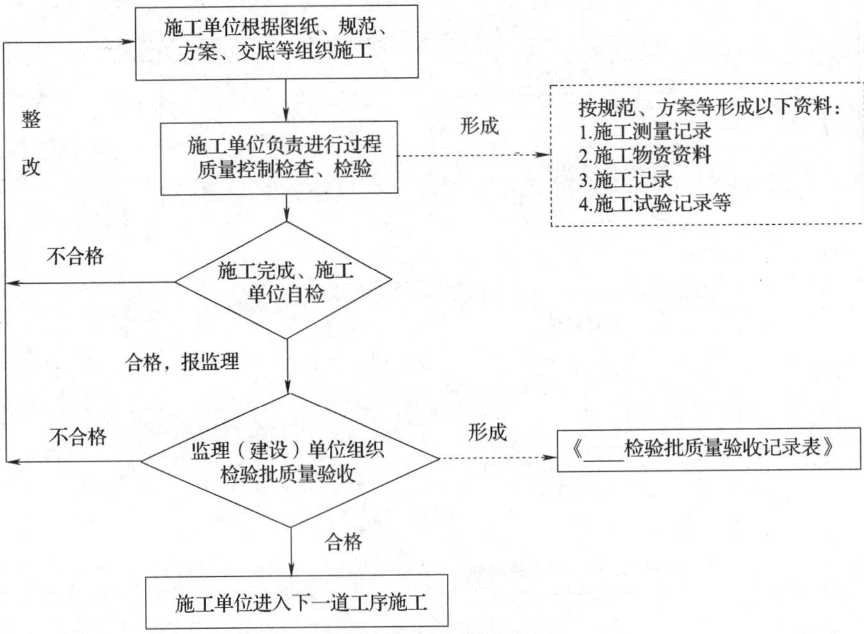

附录三图 3　检验批质量验收资料流程

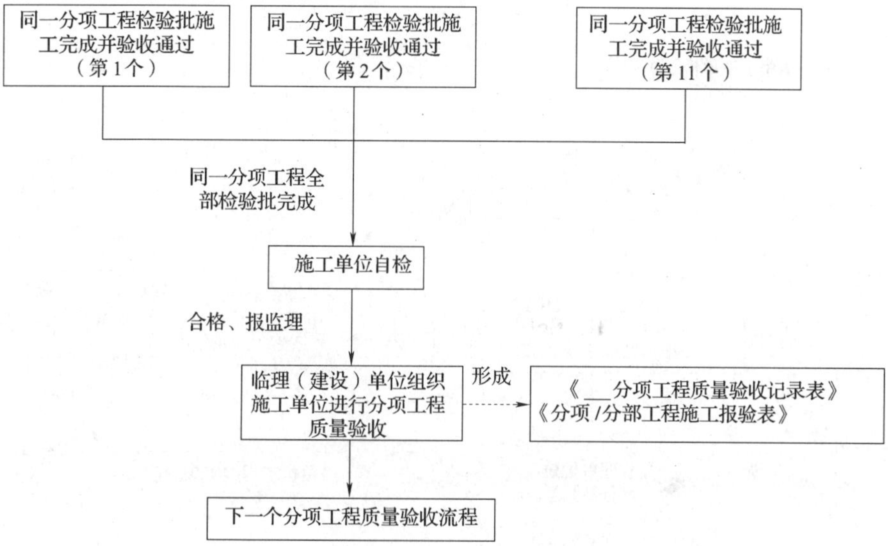

附录三图4　分项工程质量验收资料管理流程

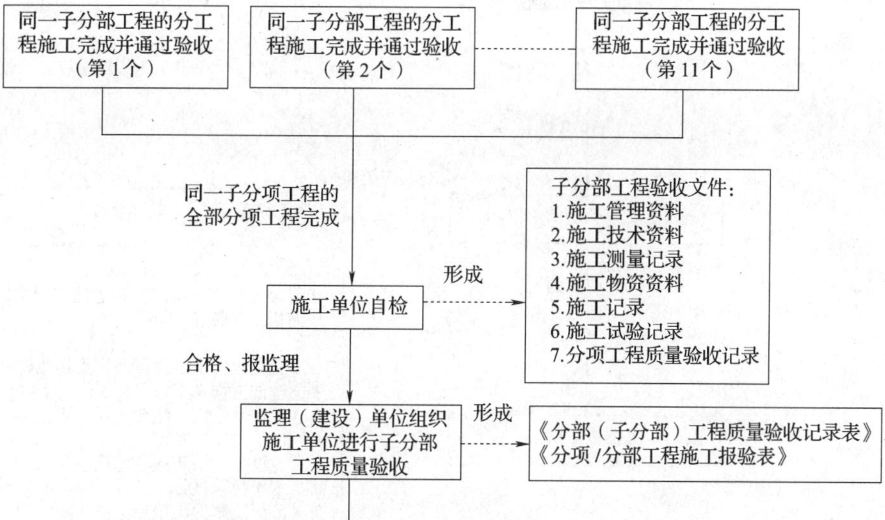

附录三图5　子分部工程质量验收资料管理流程

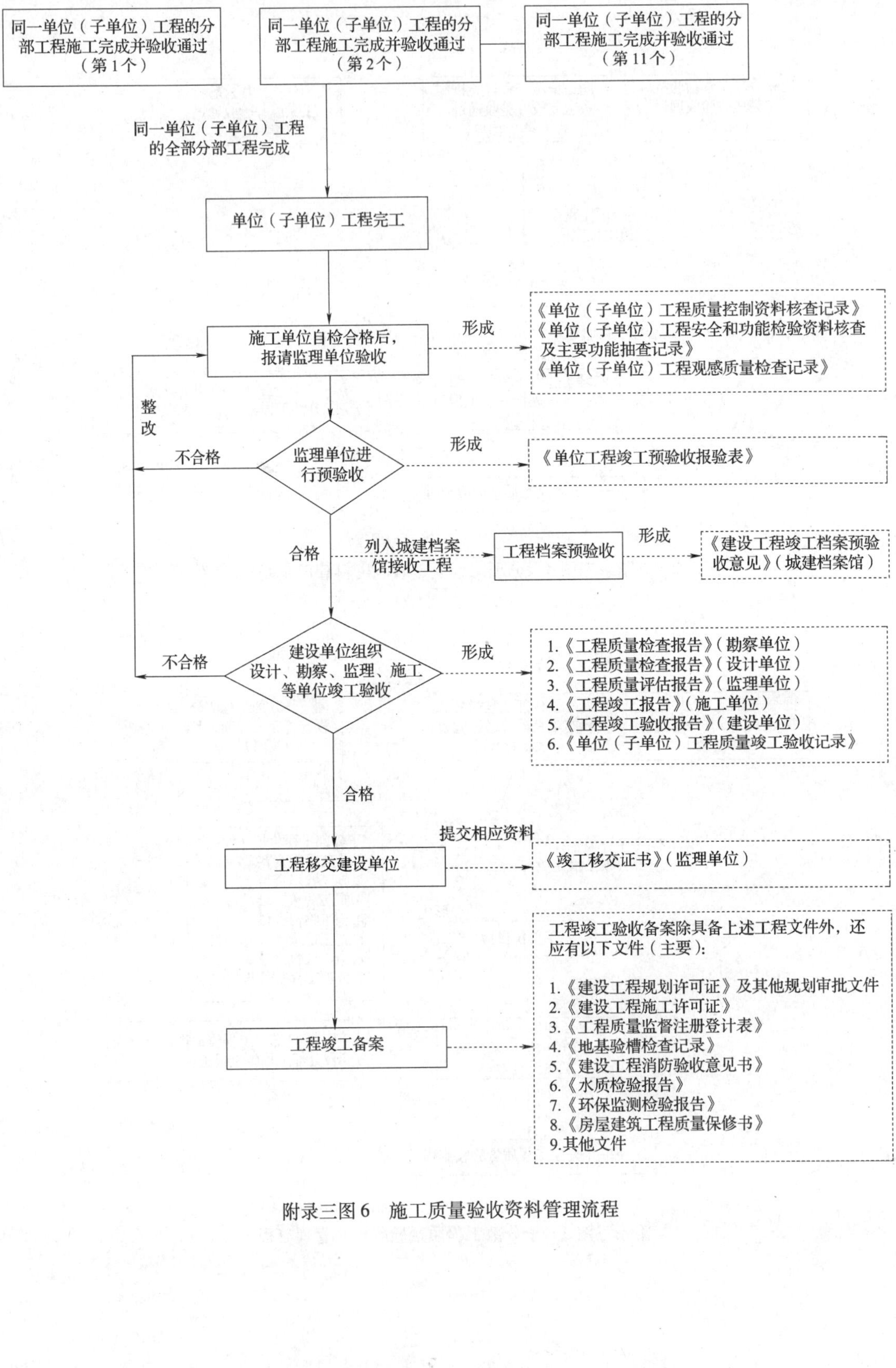

附录三图6　施工质量验收资料管理流程